电子技能与实训

主　编　陈智英

北京理工大学出版社
BEIJING INSTITUTE OF TECHNOLOGY PRESS

内容提要

本书采用项目式编写方法，是学习电子技术的基础教材，共分三大部分 20 个实训项目，包括常用仪器仪表的使用、印制板的手工制作及焊接、直流稳压电路、振荡电路、放大电路、集成运算电路、计数分配电路等。每个实训项目又以多个小任务的形式展开，主要包括认识电路、原理分析、元器件的识别和检测、电路设计、制作与调试、电路测试与分析等小任务，操作具体化，步骤清晰，方法明了。书中内容的特点是符合中职学生的实际情况，起点低，通俗易懂，图文并茂，可操作性强。

本书配有电子教案、演示文稿、实训指导与报告等相关教学资源。同时将电子仿真引入实验课、操作技能训练中，为技能环节薄弱的学校提供有力的教学资源补充。

图书在版编目（CIP）数据

电子技能与实训/陈智英主编.—北京：北京理工大学出版社，2018.4

ISBN 978-7-5682-5510-3

Ⅰ.①电…　Ⅱ.①陈…　Ⅲ.①电子技术　Ⅳ.①TN

中国版本图书馆CIP数据核字（2018）第079151号

出版发行 / 北京理工大学出版社有限责任公司
社　　址 / 北京市海淀区中关村南大街5号
邮　　编 / 100081
电　　话 / （010）68914775（总编室）
　　　　　82562903（教材售后服务热线）
　　　　　68948351（其他图书服务热线）
网　　址 / http：//www.bitpress.com.cn
经　　销 / 全国各地新华书店
印　　刷 / 定州启航印刷有限公司
开　　本 / 787毫米×1092毫米　1/16
印　　张 / 15.5
字　　数 / 364千字
版　　次 / 2018年4月第1版　2018年4月第1次印刷
定　　价 / 69.00元

责任编辑 / 陈莉华
文案编辑 / 陈莉华
责任校对 / 周瑞红
责任印制 / 边心超

目录

CONTENTS

第一部分　常用仪器仪表的使用……………………………………………… 1

实训一　万用表的使用…………………………………………………………… 1

实训二　示波器的使用…………………………………………………………… 16

第二部分　印制板的手工制作及焊接……………………………………… 28

实训一　电路板手工焊接及拆焊……………………………………………… 28

实训二　贴片焊接练习及测试………………………………………………… 37

实训三　印制电路板的手工制作……………………………………………… 56

第三部分　基本技能与实训…………………………………………………… 69

实训一　直流稳压电源制作…………………………………………………… 69

实训二　助听器电路制作……………………………………………………… 90

实训三　无线话筒电路制作…………………………………………………… 100

实训四　模拟“知了”声电路制作…………………………………………… 113

实训五　声控开关制作………………………………………………………… 123

实训六　声控延时开关制作…………………………………………………… 132

实训七　双声道音频放大器制作……………………………………………… 136

实训八　自动抽水机制作……………………………………………………… 142

实训九　变音门铃制作………………………………………………………… 147

实训十　对讲门铃制作………………………………………………………… 156

实训十一　八路声光报警电路的安装与调试………………………………… 165

实训十二　简单按键式密码控制器电路制作………………………………… 182

实训十三　幸运轮盘制作…… 199
实训十四　路灯自动节能控制系统制作…… 204
实训十五　声光控延时楼道灯控制电路制作…… 211

附录…… 218

附录一　亚龙 YL-238 型函数信号发生器的简单使用方法介绍…… 218
附录二　数字示波器的使用…… 220

参考文献…… 240

前言

FOREWORD

本书在编排上采用项目式编写法，即以实训项目为核心重构理论知识和实践技能，同时所选择的实训项目有一定的趣味性和实用性，吸引学生的学习兴趣，让学生在动手操作的过程中来感知、体验和领悟相关知识，掌握相关的专业知识和操作技能，充分体现“以学生为主体”的教学理念。

本书的编写力求突出以下特点：

（1）应用性突出。每个实训项目根据教学需要分成若干个小任务，包括元器件的识读和检测、电路装配及焊接、电路功能的调试、万用表和双踪示波器等电子仪器仪表的使用。各小任务可以从实训项目中分离出来自成知识点，应用灵活。

（2）贴近学生实际，实训项目内容的趣味性和实用性并重。每个实训项目的选择不单单考虑到知识结构的问题，还充分考虑到激发学生学习兴趣的问题，实训项目的选择与设计常常集声光于一体，并兼顾一定的实用性。

（3）实训项目的选择有一定的层次性。章节之间、实训项目之间既相对独立又有一定的梯度，从简单到复杂，从元器件到综合电路，从模拟电路到数字电路，层次分明。

（4）突出对实践和理论知识的紧密联系。在实践中穿插理论的分析，而对理论的理解能更好地引导实践，让学生能知其然更能知其所以然，使技能训练得到有效加强，更好地衔接职业技能鉴定考核。

(5) 图文并茂，通俗易懂。每个实训项目使用图片数十张，充分利用实物照片、示意图、表格等代替枯燥的文字表述，一目了然，提高本书的可读性，减低学生的认知难度，便于学生自主学习。

本书配有电子教案、演示文稿、实训指导与报告等相关教学资源。将电子仿真引入本教材的教学中，那些抽象、难以重复、实验难度高、成本大、无法直观展现的实训内容，可以采用电子仿真软件实现全新教学。它不受实验元器件品种、规格短缺的限制，仿真软件可调用各种电子元器件和仪器，搭接和调试各种不同功能的电路，为技能环节薄弱的学校提供有力的教学资源补充。

由于编者水平有所限，加上时间仓促和条件限制，书中的实践操作方法、步骤和数据均取自教学实践过程中的真实元器件和电路的检测与调试，具有很强的针对性和代表性，但难免有不完善、错漏之处，恳请读者批评指正，以期今后不断完善和补充。

第一部分

常用仪器仪表的使用

实训一　万用表的使用

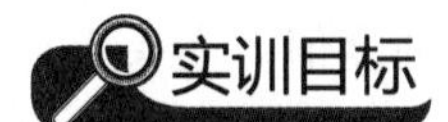

知识目标：

(1)认识万用表的基本结构，掌握 MF－47 型万用表的测量原理及注意事项。

(2)认识常用交、直流电源。

(3)了解电阻器的分类，知道各类电阻的特性和标识的识读方法。

技能目标：

(1)掌握电阻器的识读和检测方法。

(2)正确使用万用表进行电阻、电流、电压等的测量。

实训设备：

(1)多媒体课件及设备。

(2)仿真软件(Proteus)。

(3)万用表、交直流电源、发光二极管、色环电阻等。

万用表简介：

万用表是电子制作中必备的测试工具，它具有测量电流、电压和电阻等多种功能。

万用表有指针式万用表和数字式万用表。尽管数字式万用表具有显示直观、精确度高、功能全的特点，但由于它不适于测连续变化的电量且价格较指针式万用表贵，因此指针式万用表仍在广泛使用。

虽然万用表的型号很多，但其基本使用方法均是相同的。本实训将以图 1.1－1 所示的 MF－47 型万用表为例介绍万用表的结构和使用万用表的方法。同学们应努力学会使用万用表。

图 1.1－1　MF－47 型万用表

一、观察和了解万用表的结构

万用表种类很多、外形各异，但基本结构和使用方法是相同的。常用万用表的结构和外形见图 1.1－1。

万用表面板上主要有表头和选择开关，还有欧姆挡调零旋钮和表笔插孔。下面介绍各部分的作用。

1. 表头

万用表的表头是灵敏电流计，如图 1.1－2 所示。表头上的表盘印有多种符号、刻度线和数值。符号 A－V－Ω 表示这只电表是可以测量电流、电压和电阻的多用表。表盘上印有多条刻度线，其中右端标有“Ω”的是电阻刻度线，其右端为零，左端为∞，刻度值分布是不均匀的。符号“－”或“DC”表示直流，“～”或“AC”表示交流，“$\underset{\sim}{\underline{V}}$”表示交流和直流共用的刻度线。刻度线下的几行数字是与选择开关的不同挡位相对应的刻度值。表头上还设有机械零位调整旋钮，用以校正指针在左端指零位。万用表表头各刻度线及其功能见表 1.1－1。

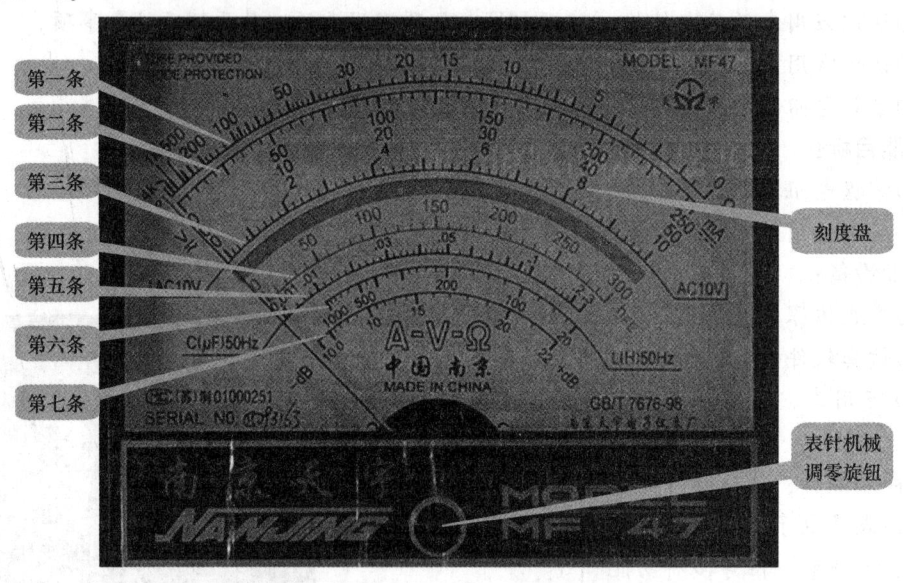

图 1.1－2 万用表表头

表 1.1－1 万用表表头各刻度线及其功能

刻度线	功能及特点
第一条	欧姆刻度线：测电阻时读数使用，最右端为“0”，最左端为“∞”，刻度不均匀
第二条	交直流电压、电流刻度线：测交直流电压、电流时读数使用，最左端为“0”，最右端下方标有 3 组数，它们的最大值分别为 250、50 和 10，刻度均匀
第三条	交流 10 V 挡专用刻度线：交流 10 V 量程挡的专用读数标尺
第四条	测三极管放大倍数专用刻度线：放大倍数测量范围为 0～300，刻度均匀

续表

刻度线	功能及特点
第五条	电容量读数刻度线：电容量测量范围为0.001～0.3 F，刻度不均匀
第六条	电感量读数刻度线：电感量测量范围为20～1 000 H，刻度不均匀
第七条	音频电平读数刻度线：音频电平测量范围为－10～＋22 dB，刻度不均匀

2. 选择开关

万用表的选择开关是一个多挡位的旋转开关，如图1.1－3所示，用来选择测量项目和量程。一般的万用表测量项目包括："mA"，直流电流；"V̲"，直流电压；"Ṽ"，交流电压；"Ω"，电阻。每个测量项目又划分为几个不同的量程以供选择。

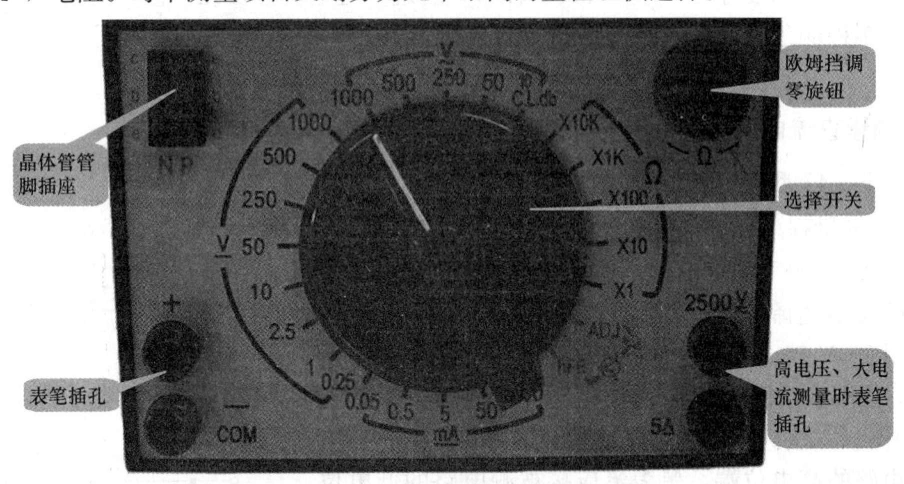

图1.1－3　万用表选择开关

3. 表笔和表笔插孔

表笔分为红、黑两支。使用时应将红表笔插入左下方标有"＋"号的插孔，黑表笔插入标有"－"或"COM"的插孔。若测量的电流大于500 mA，则将红表笔插入右下方标有"5 A"的插孔中；若测量的电压大于1 000 V，则将红表笔插入右下方标有"2 500 V"的插孔中。

二、万用表的使用方法

1. 万用表使用前的做法

(1)将万用表水平放置。

(2)应检查表针是否停在表盘左端的零位。如有偏离，可用小螺丝刀轻轻转动表头上的机械零位调整旋钮，使表针指零。

(3)将表笔按上面要求插入表笔插孔。

(4)将选择开关旋到相应的项目和量程上就可以使用了。

2. 万用表使用后的做法

(1)拔出表笔。

(2)将选择开关旋至“OFF”挡，若无此挡，应旋至交流电压最大量程挡，如“1 000 V”挡。

(3)若长期不用，应将表内电池取出，以防电池电解液渗漏而腐蚀内部电路。

三、用万用表测量电压、电流和电阻

在电子制作中，常用万用表测量电路中的电压、电流和电阻。

将发光二极管和电阻、电位器接成图 1.1－4 所示的电路，旋转电位器使发光二极管正常发光。发光二极管是一种特殊的二极管，通过一定电流时发光二极管就会发光。发光二极管有多种颜色，常在电路中做指示灯。下面利用这个电路练习用万用表测量电压和电流。

1. 测量直流电压

以 MF－47 型万用表为例，测量步骤如下。

(1)选择量程。万用表直流电压挡标有“V̲”，有2.5 V、10 V、50 V、250 V 和 1 000 V 这 5 个量程。根据电路中电源电压大小选择量程。由于电路中电源电压只有 5 V，所以选用 10 V 挡。若不清楚电压大小，应先用最高电压挡测量，逐渐换用低电压挡。

(2)测量方法。万用表应与被测电路并联。红表笔应接被测电路的高电位端，黑表笔应接被测电路的低电位端，如图 1.1－4 所示。

(3)正确读数。仔细观察表盘，直流电压挡刻度线是第二条刻度线，用“10 V”挡时，可用刻度线下第三行数字直接读出被测电压值。注意：读数时视线应正对指针。

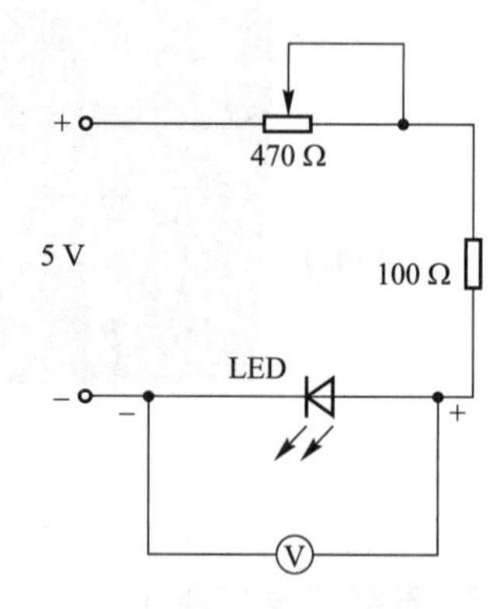

图 1.1－4 用万用表测量直流电压

技能训练

用万用表测量直流电压

用万用表测量直流电压的步骤如下：

(1)按图 1.1－4 所示在面包板上插接电路。

(2)检查电路无误后接通电源，旋转电位器，发光二极管亮度将发生变化，使发光二极管亮度适中。

(3)将万用表按前面讲的使用前做法的要求准备好，并将选择开关置于“V̲”挡 10 V 量程。

(4)手持表笔绝缘杆，将正负表笔分别接触直流电源正负两极引出端，测量电源电压。正确读出电压数值。

记录：电源电压为________ V。

(5)将万用表红、黑表笔按图 1.1－4 所示接触发光二极管两引脚，测量发光二极管两极间电压，正确读出电压数值。

记录：发光二极管两端电压为________V。

(6)用万用表测量固定电阻器两端电压。首先判断正、负表笔应接触的位置，然后测量。

记录：固定电阻器两端电压为________V。

在(4)～(6)步的测量中，哪一项电压值若小于 2.5 V，可将万用表选择开关换为“V̲”挡 2.5 V 量程再测量一次，比较两次测量结果(换量程后应注意刻度线的读数)。

(7)测量完毕，断开电路电源。按前面讲的万用表使用后做法的要求收好万用表。

2. 测量交流电压

测量交流电压的方法与步骤与测量直流电压相似，但有以下几点需注意：

(1)测交流电压时，万用表的读数为交流电压的有效值。

(2)测交流电压时，因交流电没有正、负之分，所以测量交流时表笔也就不需分正、负极性。

(3)用万用表测量市电时要注意安全。

3. 测量直流电流

测量直流电流的步骤如下：

(1)选择量程。万用表直流电流挡标“mA”处有 1 mA、10 mA、100 mA 这 3 挡量程。选择量程应根据电路中的电流大小进行选择，如不知电流大小应选用最大量程。

(2)测量方法。万用表应与被测电路串联。应将电路相应部分断开后，将万用表表笔接在断点的两端。红表笔应接在和电源正极相连的断点，黑表笔接在和电源负极相连的断点(见图 1.1－5)。

(3)正确读数。直流电流挡刻度线仍为第二条，如选“100 mA”挡时，可用第三行数字，读数后乘 10 即可。

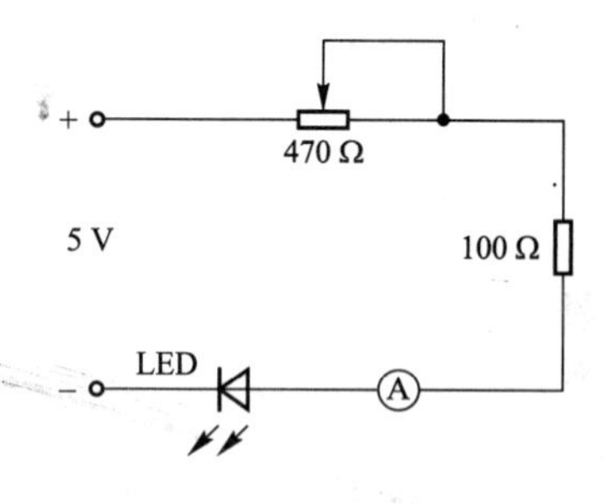

图 1.1－5　用万用表测量直流电流

技能训练

用万用表测量直流电流

用万用表测量直流电流的步骤如下：

(1)按图 1.1－5 所示连接电路，使发光二极管正常发光。

(2)按前面讲的使用前的做法准备好万用表并将选择开关置于“mA”挡 100 mA 量程。

(3)断开电阻器和发光二极管正极间引线，形成“断点”，这时发光二极管熄灭。

(4)将万用表串接在断点处。红表笔接电阻器，黑表笔接发光二极管正极引线，这时发光二极管重新发光。万用表指针所指刻度值即为通过发光二极管的电流值。

(5)正确读出通过发光二极管的电流值。

记录：通过发光二极管的电流为________mA。

(6)旋转电位器转柄，观察万用表指针的变化情况和发光二极管的亮度变化，可以读出并记录：通过发光二极管的最大电流是________mA，最小电流是________mA。

通过以上操作，可以进一步体会电阻器在电路中的作用。

(7)测量完毕，断开电源，按要求收好万用表。

注意：属于磁电系仪表的万用表，因为磁电系仪表由于永久磁铁产生的磁场方向不能改变，所以只有通入直流电流才能产生稳定的偏转。如在磁电系测量机构中通入交流电流，产生的转动力矩也是交变的，可动部分由于惯性而来不及转动，所以这种测量机构不能测量交流(交流电每周的平均值为零，所以结果没有偏转，读数为零)。

4. 测量电阻

万用表欧姆挡可用以测量导体的电阻。欧姆挡用“Ω”表示，分为$R\times1$、$R\times10$、$R\times100$、$R\times1\text{K}$和$R\times10\text{K}$这5挡。使用万用表欧姆挡测电阻，除前面讲的使用前做法的要求外，还应遵循以下步骤。

(1)将选择开关置于“$R\times100$”挡，将两表笔短接，调整欧姆挡调零旋钮，使表针指向电阻刻度线右端的零位。若指针无法调到零点，说明表内电池电压不足，应更换电池。

(2)用两表笔分别接触被测电阻两引脚进行测量(见图1.1-6)。正确读出指针所指电阻的数值，再乘以倍率(“$R\times100$”挡应乘100，“$R\times1\text{K}$”挡应乘1 000、……)就是被测电阻的阻值。

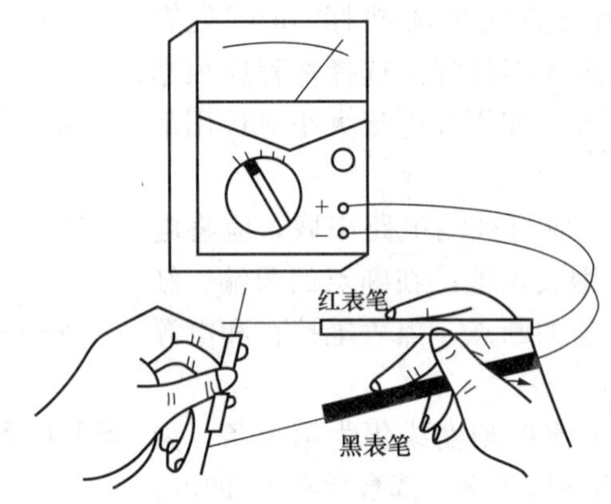

图1.1-6　用万用表测量电阻

(3)为使测量较为准确，测量时应使指针指在刻度线中心位置附近。若指针偏角较小，应换用“$R\times1\text{K}$”挡；若指针偏角较大，应换用“$R\times10$”挡或“$R\times1$”挡。每次换挡后应再次调整欧姆挡调零旋钮，然后再测量。

(4)测量结束后，应拔出表笔，将选择开关置于“OFF”挡或交流电压最大挡位，收好万用表。

测量电阻时应注意以下几点：

(1)被测电阻应从电路中拆下后再测量。

(2)两支表笔不要长时间碰在一起。

(3)两只手不能同时接触两支表笔的金属杆或被测电阻两根引脚，最好用右手同时持两支表笔。

(4)若长时间不使用欧姆挡，应将表中电池取出。

用万用表测量电阻

用万用表测量电阻的步骤如下：

(1)将5只电阻插在硬纸板上。

(2)将万用表按要求调整好，并置于“$R\times100$”挡，调整欧姆挡调零旋钮调零。

(3)分别测量5只电阻，将测量值写在电阻旁。测量时注意读数应乘倍率。

(4)若测量时指针偏角太大或太小，应换挡后再测。换挡后应再次调零才能使用。

(5)相互检查。检查5只电阻中测量正确的有几只，将测量值和标称值相比较了解各电阻的误差。

(6)按要求收好万用表。

四、相关元器件的识别和检测

(一)电阻的识别和检测

在物理学中，用电阻来表示导体对电流阻碍作用的大小，所以电阻是导体的一种基本性质，与导体的尺寸、材料、温度有关。导体的电阻越大，表示导体对电流的阻碍作用越大。电阻主要用于控制和调节电路中的电流和电压，或用作消耗电能的负载。在电路中用字母R表示。

1. 电阻的符号

文字符号：R。

图形符号如图1.1－7所示。

R 或 R　　R_P 或 R_P

(a)　　(b)

图1.1－7　电阻图形符号

(a)电阻；(b)电位器

2. 电阻器的分类

按电阻器的结构和特性分，可分为固定电阻器、可变电阻器和特种电阻器。

按电阻体材料分，可分为线绕型和非线绕型两大类，非线绕型的电阻器又分为薄膜型和合成型两类。

按结构形式分，可分为圆柱形电阻器、管形电阻器、圆盘形电阻器以及平面形电阻器等。

按用途分，可分为通用电阻器、精密电阻器、高阻电阻器、功率型电阻器、高压电阻器、高频电阻器及特殊用途的电阻器等。

常见的几种电阻如图 1.1－8 所示。

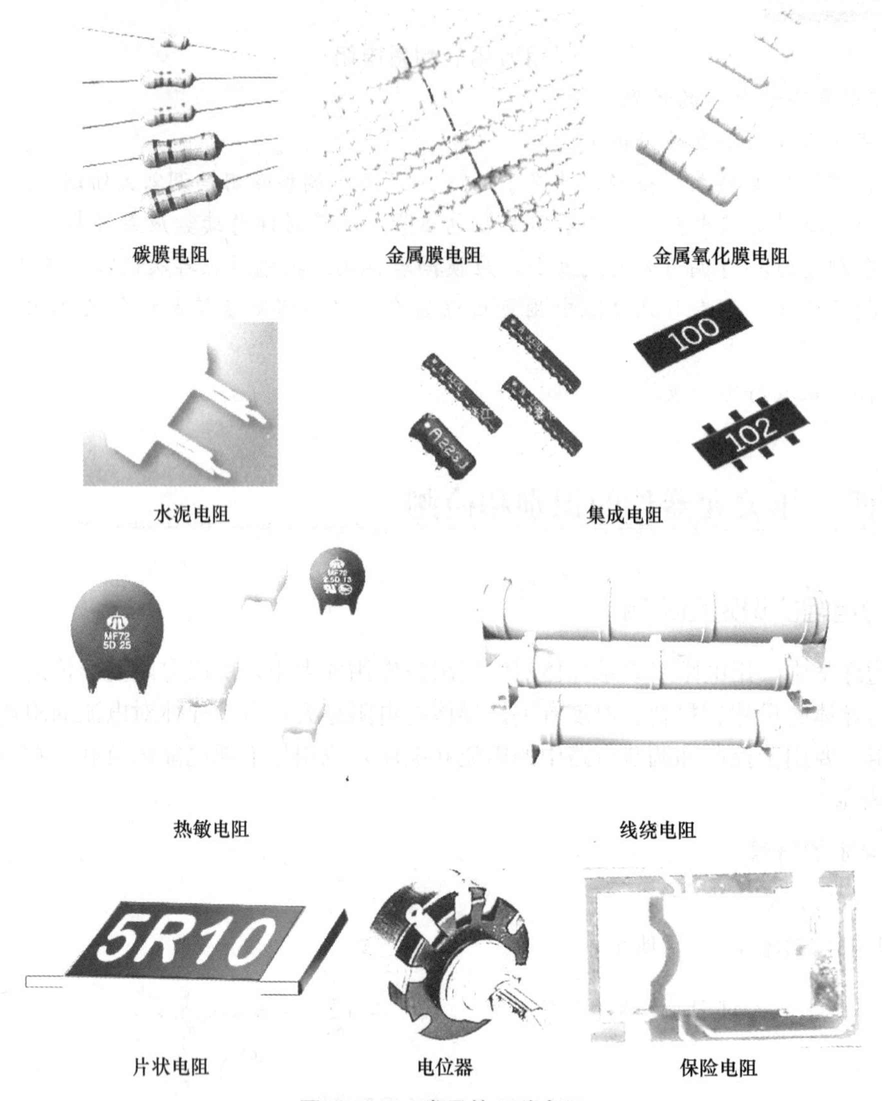

碳膜电阻　金属膜电阻　金属氧化膜电阻

水泥电阻　集成电阻

热敏电阻　线绕电阻

片状电阻　电位器　保险电阻

图 1.1－8　常见的几种电阻

3. 电阻的型号命名

根据国家标准规定，电阻器、电位器的型号一般由四部分组成(见图 1.1－9)，各部分的含义如表 1.1－2 所示(不适用敏感电阻)。

第一部分：主称，用字母表示，表示产品的名字，如 R 表示电阻、W 表示电位器、M 表示敏感电阻。

第二部分：材料，用字母表示，表示电阻体用什么材料组成。

第三部分：分类，一般用数字表示，个别类型用字母表示，表示产品属于什么类型。

第四部分：序号，用数字表示，表示同类产品中不同品种，以区分产品的外形尺寸和性能指标等。

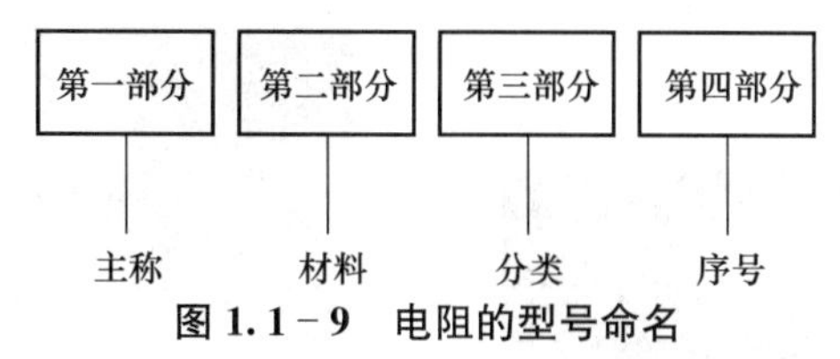

图 1.1－9　电阻的型号命名

表 1.1－2　电阻器命名的方法及各部分的含义

第一部分		第二部分		第三部分		第四部分
用字母表示主称		用字母表示材料		用数字或字母表示特征		对主称、材料相同，仅性能指标尺寸大小有区别，但基本不影响互换使用的产品，给同一序号；若性能指标、尺寸大小明显影响互换时则在序号后面用大写字母作为区别代号
R	电阻器	T	碳膜	1	普通	
W	电位器	P	硼碳膜	2	普通	
M	敏感电阻器	U	硅碳膜	3	超高频	
		H	合成膜	4	高阻	
		I	玻璃釉膜	5	高温	
		J	金属膜	7	精密	
		Y	氧化膜	8	电阻、高压、电位器、特殊	
		S	有机实芯	9	特殊	
		N	无机实芯	G	高功率	
		X	线绕	T	可调	
		C	沉积膜	X	小型	
		G	光敏	L	测量用	
				W	微调	
				D	多圈	

例如，RTX，R 表示电阻器，T 表示碳膜，X 表示小型电阻器。电阻型号命名示例如图 1.1－10 所示。

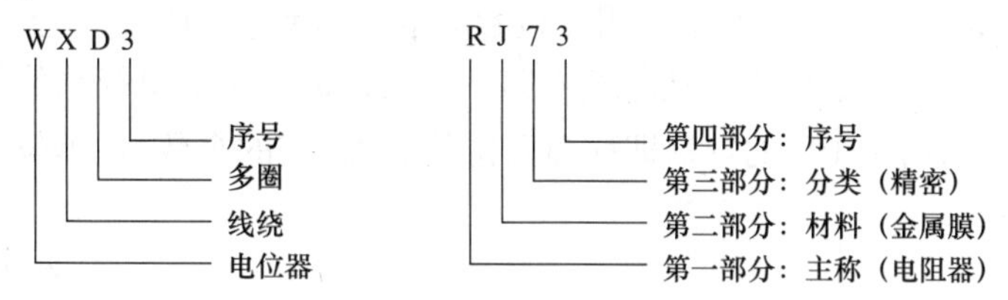

图 1.1－10　电阻型号命名示例

4. 电阻的主要特性参数

1)标称阻值

即电阻器上面所标示的阻值。电阻器的标称值和允许偏差一般都标在电阻体上，标注方法有直标法、文字符号法、数码法和色标法。

(1)直标法。如图 1.1－11 所示，将电阻器的标称值用数字和文字符号直接标在电阻体上，其允许偏差则用百分数表示，未标偏差值的即为±20%的允许偏差。

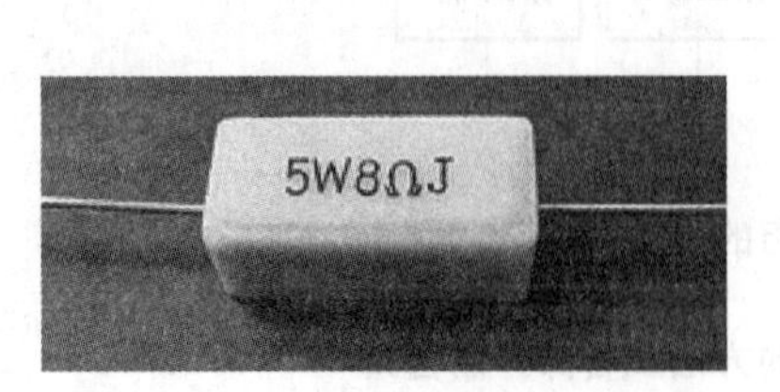

阻值为8 Ω

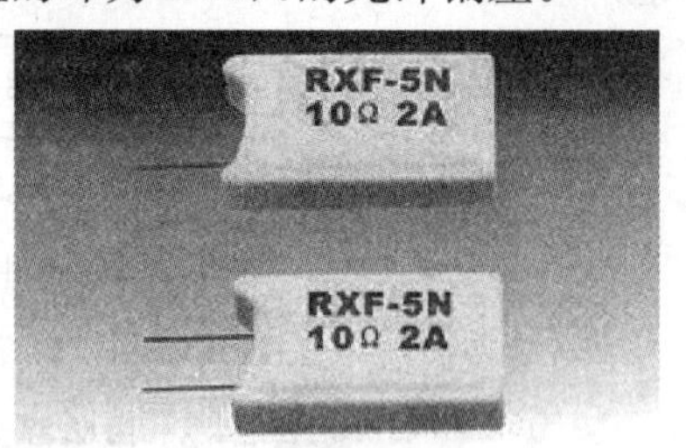

阻值为10 Ω

图 1.1－11 直标法

(2)文字符号法。如图 1.1－12 所示，用阿拉伯数字和文字符号两者有规律的组合来表示标称阻值，其允许偏差也用文字符号表示。符号前面的数字表示整数阻值，后面的数字依次表示第一位小数阻值和第二位小数阻值。

偏差通常用字母表示，如图 1.1－12 所示。

阻值为5.1 Ω

阻值为3.9 Ω，误差用K表示，误差为±10%

图 1.1－12 文字符号法

例如，6R2J 表示该电阻标称值为 6.2 Ω，允许偏差为±5%；3K6K 表示电阻值为 3.6 kΩ，允许偏差为±10%；1M5 则表示电阻值为 1.5 MΩ，允许偏差为±20%。

(3)数码法。如图 1.1－13 所示，用 3 位数码表示标称值的标志方法，常见于贴片电阻或进口器件上。在 3 位数码中，从左至右第一、二位数表示电阻标称值的第一、二位有效数字，第三位数为倍率 10^n 的“n”(即前面两位数后加“0”的个数)，单位为 Ω。偏差通常采用文字符号表示。

阻值为10×10^3 Ω=10 kΩ

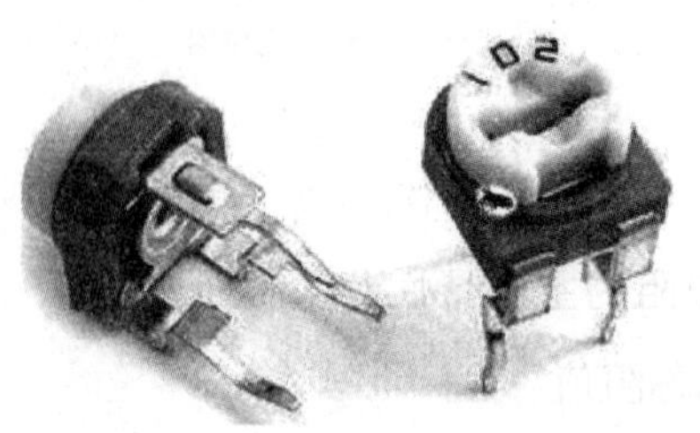

阻值为10×10^2 Ω=1 kΩ

图 1.1－13 数码法

例如，标识为 222 的电阻器，其阻值为 2 200 Ω，即 2.2 kΩ；标识为 105 的电阻器阻值为 1 MΩ；标志为 47 的电阻器阻值为 4.7 Ω。标识为 220 的电阻器电阻为 22 Ω，只有标识为 221 的电阻器其阻值才为 220 Ω。标识为 0 或 000 的电阻器，实际是跳线，阻值为 0 Ω。

一些微调电阻器阻值的标识法除了用 3 位数字外，还有用 4 位数字的，示例如图 1.1－14 所示。

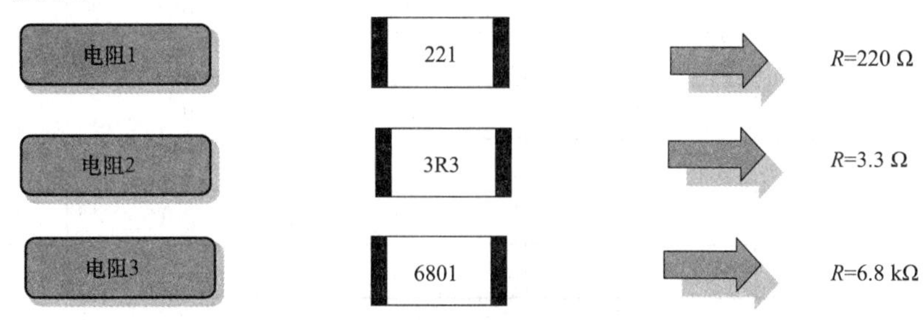

图 1.1－14　电阻器标识示例

(4)色标法。如图 1.1－15 所示，用不同颜色的带或点在电阻器表面标出标称阻值和允许偏差。国外电阻大部分采用色标法。普通的电阻器用四色环表示，精密电阻器用五色环表示。

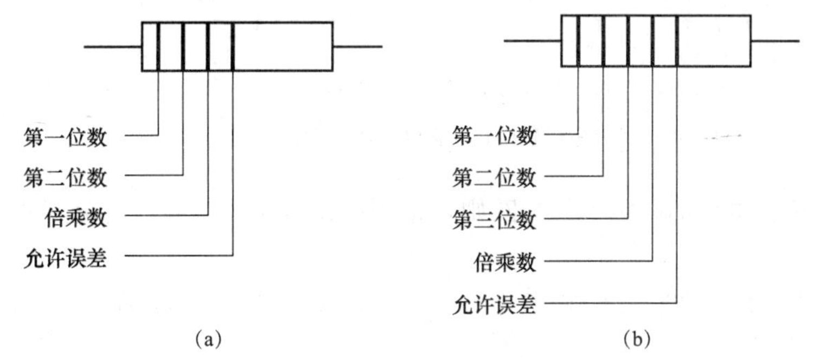

图 1.1－15　色标法

(a)一般电阻；(b)精密电阻

当电阻为四色环时，最后一环必为金色或银色，前两位为有效数字，第三位为乘方数，第四位为偏差。当电阻为五色环时，最后一环与前面四环距离较大。前 3 位为有效数字，第四位为乘方数，第五位为偏差。电阻器色标符号意义如表 1.1－3 所示。

表 1.1－3　电阻器色标符号意义

色别	第一色环 第一位数字	第二色环 第二位数字	第三色环 第三位数字	第四色环 应乘的倍率	第五色环 允许误差
棕	1	1	1	10^1	±1%
红	2	2	2	10^2	±2%
橙	3	3	3	10^3	—
黄	4	4	4	10^4	—
绿	5	5	5	10^5	±0.5%
蓝	6	6	6	10^6	±0.2%

续表

色别	第一色环 第一位数字	第二色环 第二位数字	第三色环 第三位数字	第四色环 应乘的倍率	第五色环 允许误差
紫	7	7	7	10^7	±0.1%
灰	8	8	8	10^8	—
白	9	9	9	10^9	—
黑	0	0	0	10^0	—
金				0.1	±5%
银				0.01	±10%
无色					±20%

示例如图 1.1－16 所示。

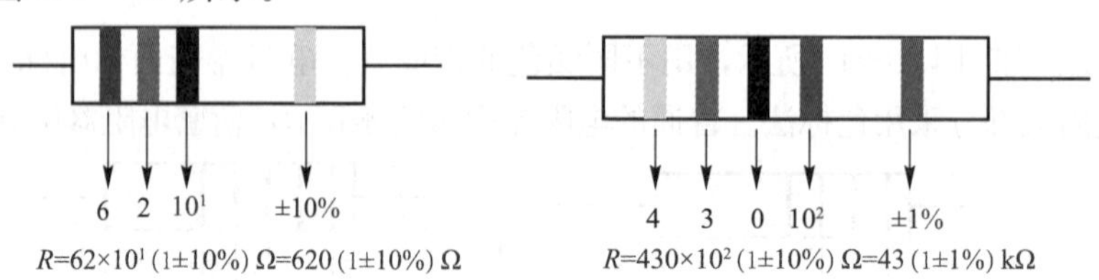

图 1.1－16 电阻器色标含义示例

电阻的单位：电阻的国际单位为欧姆，常用单位有千欧、兆欧，分别用 Ω、kΩ、MΩ 表示。

$$1\ \text{k}\Omega = 1\ 000\ \Omega = 10^3\ \Omega,\qquad 1\ \text{M}\Omega = 1\ 000\ 000\ \Omega = 10^6\ \Omega$$

2)允许误差

标称阻值与实际阻值的差值跟标称阻值之比的百分数称为阻值偏差(允许误差)，它表示电阻器的精度。大多数电阻器的允许误差值分为 J、K、M 三类，如表 1.1－4 所示。

表 1.1－4 电阻器阻值常用的允许误差与字母对照表

文字符号	D	F	G	J	K	M
允许误差	±0.5%	±1%	±2%	±5%	±10%	±20%

四色环电阻一般用金色或银色表示误差，金色代表误差范围为±5%，银色代表误差范围为±10%，无色代表误差范围为±20%；五色环电阻一般用棕色或红色表示误差，棕色代表误差范围为±1%，红色代表误差范围为±2%。

3)额定功率

在规定的条件下，电阻器长期工作所允许耗散的最大功率。

5. 电阻和电位器的检测

1)外观检查

对于固定电阻，首先查看标志是否清晰，保护漆是否完好，有无烧焦，有无伤痕，有无裂痕，有无腐蚀，电阻体与引脚是否紧密接触等。对于电位器还要转动旋柄，看看旋柄转动是否平滑、开关是否灵活，开关通、断时“喀哒”声是否清脆，并听一听电位器内部接触点和电阻体摩擦的声音，如有“沙沙”声，说明质量不好。

2)万用表检测

(1)固定电阻的检测。用万用表的欧姆挡对电阻进行测量，对于测量不同阻值的电阻选择万用表的不同倍乘挡。对于指针式万用表，由于欧姆挡的示数是非线性的，阻值越大示数越密，所以选择合适的量程，应使表针偏转角大些，指示于1/3～2/3满量程，读数更为准确。若测得阻值超过该电阻的误差范围、阻值无限大、阻值为0或阻值不稳，则说明该电阻器已损坏。

测量电阻时应注意以下两点：

①在测量中拿电阻的手不要与电阻器的两个引脚相接触，这样会使手所呈现的电阻与被测电阻并联，影响测量准确度。

②不能在带电情况下用万用表电阻挡检测电路中电阻器的阻值。在线检测应首先断电，再将电阻从电路中断开一头进行测量。

(2)可变电阻和电位器的检测。电位器的符号如图 1.1－17 所示。用万用表测试时，先根据被测电位器阻值的大小选择好万用表的合适电阻挡位，根据图 1.1－18 所示电位器结构，可按下述方法进行检测。

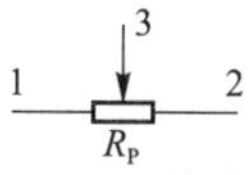

图 1.1－17　电位器的符号

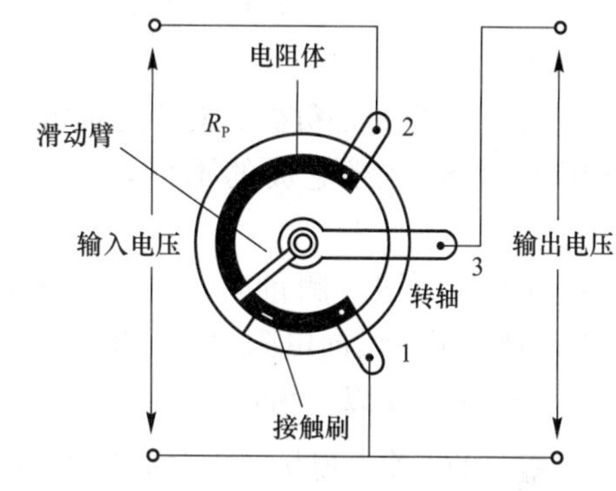

图 1.1－18　电位器结构

①用万用表的欧姆挡测“1”“2”两端，其读数应为电位器的标称阻值，如万用表的指针不动或阻值相差很多，则表明该电位器已损坏。

②检测电位器的活动臂与电阻片的接触是否良好。用万用表的欧姆挡测“1”“2”(或“2”“3”)两端，将电位器的转轴按逆时针方向旋至接近“关”的位置，这时电阻值越小越好。再顺时针慢慢旋转轴柄，电阻值应逐渐增大，表头中的指针应平稳移动。当轴柄旋至极端位置“3”时，阻值应接近电位器的标称值。如万用表的指针在电位器的轴柄转动过程中有跳动现象，说明活动触点有接触不良的故障。

(二)发光二极管的识别和检测

发光二极管简称LED，是一种把电能变成光能的半导体器件，当它通过一定的电流时就会发光。它具有体积小、工作电压低、工作电流小等特点。广泛应用于各类电器及仪器仪表中。它分为可见发光二极管和不可见发光二极管，有单色发光二极管、双色发光二极管和三色发光二极管等几种。单色发光二极管有红、黄、绿3种颜色，全塑封装。

1. 发光二极管的外形及符号

常见发光二极管的外形如图 1.1－19 所示，图 1.1－20 是发光二极管的符号。

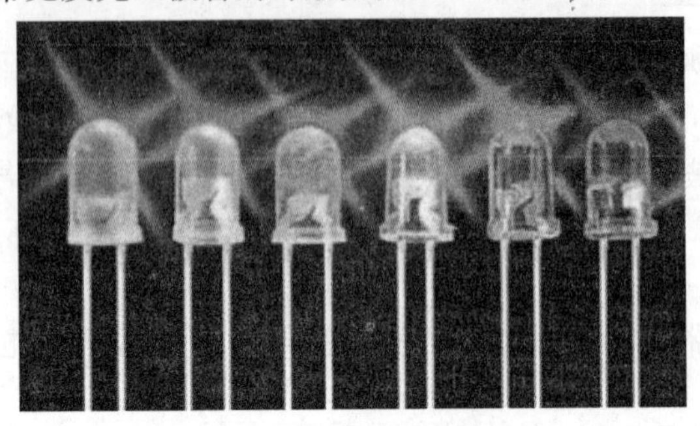

图 1.1－19 发光二极管的外形

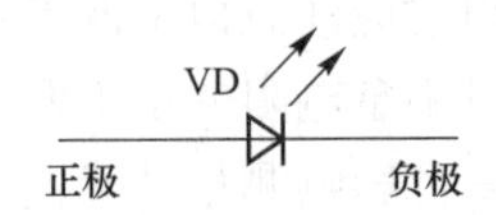

图 1.1－20 发光二极管的符号

2. 发光二极管引脚的判别

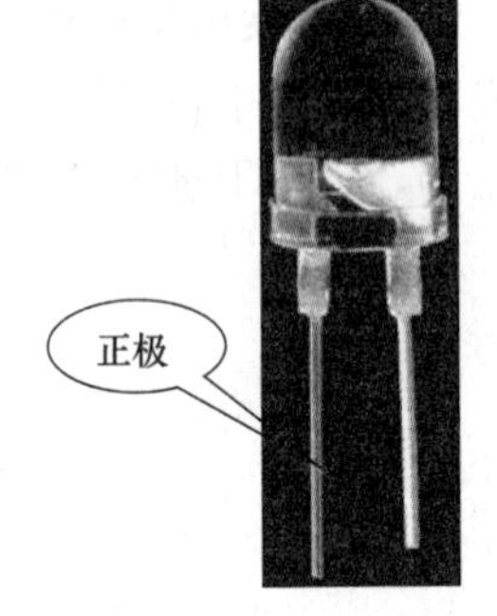

图 1.1－21 目测法判别

发光二极管的内部是一个 PN 结，具有单向导电性，所以是一个有正、负极之分的器件。正确识别正、负极的方法有以下两种。

(1)目测法。如图 1.1－21 所示，发光二极管的两个引脚中，较长的是正极，较短的是负极。对于透明或半透明塑封的发光二极管，可用肉眼观察内部电极的形状，较小的是正极，较大的是负极。

(2)万用表检测法。测量时，将万用表置于"$R\times1$K"或"$R\times10$K"位置，测其正、反向电阻值，一般正向电阻值小于 50 kΩ、反向电阻值大于 200 kΩ 以上为正常。

发光二极管的工作电流是一个重要参数，若工作电流太小，发光管点不亮；电流太大则容易使发光二极管早衰而影响使用寿命。因此，发光二极管工作时必须串一个阻值合适的限流电阻。二极管的工作电流为 3～10 mA，正向工作电压比普通二极管高，为 1.2～3 V。

万用表使用时需注意：

(1)测量挡位(种类、量程)要正确。测量前根据测量对象的种类和量值的大小把转换开关的旋钮旋至所需的位置。有的万用表(如 500 型)的盘面有两个转换开关需配合调节。

①测量种类旋钮的位置要与被测量符合。

②量程要合适。测量电流、电压时要使指针偏转至满刻度的 1/2 以上，测量电阻时要使指针在 0.1～10 倍欧姆中心值范围内。指针越接近欧姆中心值，测量误差越小；越接近标尺左端准确度越低。倍率的选择应使指针在欧姆刻度较稀疏的地方。

③用电阻挡判别小功率晶体管时，不要用"$R\times1$"挡；判别低电压晶体管时，不要用"$R\times10$KΩ"挡。

④对不能估计的电流或电压值的测量，先放在高量程挡位试测，然后再改换至合适的挡位测量。

(2)测量大电流、高电压时应避免带电旋转转换开关，防止电弧损坏开关。

(3)使用万用表之前若指针不对零位，要进行机械调零。测量电阻时，每更换欧姆挡量程后，需重新进行欧姆调零。测量在路电阻，必须切断被测电路电源，最好脱开其中一个引脚，避免其他部分并入。

(4)读数要正确。在使用万用表时，必须将万用表水平放置。万用表的刻度盘上有多条标度尺，分别表示各被测量的大小，不要看错标尺和刻度值；读数时视线要正对指针，反射镜中应看不到指针的重影。

(5)测量直流信号时，注意红表笔接电路高电位端，黑表笔接低电位端。表笔接反会导致表针反偏而损坏万用表。

(6)万用表测量结束后，要把转换开关拨至“OFF”位置或交流电压最高挡，以免他人误用造成仪表损坏。长期不用时应将电池取出。

五、技能实训

1. 电阻识别及检测

将测得数据填入表 1.1－5 中。

表 1.1－5　电阻技训表

序号	色环	标称阻值＋误差	实测阻值	是否在误差范围内
1				
2				
3				
4				
5				

2. 电位器的检测

将测得数据填入表 1.1－6 中。

表 1.1－6　电位器技训表

<table>
<tr><td rowspan="2">电位器测量</td><td rowspan="2">标称阻值</td><td rowspan="2">固定端之间的电阻</td><td colspan="3">固定端与滑动片变化情况</td></tr>
<tr><td>阻值平稳</td><td>阻值突变</td><td>指针跳动</td></tr>
<tr><td>识读、测量
中出现的问题</td><td colspan="5"></td></tr>
</table>

六、思考与实践

(1)万用表主要用于测量电压、电流和电阻，使用万用表测量电压的步骤是什么？使用中应注意什么？

(2)使用万用表测量电流的步骤是什么？使用中应注意什么？
(3)使用万用表测量电阻的步骤是什么？使用中应注意什么？
(4)普通万用表能测量交流电流吗？为什么？

实训二 示波器的使用

实训目标

知识目标：

(1)了解示波器的基本结构和工作原理，掌握示波器的调节和使用方法。
(2)掌握用示波器观察电信号波形的方法。
(3)掌握用示波器测量电信号的幅度、频率和相位差的方法。

技能目标：

能利用示波器观察电信号的波形，学会测量各种电信号的幅度、频率和相位差。

实训设备：

(1)多媒体课件及设备。
(2)仿真软件(Proteus)。
(3)双踪示波器、函数信号发生器、交直流电源、色环电阻、导线若干等。

示波器简介：

示波器是展示和观测电信号的电子仪器，可以直接测量信号电压的大小和周期，观测一切可以转化为电压的电学量、非电学量以及它们随时间变化的过程，特别适用于观测瞬时变化的过程。本实训将以图1.2－1所示的V－212型示波器为例介绍示波器结构和示波器使用的方法。

图1.2－1 V－212型示波器

一、示波器的基本结构

示波器的种类很多，但其基本原理和基本结构大致相同，主要由示波管、电子放大系统、扫描触发系统、电源等几部分组成，如图 1.2－2 所示。

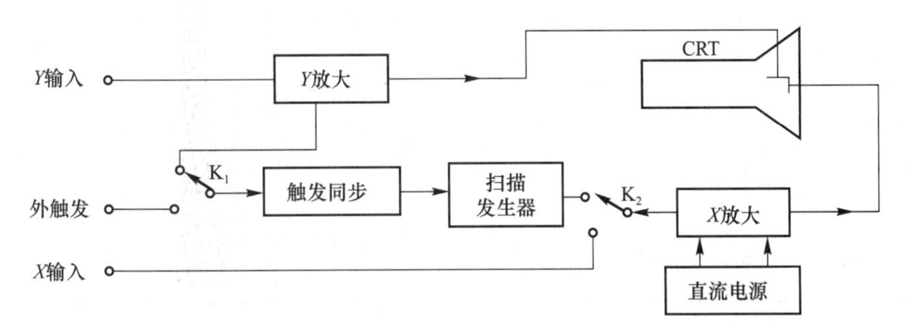

图 1.2－2　示波器的原理框图

二、示波器的功能介绍和使用方法

(一)双踪示波器面板介绍

V－212 型双通道示波器的面板如图 1.2－3 所示，各部件名称及作用介绍如下。

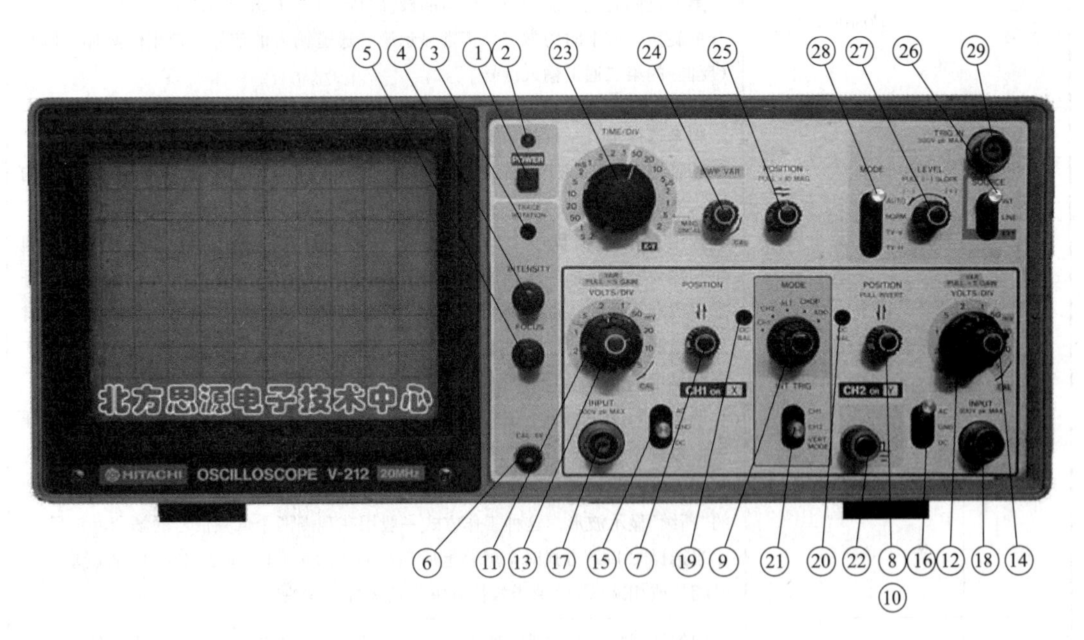

图 1.2－3　V－212 型双通道示波器面板

V－212 型双通道示波器的面板控制件的作用如下。

1. 电源和示波管部分

电源和示波管部分的控制件的作用如表 1.2－1 所示。

表 1.2－1 电源和示波管部分

图中序号	控制件名称	控制件的作用
①	电源开关(Power)	按下此开关，仪器电源接通，指示灯亮
②	电源指示灯(Power Indicator)	指示电源是否开始工作，亮则说明仪器电源接通
③	轨迹旋转(Trace Rotation)	可调节示波管荧光屏上的光迹与水平刻度线的角度
④	亮度(Intensity)	用于调节光点亮度，顺时针旋转使光迹亮度增加；反之变暗
⑤	聚焦(Focus)	用于调节示波管电子束的焦点，使显示的光点成为细而清晰的圆点
⑥	校准信号(Probe Adjust)	从此接头输出频率为 1 kHz、峰-峰值为 0.5 V 的方波信号，用于示波器的校正

2. 垂直偏转系统

垂直偏转系统中控制件的作用如表 1.2－2 所示。

表 1.2－2 垂直偏转系统

图中序号	控制件名称	控制件的作用
⑦ ⑧ ⑩	垂直移位旋钮 (Position)	改变波形在屏幕上的竖直位置，顺时针旋转此旋钮时示波器屏幕上将所显示的波形向上移；反之则向下移动。 第⑧键同时还控制通道 2 信号的极性(Position/Pull invert)，它是一个按拉式开关旋钮，按下时为常态，正常显示第二通道输入的信号；拉出时则显示倒相(反向)的第二通道输入信号
⑨	垂直方式按钮 (Vertical Mode)	用来选择垂直系统的显示方式，有 5 种显示方式供选择。 若选用 CH1 或 CH2 通道，则示波器屏幕单独显示 CH1 通道或 CH2 通道的输入波形。 选用“ALT”(交替)方式显示时，电子开关靠扫描电路闸门信号进行切换，即每扫描一次便转换一次，这样屏幕上将轮流显示出两个信号波形。若被测信号重复周期不太长，那么利用屏幕的余辉和人眼的残留效应会感觉到屏幕上同时显示出两个波形。这种显示方式只适于观察高频信号，若测量低频信号则由于交替显示的速率很慢，图形会出现闪烁现象，不易进行准确测试。 选用“CHOP”(断续)方式显示时，电子开关靠内部自激简谐振荡器控制，开关信号频率为 250 kHz，这时由 CH1、CH2 两通道输入的信号，以 250 kHz 的开关频率轮流加至示波管的垂直偏转板，所以在荧光屏上便看到了 CH1、CH2 的“断续”显示波形。这种工作方式一般用在观测两个低频信号的场合。 当选择“ADD”方式时，屏幕上所显示的波形是 CH1 通道和 CH2 通道输入信号相加或相减(CH2 通道极性开关为负极性时)的波形
⑪ ⑫	垂直输入灵敏度 选择开关(Volts/div)	即偏转因数，又称垂直输入灵敏度选择开关，此开关为选择垂直偏转灵敏度用，它指示竖直方向每格代表的电压值。对于一定的输入信号，调节它可改变波形在竖直方向的幅度。由于它的结构属于步进式衰减器，所以只能作粗调用。当选用 10∶1 探头时，灵敏度选择开关所指示的读数应乘以 10

续表

图中序号	控制件名称	控制件的作用
⑬ ⑭	微调(Variable 和 PULL×5 gain)旋钮	用于连续调节垂直偏转灵敏度，旋转这个旋钮可使垂直灵敏度连续变化，其变化范围为 2.5∶1。 当对两个通道的波形进行比较或者测量方波的前沿时，通常应把该旋钮按箭头所指的方向旋转到最大位置。当该旋钮处于拉出位置时，示波器上所显示的波形在垂直方向扩展了 5 倍。其垂直灵敏度最大可达 1 mV/格
⑮ ⑯	耦合方式(AC－GND－DC)按钮	输入信号的耦合方式。置于“AC”位置时，交流输入，直流成分被隔断；置于“DC”位置时，直流输入；置于“GND”位置时，表示输入端接地
⑰	通道 1(CH1ORX)	第一通道输入插座，当示波器工作于显示波形时，此插座作为第一路垂直信号用。 若示波器工作于显示图形(李沙育图)方式(X-Y)，则该插座输入为水平(X 轴)信号
⑱	通道 2(CH2ORY)	第二通道输入插座，不论示波器工作方式如何，其输入始终作垂直控制信号(第二路)用
⑲ ⑳	(DC 和 BAL)平衡调节	属半调整器件。正常使用时无须调节，如需调节时，首先将输入耦合调至“GND”位置，然后调节该旋钮可使灵敏度开关在 5～10 mV/div 不同挡位时，使零电平基线在垂直轴方向上位置变化最小
㉑	触发选择开关(INT TRIG)	内触发源选择开关，与㉖触发源选择开关配合使用。 开关置于“CH1”时，触发信号取自第一通道，此时示波器屏幕上显示出稳定的 CH1 通道输入信号波形；开关置于“CH2”时，则信号取自第二通道，屏幕上显示出稳定的 CH2 输入的信号波形；开关置于“VERT MODE”(交替触发)时，触发信号交替地取自 CH1 和 CH2 通道。此时荧光屏上同时显示出稳定的两个通道信号波形
㉒	接地(⏚)	示波器接地端

3. 水平偏转系统

此系统主要完成示波器的触发、扫描和校正等功能，其控制件的作用如表 1.2－3 所示。

表 1.2－3　水平偏转系统

图中序号	控制件名称	控制件的作用
㉓	扫描速度选择开关(TIME/div)	即扫描时基因数，用于调节扫描速度，其数值的倒数即扫描速率。它指示水平方向每格代表的时间值，可选扫描时间范围为 0.2 μs/div～0.2 s/div，但不是连续调节，而按 1、2、5 的顺序分 19 步进行时间选取。此外，它还兼有示波器显示图像类型的控制功能，即当位于第 20 步时，它显示的图形为任意两变量 X 与 Y 的关系($X-Y$)
㉔	扫描速度微调(SWP VAR)	利用此旋钮可在扫描速度粗调的基础上连续调节。微调旋钮按顺时针方向转至满度为校正(CAL)位置，此时的扫描速度值就是粗调旋钮所在挡的标称值(如 0.5 μs/div)，若是反时针方向旋转至底，其粗调扫描速度可最大变化 2.5 倍(如 2.5×0.5 μs/div＝1.25 μs/div)

续表

图中序号	控制件名称	控制件的作用
㉕	水平位移及扫描扩展开关(POSITION PULL×10 MAG)	此调节机构把旋转钮和按拉开关的作用融为一体。按拉开关处于按下位置时为常态。转动此旋钮，可使屏幕上显示的波形沿水平方向左右移动。 当开关拉出时(×10)，荧光屏上的波形在水平方向扩展 10 倍，此时的扫描速度增大 10 倍，即扫描时间是指示值的 1/10。在测量时间(周期)时该旋钮应关上
㉖	触发源选择开关(SOURCE)	用于选择产生触发的源信号。有 3 种方式供选择，即 INT、LINE、EXT。开关置于“INT”(内)位置时，触发信号取自被显示的垂直通道(CH1 或 CH2)；置于“LINE”(电源)位置时，触发信号取自 50 Hz 交流电源；置于“EXT”(外)位置时，触发信号直接由外触发同轴插座端输入。后两种触发情况，都要求它们分别与被显示信号在频率上有整数倍的关系(同步)
㉗	触发极性选择兼触发电平调节开关(LEVEL 和 PULL (－)SLOPE)	此操作部分的结构具有开关兼旋钮的作用。其中开关属于按拉式开关，由二者共同完成确定触发信号波形的触发点(即显示波形起始点的扫描位置)。具体调节方法如下： 极性选择：开关拉出时，用负(－)极性触发，即用触发信号的下降沿触发；开关按下时，用正(＋)极性触发，即用触发信号的上升沿触发。 电平选择：极性选择仅能确定触发的方向，而触发点的选定要靠调节触发电平旋钮，使电路在合适的电平上启动扫描
㉘	触发方式选择开关(MODE)	扳键开关置于“AUTO”(自动)位置时，扫描处于连续工作状态。有信号时，在触发电平调节和扫描速度开关的控制下，荧光屏上显示稳定的信号波形。若无信号，荧光屏上便显示时间基线。 开关置于“NORM”(常态)位置时，扫描处于触发状态。有信号时，波形的稳定显示靠调节触发电平旋钮和扫描速度开关来保证；若无信号，荧光屏上不显示时间基线(此时扫描电路处于等待工作状态)。此方式对被测频率低于 25 Hz 的信号观测更为有效。 开关置于“TV－V”或“TV－H”位置时，可用于观察复杂的电视信号波形和图像信号
㉙	外触发输入(EXT input)插座	当选择外触发方式时触发信号由此端口输入

(二)使用练习

1. 开机

(1)开机准备。开机前把示波器面板上的旋钮调到表 1.2－4 所示位置。

表 1.2－4　开机时各旋钮状态

旋钮	状态
辉度(Intensity)旋钮	居中
聚焦(Focus)旋钮	居中
垂直移位⇅(Vertical Position)旋钮	居中(旋钮按进)

续表

旋钮	状态
水平移位⇄(Horizontal)旋钮	居中(旋钮按进)
垂直方式(Vertical Mode)按钮	CH1
扫描方式(Sweep Mode)按钮	自动
扫描速度选择开关(TIME/div)	逆时针到底
扫描微调、扩展(Variable PULL×5)旋钮	关(顺时针)
触发耦合(Coupling)按钮	AC 常态
触发源(Trigger Source)按钮	CH1
触发极性(Slope)	上升沿
输入耦合(AC－GND－DC)	DC

(2)打开电源开关，电源指示灯亮，稍等预热，屏上出现亮点。分别调节亮度和聚焦旋钮，使光点亮度适中、清晰。

2. 测量信号的电压与周期

1)校准

将校准信号(Probe Adjust)接入 CH1，偏转因数置于 0.1 V/div 位置，扫描速率(s/div)旋钮调为 0.5 ms/div，观察信号幅度(5 div)及信号一个周期的长度(2 div)值是否正确。若不正确请在教师指导下校准。

2)观察交流信号波形

打开信号发生器电源开关，将其输出接入 CH1。调信号发生器频率为 1 kHz，输出电压调为 4.0 V，输出衰减置于 20 dB 位置，把待观察的交流信号从 CH1 输入，把输入耦合开关打到“AC”位置，在荧光屏上将显示出信号波形，适当调节选择开关(Volts/div)可以改变信号的幅度，调节时基开关(TIME/div)可以改变信号的宽度。也可以把待观察的交流信号从 CH2 输入，调节方法和调节 CH1 一样。若波形不稳定则调节电平旋钮使之稳定。

当要同时观察两个波形时，只要把另一个信号从 CH2 输入，波形便如图 1.2－4 所示。当两个波形频率较高时，将垂直工作方式(V. MODE)调到交替(ALT)位置；当频率较低时，调到断续(CHOP)位置。

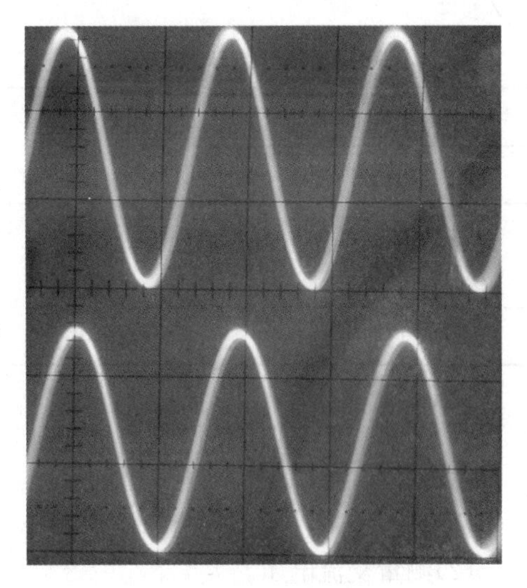

图 1.2－4　双踪信号波形

3)测量

(1)测量直流电压。

①设置面板控制器，使屏幕显示一扫描基线。

②设置被选用通道的耦合方式为“GND”。

③调节垂直移位，使扫描基线与水平中心刻度线重合，定义此为参考地电平。

④将被测信号馈入被选用的通道插座。

⑤将输入耦合置于“DC”位置，调节电压衰减器，使被测波形显示在屏幕中一个合适的位置上，微调顺时针旋到底(校正位置)。

⑥读出被测直流电平偏移参考地线的格数。

⑦计算被测直流电压值：U=垂直方向格数×垂直偏转因数×偏转方向(+或-)。

例如，波形及量程开关选择如图 1.2-5 所示。

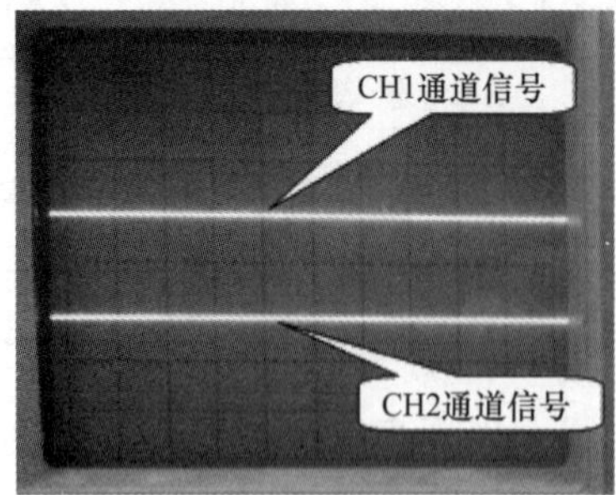

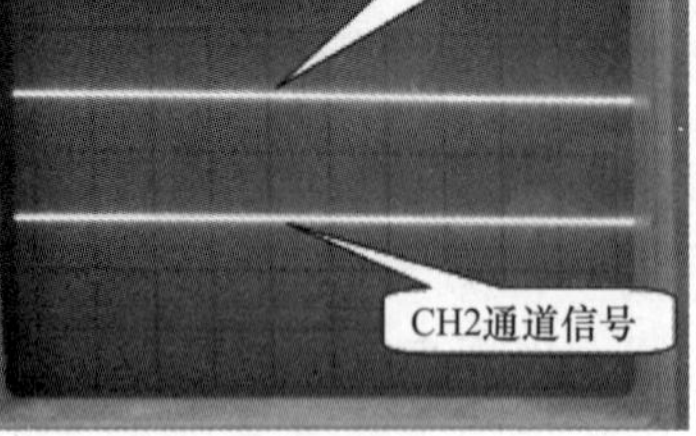

直流信号波形　　　　量程开关选择

图 1.2-5　测量直流电压

CH1 通道信号幅度的测量：垂直输入灵敏度选择开关为 0.5 V/div，垂直方向格数为 1 div，偏转方向为+，则 CH1 通道信号的电平为：$U_{CH1}=+1\ \text{div}\times 0.5\ \text{V/div}=+0.5\ \text{V}$。

CH2 通道信号幅度的测量：垂直输入灵敏度选择开关为 5 V/div，垂直方向格数为 1 div，偏转方向为-，则 CH2 通道信号的电平为：$U_{CH2}=-1\ \text{div}\times 5\ \text{V/div}=-5\ \text{V}$。

练习 1：从实训台调出正、负直流电压信号，在图 1.2-6 中画出所观察到的直流电压波形并将相应的数值填入表 1.2-5 中。

表 1.2-5　练习记录表(1)

测量项目	测量数据
垂直方向格数	
垂直输入 灵敏度选择开关	
幅　度	

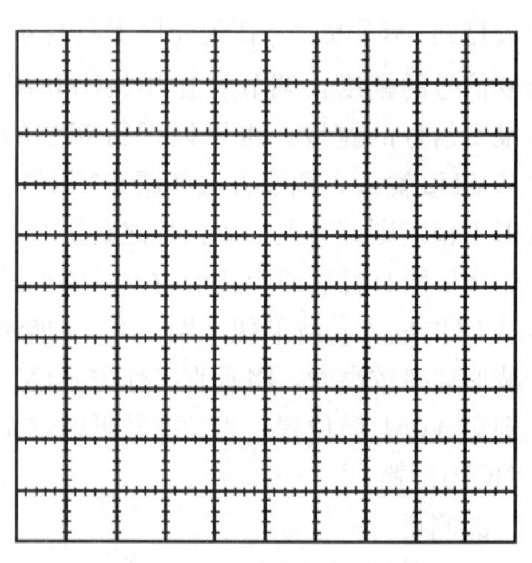

图 1.2-6　直流电压波形

(2)测量交流电压。

与“测量直流电压”方法相似，只是把输入开关(AC-GND-DC)调到“AC”位置，不需要确定零电平的位置。测量得出的值是电压峰-峰值，如图 1.2-7 所示。

①将信号输入至“CH1”或“CH2”插座，将垂直方式置于被选用的通道。

②设置电压衰减器并观察波形，使被显示的波形在 5 格左右，将微调顺时针旋到底（校正位置）。

③调整电平使波形稳定（如果是峰值自动，无须调节电平）。

④调节扫速控制器，使屏幕显示至少一个波形周期。

⑤调节垂直移位旋钮，使波形底部在屏幕中某一水平坐标上（见图 1.2－7 中的 A 点）。

⑥调整水平移位旋钮，使波形顶部在屏幕中央的垂直坐标上（见图 1.2－7 中的 B 点）。

⑦读出垂直方向 A、B 两点之间的格数。

⑧计算被测信号的峰-峰电压值，即

$$U_{P-P}=\text{垂直方向的格数}\,D_y(\text{div})\times\text{垂直偏转因数}(\text{V/div})$$

$$U_{\text{有效值}}=\frac{U_{P-P}}{2\sqrt{2}}$$

例如，波形及量程开关选择如图 1.2－7 所示。

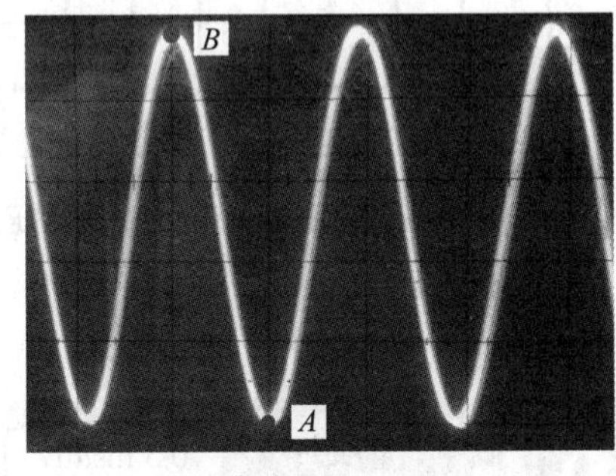

交流信号波形

量程开关选择

图 1.2－7　测量交流电压

从波形中可看出 A、B 两点之间的格数为 4.8 格，垂直输入灵敏度选择开关（V/div）是 1 V/div，所以被测信号的峰-峰电压值为

$$U_{P-P}=\text{垂直方向的格数}\,D_y(\text{div})\times\text{垂直偏转因数}(\text{V/div})=4.8\ \text{div}\times1\ \text{V/div}=4.8\ \text{V}$$

$$U_{\text{有效值}}=\frac{U_{P-P}}{2\sqrt{2}}=\frac{4.8}{2\sqrt{2}}=1.7(\text{V})$$

练习 2：从信号源调出频率为 1 kHz、幅度为 1 V 左右的正弦交流电压信号，在图 1.2－8 中画出你所观察到的交流电压波形并计算出被测信号的峰-峰电压值和有效值，填入表 1.2－6 中。

(3)测量信号频率和周期。

①将信号馈入“CH1”或“CH2”输入插座，设置垂直方式为被选通道。

②调整电平使波形稳定显示（如峰值自动，则无须调节电平）。

③将扫描速度微调顺时针旋到底（校正位置），调整扫描速度选择开关（TIME/div），使屏幕上显示 1～2 个信号周期。

④分别调整垂直移位和水平移位，使波形中需测量的两点位于屏幕中央水平刻度线上。

⑤测量两点之间的水平刻度，按下列公式计算出周期 T，即

$$T=D_x(\text{格})\times\text{扫描偏转因数}(\text{TIME/div})$$

$$f=\frac{1}{T}$$

即频率等于周期的倒数。

表 1.2-6 练习记录表(2)

测量项目	测量数据
垂直方向格数	
垂直输入灵敏度选择开关	
幅　度	$U_{P-P}=$ $U_{有效值}=$

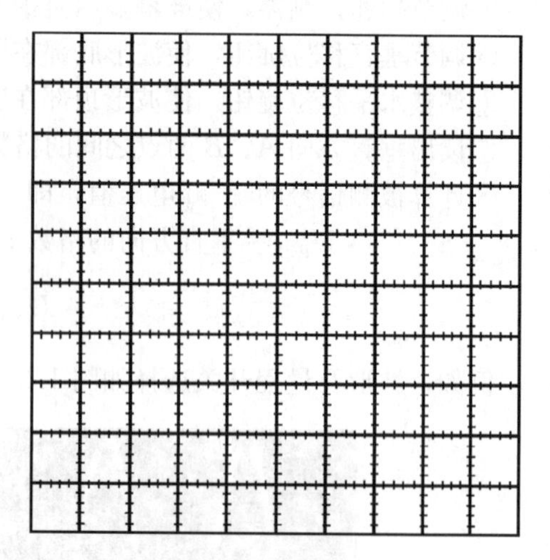

图 1.2-8 交流电压波形

例如，波形及量程开关选择如图 1.2-9 所示。

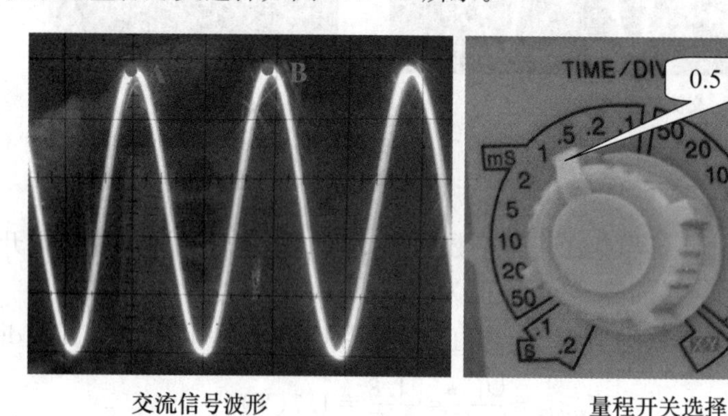

交流信号波形　　量程开关选择

图 1.2-9 测量信号频率和周期

从波形中可看出，A、B 两点之间刚好一个周期，所占的格数为 1.9 格，扫描速率是 0.5 ms/div，所以被测信号的周期 T 为

$$T=D_x(\text{格})\times\text{扫描偏转因数}(\text{TIME/div})=1.9\ \text{div}\times0.5\ \text{ms/div}=0.95\ \text{ms}$$

$$f=\frac{1}{T}=\frac{1}{0.95\times10^{-3}}=1\ 053(\text{Hz})$$

练习 3：从信号源调出频率为 1 kHz、幅度为 1 V 左右的正弦交流电压信号，在图 1.2-10 中画出所观察到的交流电压波形，并计算出被测信号的周期及频率，将其填入表 1.2-7 中。

表 1.2－7　练习记录表(3)

测量项目	测量数据
水平方向格数	
扫描速率	
周期	
频率	

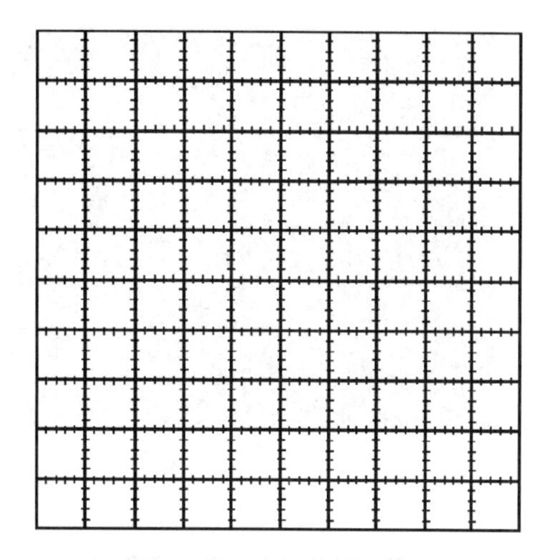

图 1.2－10　被测信号波形

3. 其他测量

(1)代数叠加。当需要测量两个信号的代数和或差时，可根据下列步骤操作。

①设置垂直方式为“ALT”或“CHOP”(根据信号频率)，CH2－INV 键为常态，即CH2 正极性。触发选择开关(INT TRIG)置于“VERT MODE”(交替触发)。

②两个信号分别馈入“CH1”和“CH2”输入插座。将通道 2 信号的极性(Position/Pull Invert)开关按下，为常态输入，即正常显示第二通道输入的信号。

③调节垂直输入灵敏度选择开关，使两个信号的显示幅度适中，调节垂直移位，使两个信号波形处于屏幕中央。

④将垂直方式置于“ADD”位置，即得两个信号的代数和，波形如图 1.2－11 所示；若需观察两个信号的代数差，则将通道 2 信号的极性(Position/Pull Invert)开关拉出，使第二通道输入信号倒相，波形如图 1.2－12 所示。

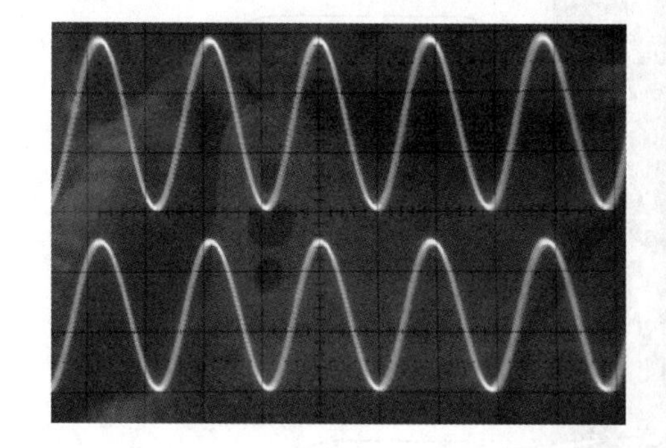

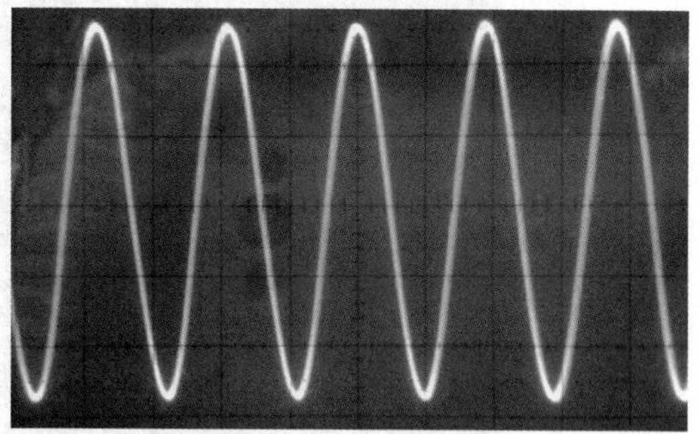

图 1.2－11　两个同频率信号的代数和

(2)幅值比较。在某些应用中，需对两个信号之间的幅值偏差(百分比)进行测量，将参考信号和一个待比较信号分别馈入“CH1”和“CH2”输入插座，将垂直方式置于“ALT”或“CHOP”位置，设置触发源为参考信号那个通道。调整垂直输入灵敏度选择开关及其微调旋钮，使之显示合适的幅度，如图 1.2－13 所示。

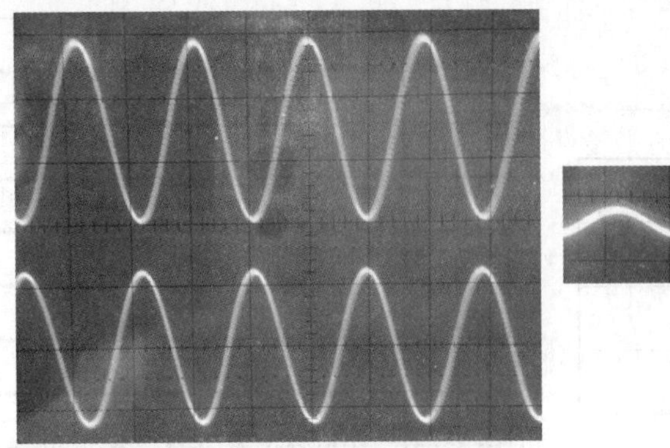

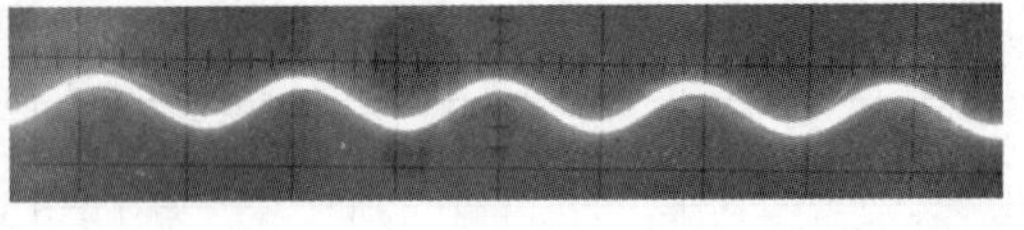

图 1.2－12　两个同频率信号的代数差

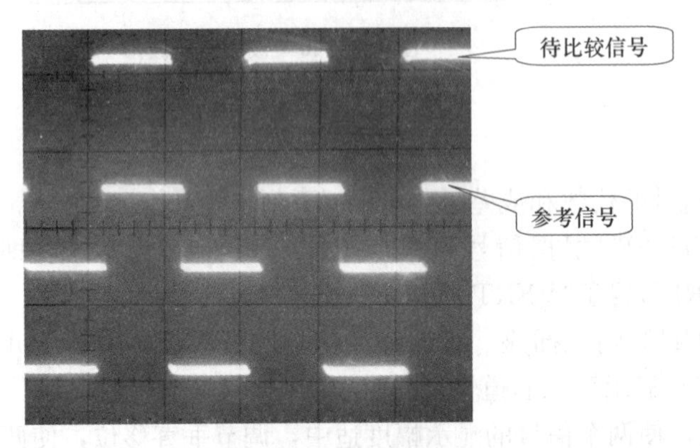

图 1.2－13　幅值比较

(3)相位差的测量。相位差的测量可参考时间差的测量方法。将参考信号和一个待比较信号分别馈入“CH1”和“CH2”输入插座，将垂直方式置于“ALT”或“CHOP”，设置触发源为参考信号那个通道，调整垂直输入灵敏度选择开关及其微调旋钮，使之显示合适的幅度，测量两个波形相对位置上的水平距离(格)，即可得到两个波形的相位差，如图 1.2－14 所示。

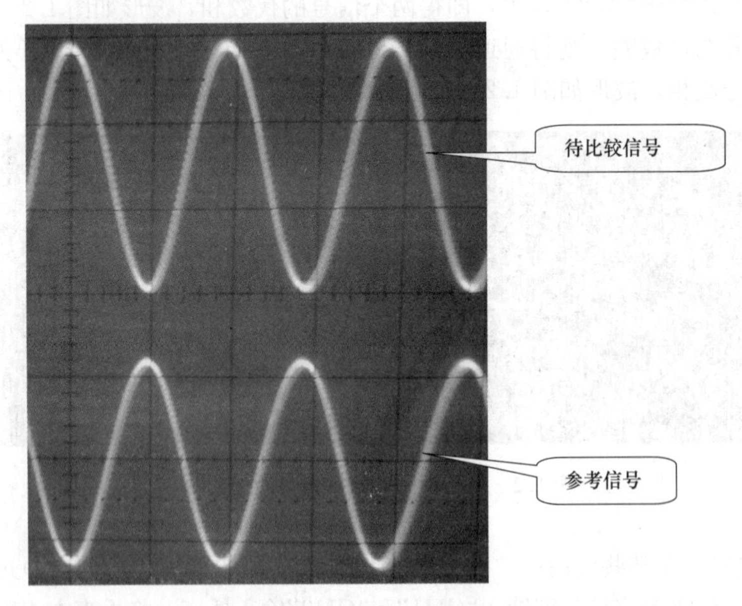

图 1.2－14　相位差的测量

使用示波器测量时应注意以下事项：

(1)掌握所使用的示波器、信号发生器面板上各旋钮的作用后再操作。

(2)为了保护荧光屏不被灼伤，使用示波器时光点亮度不能太强，而且也不能让光点长时间停在荧光屏的一个位置上。在实验过程中，如果短时间不使用示波器，可将辉度旋钮调到最小，不要经常通断示波器的电源，以免缩短示波管的使用寿命。

(3)示波器上所有开关与旋钮都有一定强度与调节角度，使用时应轻轻地缓缓旋转，不要将开关和旋钮强行旋转、死拉硬拧，以免损坏按键、旋钮和示波器。

(4)测信号周期时一定要将扫描微调、扩展(Variable PULL×5)旋钮(顺时针)关上。

三、预习思考题

(1)观察波形的几个重要步骤是什么?

(2)如果用正弦信号作扫描波，那么正弦信号在屏幕上显示的波形是怎样的?

(3)如果打开示波器电源后看不到扫描线也看不到光点，可能有哪些原因?

【实验后思考题】

(1)如何测定扫描波的频率?

(2)能否用示波器测市电的频率?

(3)如何用示波器测量两正弦信号的相位差?

(4)如果荧光屏上显示的波形不稳定，试说明应该如何调节，并说明原因。

第二部分

印制板的手工制作及焊接

实训一　电路板手工焊接及拆焊

实训目标

知识目标：

(1)了解焊料、焊剂及电烙铁的选择。

(2)了解不同的焊接技术及其注意事项。

技能目标：

(1)熟悉各种焊接工具的使用方法、焊接步骤及注意事项。

(2)掌握手工焊接方法和电子元器件的拆卸方法，掌握电子元器件的成形方法。

实训设备：

(1)多媒体课件及设备。

(2)实验设备。

①印制板一块，各种电阻器、电容器若干，焊锡丝，电烙铁，吸锡器，松香，镊子，斜口钳等。

②MF-47型晶体管万用表(或普通数字万用表)。

(3)教材。

在电子电路制作过程中，焊接工作是必不可少的。它不但要求将元件固定在电路板上，而且要求焊点必须牢固、圆滑，所以焊接技术的好坏直接影响到电子制作的成功与否。因此，焊接技术是每一个电子制作爱好者必须掌握的基本功，下面将焊接的要点介绍一下。

一、焊接工具

焊接工具包括焊锡、助焊剂和电烙铁。

1. 电烙铁

1)电烙铁的选择

电烙铁的功率应由焊接点的大小决定，焊点的面积大，焊点的散热速度也快，所以选用的电烙铁功率也应该大些。一般电烙铁的功率有 20 W、25 W、30 W、35 W、50 W 等。在制作过程中选用 30 W 左右的功率比较合适，如图 2.1－1 所示。

2)电烙铁处理

电烙铁经过长时间使用后，烙铁头部会生成一层氧化物，如图 2.1－2 所示，这时它就不容易吃锡，此时可以用吸水海绵或钢丝球擦去氧化物，将烙铁通电后等烙铁头部微热时插入松香，搪上焊锡即可继续使用，新买来的电烙铁也必须先上锡然后才能使用。

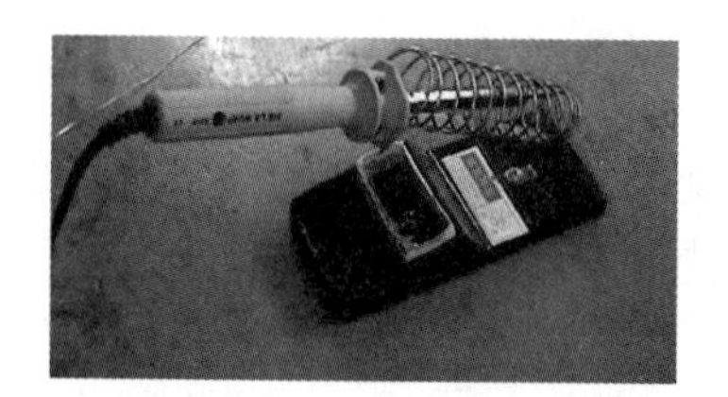

图 2.1－1　30 W 电烙铁

图 2.1－2　被氧化的烙铁头

2. 焊锡和助焊剂的选择

选用图 2.1－3 所示低熔点的焊锡丝和图 2.1－4 中没有腐蚀性的助焊剂，如松香，不宜采用工业焊锡和有腐蚀性的酸性焊油，最好采用含有松香的焊锡丝，使用起来非常方便。

图 2.1－3　低熔点含松香的焊锡丝

酸性焊油

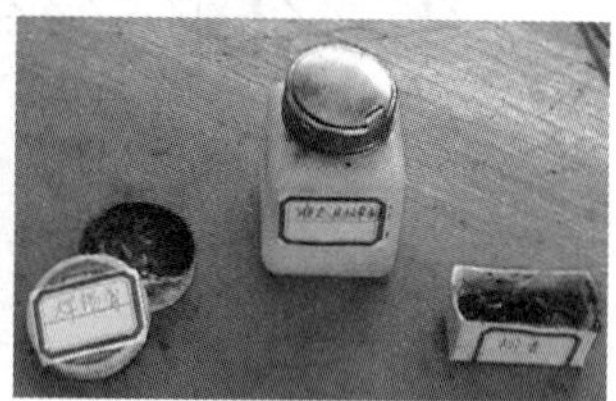

无腐蚀性的助焊剂

图 2.1－4　助焊剂

3. 辅助工具

为了方便焊接操作，常采用图 2.1－5 所示的尖嘴钳、斜口钳、镊子和小刀等作为辅助工具。应学会正确使用这些工具。

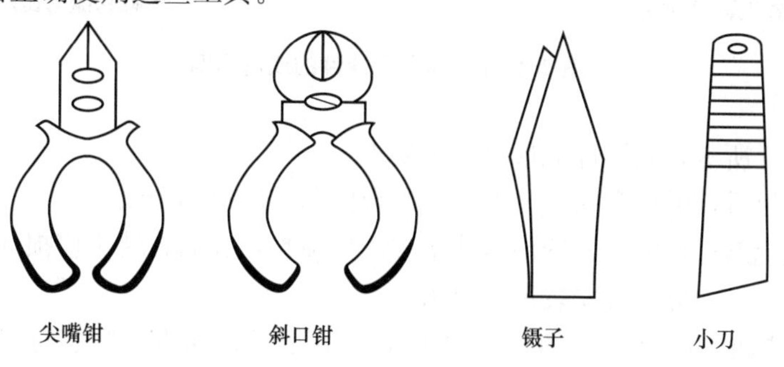

图 2.1－5　辅助工具

二、焊前处理

焊接前必须对元件进行清洁和镀锡，电子元件保存在空气中，由于氧化的作用，元件引脚上附有一层氧化膜，同时还有其他污垢，焊接前可用小刀刮掉氧化膜，并且立即涂上一层焊锡(俗称搪锡)，然后再进行焊接。经过上述处理后元件容易焊牢，不容易出现虚焊现象。

1. 清除焊接部位的氧化层

可用断锯条制成小刀，刮去金属引线表面的氧化层，使引脚露出金属光泽。对印制电路板，可用细砂纸将铜箔打光后涂上一层松香酒精溶液。

2. 元器件成形

不同元器件的引线是不相同的，在将其插装到印制电路板上进行焊接前，必须预先对元器件引线进行成形处理。元器件的引线要根据焊盘插孔和安装的要求弯折成所需要的形状，常见元器件的成形示例如图 2.1－6 所示。

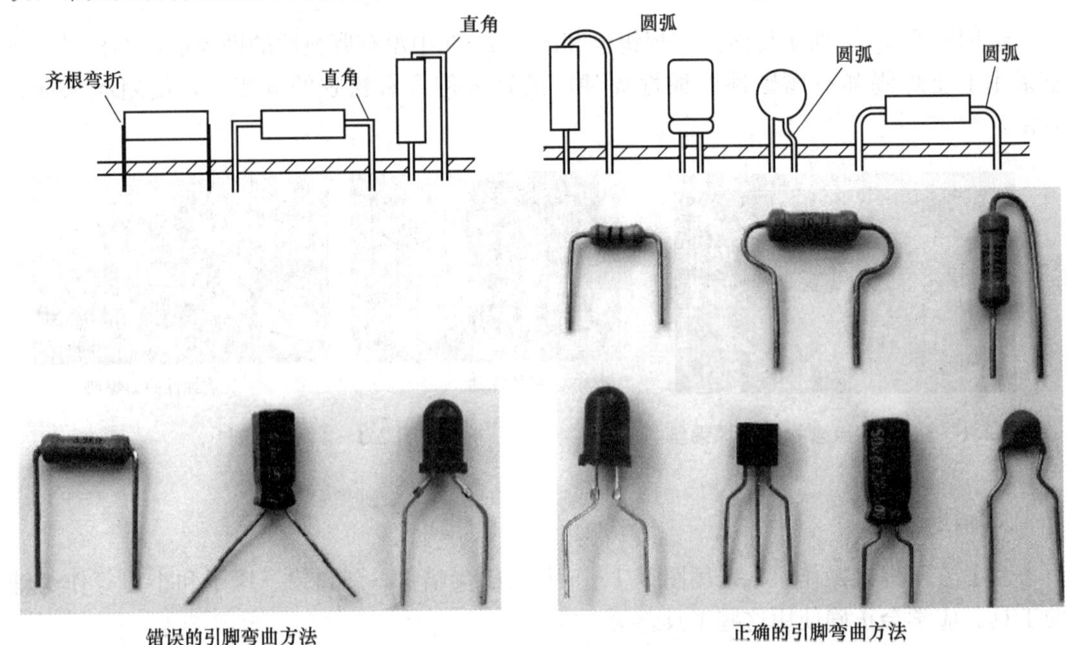

图 2.1－6 常见元器件的成形示例

如图 2.1－7 所示，元器件成形有以下要求：

(1)引线成形后，引线弯曲部分不允许出现模印、压痕和裂纹。

(2)在引线成形过程中，元器件本体不应产生破裂，表面封装不应损坏或开裂。

(3)引线成形尺寸应符合安装尺寸要求。

(4)凡是有标记的元器件，在引线成形后，其型号、规格、标志符号应向上、向外，方向一致，以便目视识别。

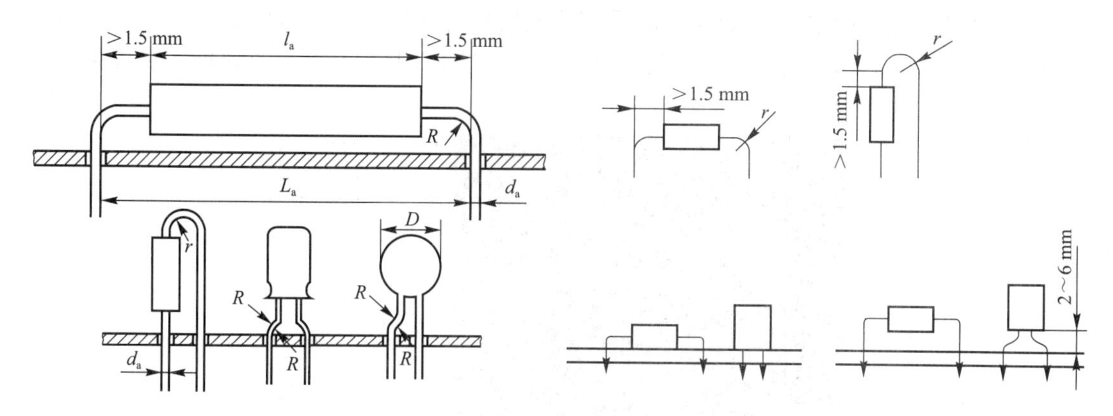

图 2.1－7　常见元器件引脚成形要求

L_a—元器件两焊盘跨距；l_a—轴向引线元器件体长；d_a—元器件引线直径；R—引线折弯半径

(5)元器件引线弯曲处要有圆弧形，其半径 R 不得小于引线直径的两倍。

(6)元器件引线弯曲处离元器件封装根部至少 2 mm 距离。

在某些情况下，若三极管需要倒装或横装，则必须对引脚进行弯折，如图 2.1－8 所示。

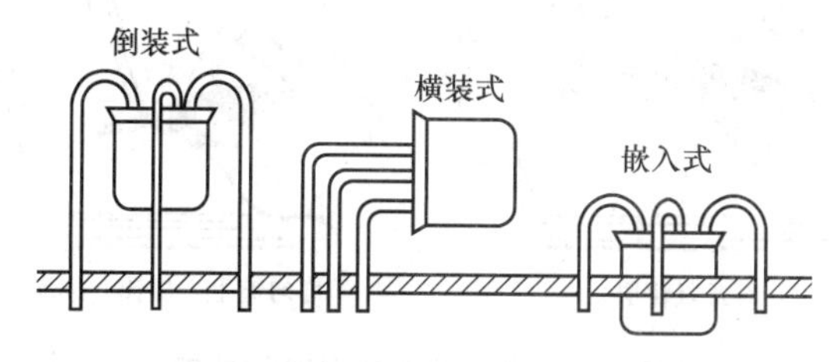

图 2.1－8　三极管的倒装和横装

这时要用钳子夹住三极管的引脚根部，然后再适当用力弯折，如图 2.1－9(a)所示，而不应像图 2.1－9(b)所示的那样直接将引脚从根部弯折。弯折时可以用钟表螺丝刀将三极管引线弯成一定圆弧状。

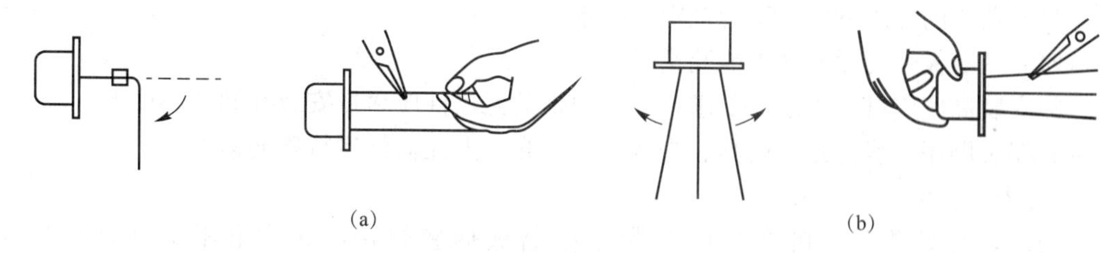

图 2.1－9　三极管的成形

(a)正确方法；(b)错误方法

3. 元件引脚镀锡

在刮净的引线上镀锡。可将引线蘸一下松香酒精溶液后，将带锡的热烙铁头压在引线上并转动引线，即可使引线均匀地镀上一层很薄的锡层。导线焊接前应将绝缘外皮剥去，再经过上面两项处理才能正式焊接。若是多股金属丝的导线，打光后应先拧在一起，然后再镀锡。图 2.1－10 所示的电阻引脚被氧化，要经过图 2.1－11 所示的处理才能焊接，否则很容易出现虚焊现象。

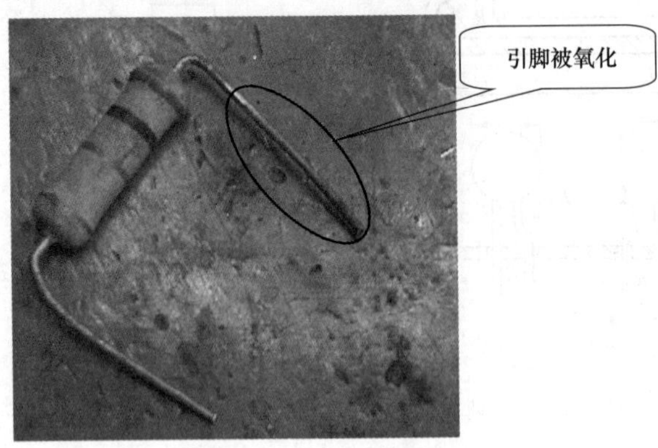

图 2.1－10　被氧化的引脚

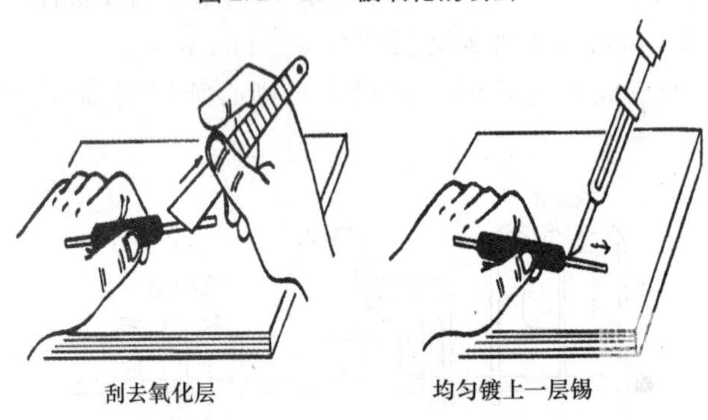

图 2.1－11　被氧化引脚的处理

4. 元器件插装

在印制电路板上按安装布线图插装元器件，元器件插装应符合装配工艺要求。

1)元器件插装的基本原则

(1)元器件的标志方向应符合规定的要求。

(2)注意有极性的元器件不能装错。

(3)安装高度应符合规定的要求，同一规格的元器件应尽量安装在同一高度上。

(4)安装顺序一般为先低后高、先轻后重、先一般元器件后特殊元器件。

2)元器件安装工艺要求

(1)电阻插装焊接。卧式电阻应紧贴电路板插装焊接，立式电阻应在离电路板 1～2 mm处插装焊接。色环方向一致。

(2)电容插装焊接。陶瓷电容应在离电路板 4～6 mm 处插装焊接，电解电容应在离电路板 1～2 mm 处插装焊接。

(3)二极管插装焊接。卧式二极管应在离电路板 3～5 mm 处插装焊接，立式二极管应在离电路板 1～2 mm(塑封)和 2～3 mm(玻璃封装)处插装焊接。

(4)三极管插装焊接。三极管应在离电路板 4～6 mm(并排)处插装焊接。

(5)集成电路插座插装焊接。集成电路插座应紧贴电路板插装焊接。

(6)电位器插装焊接。电位器应按照图纸要求方向紧贴电路板安装焊接。

三、焊接

做好焊前处理之后就可正式进行焊接。

1. 焊接方法

常用的焊接方法有图 2.1－12 所示的五步法：准备→预热→送焊丝→移去焊丝→移开烙铁。

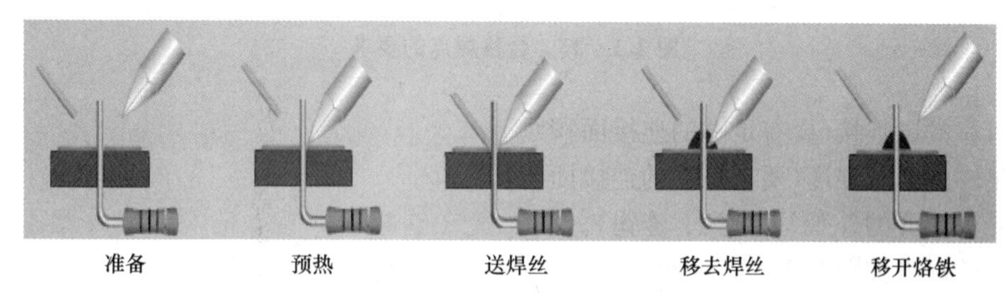

图 2.1－12　焊接五步法

(1)右手持电烙铁，左手用尖嘴钳或镊子夹持元件或导线。焊接前电烙铁要充分预热。焊接时应使电烙铁的温度高于焊锡的温度，但也不能太高，以烙铁头接触松香刚刚冒烟为好。

(2)焊接点的上锡数量。烙铁头刃面上要吃锡，即带上一定量焊锡。焊接点上的焊锡数量不能太少，太少了焊接不牢，机械强度也太差；而焊接太多容易造成外观一大堆而内部未接通，如图 2.1－13 所示。焊锡应该刚好将焊接点上的元件引脚全部浸没，轮廓隐约可见为好。

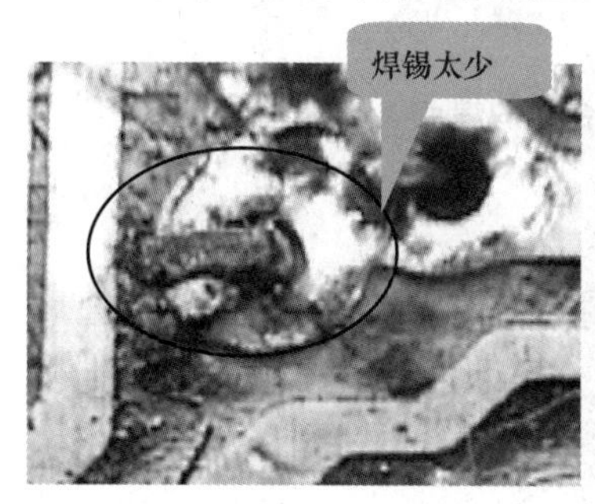

图 2.1－13　不合格焊点

(3)用电烙铁的搪锡面去接触焊接点，这样传热面积大、焊接速度快。电烙铁与水平面大约成 60°角，以便于熔化的锡从烙铁头上流到焊点上。

(4)焊接的时间。烙铁头在焊点处停留的时间控制在 2～3 s。焊接时间太短，焊点的温度过低，焊点熔化不充分，焊点粗糙容易造成虚焊，如图 2.1－14 所示；反之焊接时间过长，焊锡容易流淌，并且容易使元件过热而损坏。

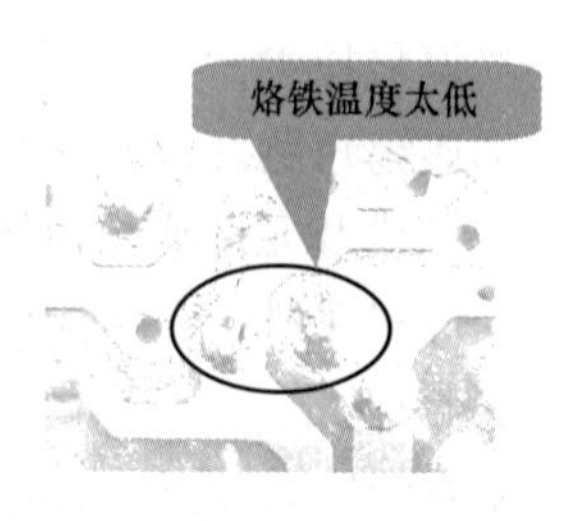

图 2.1－14　焊接温度不够

2. 焊点的检查

(1)对焊点的要求，如图 2.1－15 所示。

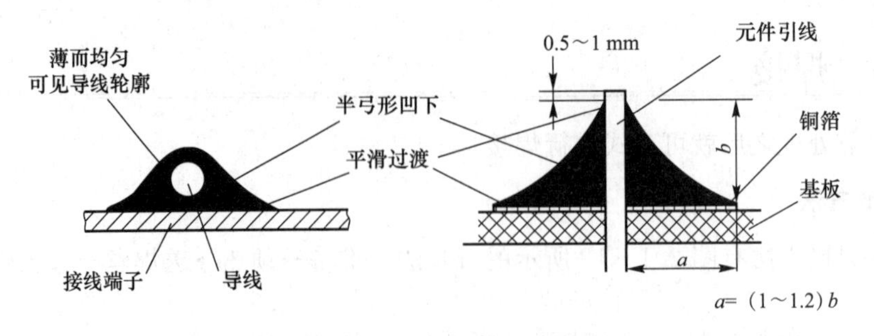

图 2.1－15 合格焊点的要求

①可靠的电连接(要有足够的连接面积)。

②足够的机械强度(要有足够的连接面积)。

③光洁整齐的外观(无拉尖、连锡)。

合格的焊点如图 2.1－16 所示。

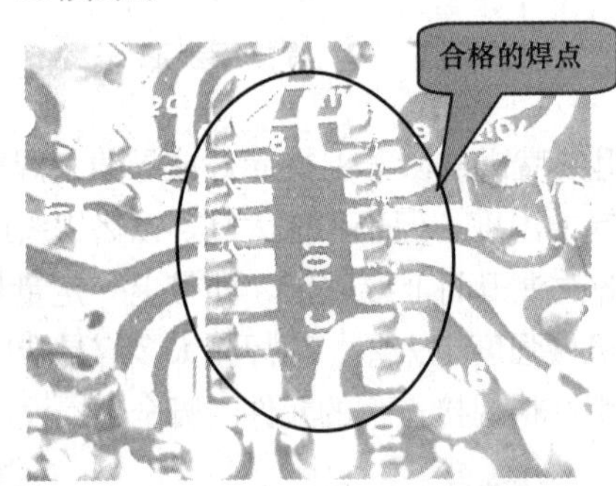

图 2.1－16 合格的焊点

(2)焊点工艺检查要求。

①外形以焊接导线为中心，匀称，呈裙形拉开。

②焊料连接面呈半弓形凹面，焊料与焊件交界处平滑，接触角尽可能小。

③表面光泽、平滑。

④无裂纹、针孔、夹渣。

⑤漏焊。

⑥焊料拉尖。

⑦连锡短路。

⑧导线及元件绝缘损坏。

⑨焊料飞溅。

⑩假焊。

检查时除目测外，还应用指触、镊子拨动、拉线等方法检查有无导线断线、焊盘剥离等缺陷。

(3)焊点的常见缺陷及原因分析。

焊点的常见缺陷如图 2.1－17 所示，包括虚焊(假焊)、拉尖、桥接、球焊、印制板铜箔起翘、焊盘脱落、导线焊接不当。

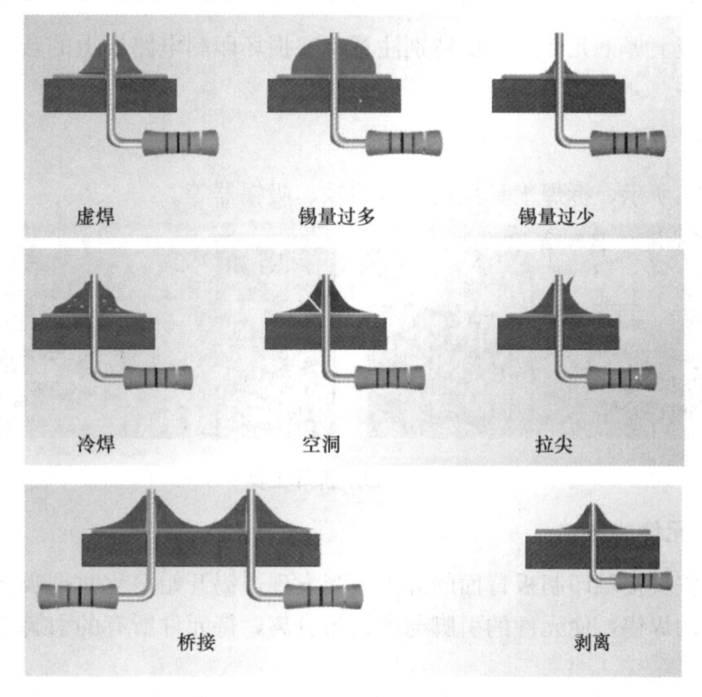

图 2.1－17　焊点的常见缺陷

虚焊是焊点处只有少量锡焊住，造成接触不良、时通时断。虚焊较难发现，可用镊子夹住元件引脚轻轻拉动，如发现晃动应立即补焊。

假焊是指表面上好像焊住了，但实际上并没有焊上，有时用手一拔，引线就可以从焊点中拔出。这两种情况将给电子制作的调试和检修带来极大的困难。只有经过大量、认真的焊接实践才能避免这两种情况。

同时焊接要牢固，焊点饱满、大小适中，无毛刺。

3. 清洗

用熔剂擦掉引脚和印制电路板上的焦化松香。可用的溶剂如图 2.1－18 所示，有乙醇(无水酒精)、异丙醇(天那水)等。

图 2.1－18　清洗电路板的溶剂

四、电子元件的拆焊

从印制电路板上焊下元件时，要特别注意不要损坏印制电路板上的敷铜层，而且必须注意不要损坏元件。

1. 拆焊工具

如图 2.1－19 所示，拆焊工具主要有电烙铁、吸锡器等。

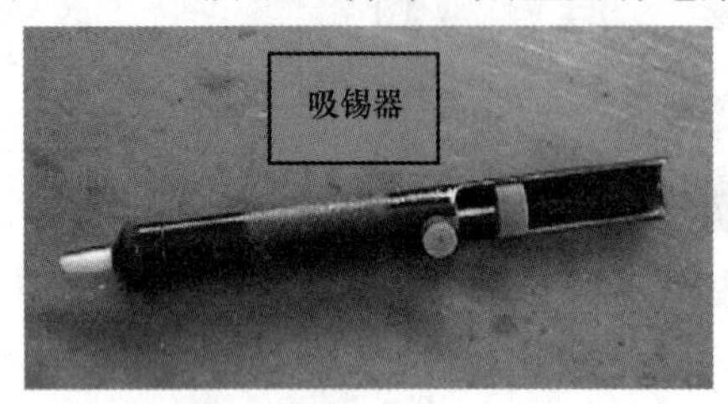

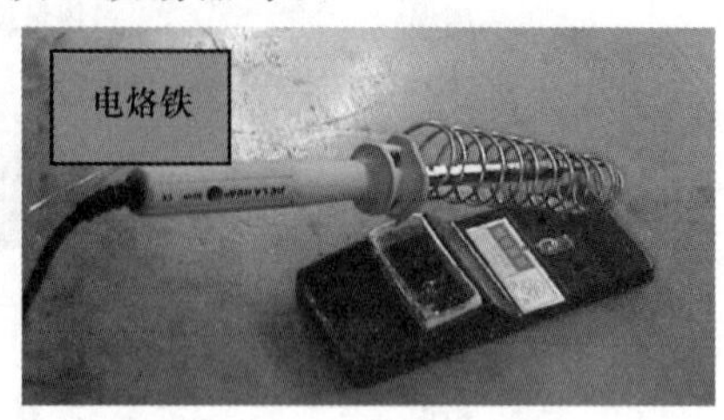

图 2.1－19　拆焊工具

2. 拆焊电子元件的方法

拆焊时用烙铁头接触印制板背面的焊点，当发现焊锡开始熔化时把吸锡器的吸嘴靠近焊点，吸走熔化的焊锡，使元件的引脚与敷铜板分离，待元件所有的引脚都分离后即可用镊子轻松取下。

(1)一般电阻、电容、晶体管类元件引脚不多，且引脚间可相对活动，先解焊，再用镊子或钳子夹住元件引线轻轻拉出；重焊时先挑孔再插入引脚焊接。

(2)多脚元件，如 IC 类，先堆锡加热，使所有引脚解焊，再均匀受力取出。

注意事项：

电子元件的拆焊要特别注意烙铁头与焊点的接触时间一般不宜超过 10 s，过热会使敷铜层脱离印制板或印制板被烫焦。

五、电子元件的手工焊接与拆焊练习

1. 练习目的

手工焊接及拆焊训练。

2. 器材准备

如图 2.1－20 所示，焊接练习套件一套、焊锡丝、电烙铁、吸锡器、松香、镊子、斜口钳等。

3. 练习内容

(1)通孔印制板元器件焊接。

(2)用吸锡器、电烙铁拆焊训练。

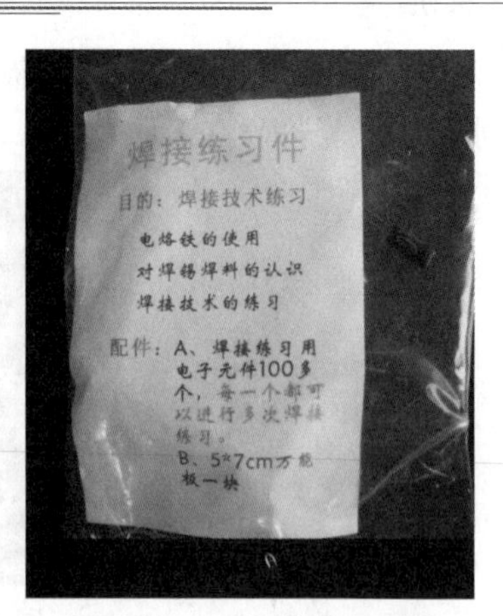

图 2.1－20　焊接练习套件

4. 练习方法与步骤

1)通孔印制板元器件焊接

(1)元器件引线成形。

(2)插装与焊接。

(3)焊点外观检查。

2)用吸锡器、电烙铁拆焊训练

(1)用吸锡器或吸锡电烙铁拆卸电阻器、电容器、电感线圈、二极管、三极管等元件。

(2)用吸锡器或吸锡电烙铁拆卸中周、变压器、集成电路等多引脚的元器件。

5. 拆焊要求和注意事项

(1)元器件引脚不能折断。

(2)焊盘或印制导线条不能起翘。

(3)焊盘上的焊锡要尽量少，要露出插件孔。

(4)对不同粗细的元器件引脚都能用吸锡器或吸锡电烙铁吸锡。

(5)每次吸锡都要用吸锡嘴伸入熔融的焊锡中，使一次吸掉的锡尽量多一点。

(6)焊盘上的锡被充分吸掉、元器件引脚与焊盘铜箔完全脱离后，才能起拔元器件。

(7)起拔元器件时，不能朝铜箔方向推压元器件，以免焊盘或印制导线条铜箔起翘。

完成如表2.1－1所示的拆焊与焊接技训表的填写。

表2.1－1　拆焊与焊接技训表

项目	时间	焊盘不清洁/处	有散锡、拉丝、锡余留/处	漏焊、虚焊、假焊/处	损坏元件/个	损坏铜箔/处
焊接						
拆焊						
出现的问题						

实训二　贴片焊接练习及测试

实训目标

知识目标：

(1)了解焊料、焊剂及电烙铁的选择。

(2)了解不同的焊接技术及其注意事项。

技能目标：

(1)熟悉各种焊接工具的使用方法、焊接步骤及注意事项。

(2)掌握贴片元件手工焊接、拆焊的方法和技巧。

(3)能正确识读各类贴片元器件并掌握它们的检测方法。

实训设备：

(1)多媒体课件及设备。

(2)实验设备。

①贴片元件焊接练习套件一套、焊锡丝、电烙铁、吸锡器、松香、镊子、斜口钳等。

②MF-47型晶体管万用表(或普通数字万用表)。

焊接是电气学科的一门基础技术，现如今，集成电路应用越来越多，贴片元件也应用渐广，掌握贴片元件的焊接技巧是电子专业的学生必修的功课。

一、清点材料、认识元件

全套材料包括八大类贴片元件100只以及玻纤电路板一块，如图2.2-1和表2.2-1所示。

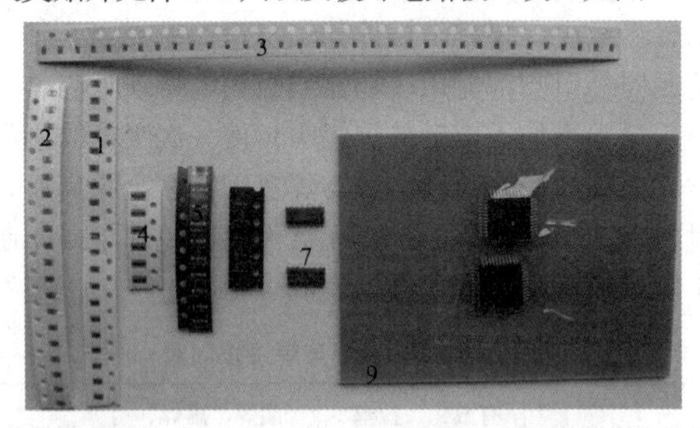

图2.2-1 贴片元件焊接练习套件元件清单

表2.2-1 贴片元件焊接练习套件元件清单

序号	品种	数量
1	0805电阻	20只
2	0805电容	20只
3	0603电阻	34只
4	0603排阻	6只
5	贴片二极管	10只
6	贴片三极管	6只
7	贴片集成块	2块
8	QFP44集成块	两块(贴在电路板背面，防止碰坏引脚)
9	玻纤材质镀锡电路板	1块

1. 贴片电阻

1)外观和规格

贴片电阻一般为表面黑色，底面为白色。以元件的长和宽来定义规格，有1005(0402)、1608(0603)、2012(0805)、3216(1206)等。其中1005表示10 mm×5 mm，0402表示0.4 in×0.2 in(1 in=2.54 cm)。

2)标识识读。

(1)单位。电阻的单位为欧姆(Ω)，倍率单位有千欧(kΩ)、兆欧(MΩ)等。单位的换算是：1 000 Ω=1 kΩ，1 000 kΩ=1 MΩ。

(2)阻值识读。常用 3 位或 4 位数字表示阻值的大小，如图 2.2－2 所示。

图 2.2－2　贴片电阻的识读

①3 位数字。前两位是有效数值，第三位是有效数值后面 0 的个数。例如：

224 表示 22×10 000 Ω(即 220 kΩ)。

103 表示 10×1 000 Ω(即 10 kΩ)。

2R2 表示 2.2 Ω。

②4 位数字。前 3 位是有效数值，第四位是有效数值后面 0 的个数。例如：

1502 表示 150×100 Ω (即 15 kΩ)。

1333 表示 133×1 000 Ω(即 133 kΩ)。

2R49 表示 2.49 Ω。

(3)误差值。常用的有以下几种：

D 表示误差为±0.5%。

F 表示误差为±1%。

J 表示误差为±5%。

K 表示误差为±10%。

M 表示误差为±20%。

2. 贴片排阻(8P4R)

贴片排阻是另一类型的贴片电阻，常见贴片排阻及其结构如图 2.2－3 所示，用于集中使用相同阻值电阻元件的电路中。

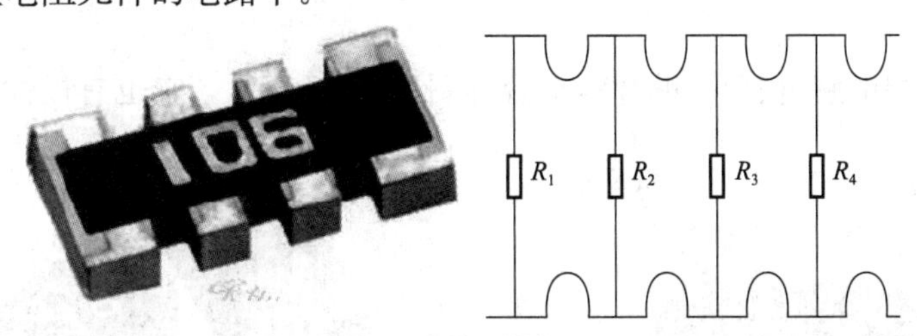

图 2.2－3　贴片排阻及其结构

最常见的贴片排阻有：4P2R 4 引脚 2 元件贴片排阻、8P4R 8 引脚 4 元件贴片排阻和 10 引脚 5 元件贴片排阻，分别表示内含 2 只、4 只或 5 只阻值相同且相互独立的电阻，如某 8P4R 贴片排阻标注为“106”，表示该排阻内部含有 4 只阻值为 10 MΩ 的贴片电阻。

3. 0805 贴片电容

贴片电容的封装与贴片电阻类似，如图 2.2－4 所示，它以元件的长和宽来定义规格，有 1005(0402)、1608(0603)、2012(0805)、3216(1206)等。一般是黄褐色，通常比相同封装的电阻厚(厚度为 0.8 mm)，长方形状。一般无极性电容的参数没有标在电容上，而是标在包装盘上。用普通万用表也无法测出其容量大小，用万用表测量时电容两端应为无穷大，如想精确测量其容量，只能用电容表来测量。这类电容的基本单位是 pF。

图 2.2－4 陶瓷贴片电容

常见的贴片电容还有贴片铝电解电容和钽电解电容。

(1)贴片铝电解电容。如图 2.2－5 所示，贴片铝电解电容有极性之分，有标记端的为负极，基本单位为 μF。

电容容量和耐压值一般直接标注在外壳上，如图 2.2－6 所示。

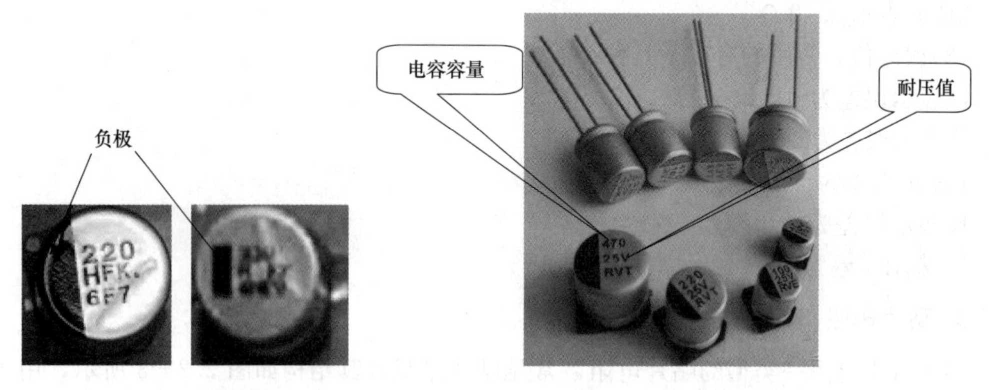

图 2.2－5 铝电解电容　　　图 2.2－6 电解电容

(2)钽电容(钽电解电容)。贴片钽电容如图 2.2－7 所示，它也有极性之分，有标记的一端为正极。

图 2.2－7 贴片钽电容

钽电容规格通常有A、B、C、D、E、J等6种，由A→J钽电容体积由小变大。钽电容的损耗、漏电小于铝电解电容，通常应用在要求高的电路中代替铝电解电容。

注意：电容值相同但规格型号不同的钽质电容不可代用，如10 μF/16 V“B”型与10 μF/16 V“C”型不可相互代用。

容量一般用数字标注法，用3位表示容量的大小。3位数字中前两位是有效数值，第三位是有效数值后面0的个数。例如：

101表示10×10 pF(即100 pF)。

102表示10×100 pF(即1 nF)。

注意：如果标称为整数且无单位则读作“pF”；如标称为小数且无单位读作“μF”。

还有一些进口电容有“47μFD”，它就是“47 μF”；电容标称“3R3”，“R”为小数点，表示“3.3 pF”；标称为“R33”，表示“0.33 pF”；标称为“0.47 K、2.2 J”，表示“0.47 μF、2.2 μF”，其中“K”“J”是误差值。

大型的贴片电解电容表面一般标有容量，常见故障有击穿短路、内部电极断路、漏电、容量减小等故障，检测方法和普通电解电容的检测与判断方法一样。用数字万用表测量电容量，或用指针式万用表的电阻挡测量充、放电现象和静态电阻值，都可以判断电容的好坏。

4. 贴片二极管

1)符号

文字符号：D或VD。图形符号如图2.2-8所示。

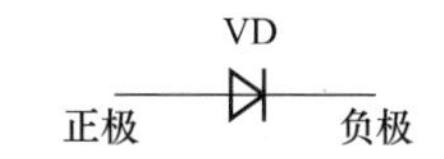

图2.2-8　贴片二极管图形符号

2)二极管的极性判别及质量好坏判断

(1)外观判别。

①普通二极管。常见的贴片二极管如图2.2-9所示，普通二极管的负极是有颜色标定的，如白色、红色或黑色。

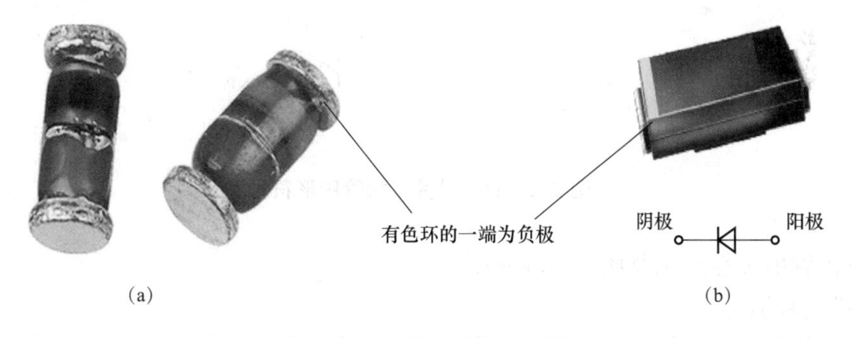

图2.2-9　普通贴片二极管

(a)玻璃二极管；(b)塑封二极管

②常见的贴片发光二极管如图2.2-10所示，尺寸大的LED在极片引脚附近做了一些标记，如切角、涂色或引脚大小不一样，一般有标志的、引脚小的、短的一边是阴极(负极)，尺寸小的0805、0603封装在底部有T形或倒三角形符号“T”字一横的一边是正极；三角形符号的“底边”靠近的极性为正极，“角”靠近的是负极。

(2)用指针式万用表测试二极管。根据二极管正向电阻小、反向电阻大的特点，将万用表拨到电阻挡(一般用“$R\times100$”或“$R\times1K$”挡)，用表笔分别与二极管的两极相接，测出两个阻值。在所测得阻值较小的一次，与黑表笔相接的一端为二极管的正极。同理，在所测得较大阻值的一次，与黑表笔相接的一端为二极管的负极。

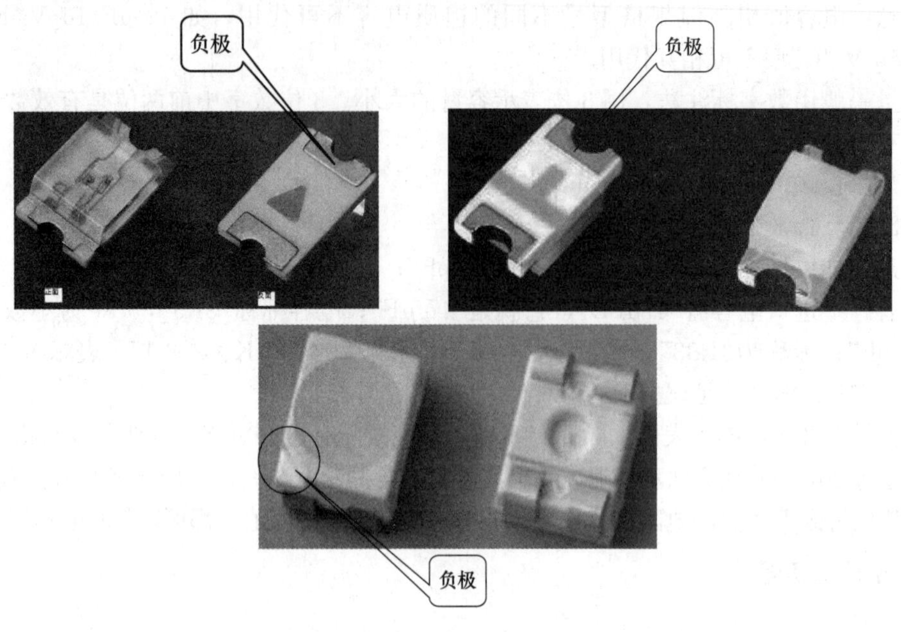

图 2.2－10　贴片发光二极管

5. 贴片三极管

1)符号

文字符号：V、Q 或 VT。图形符号如图 2.2－11 所示。

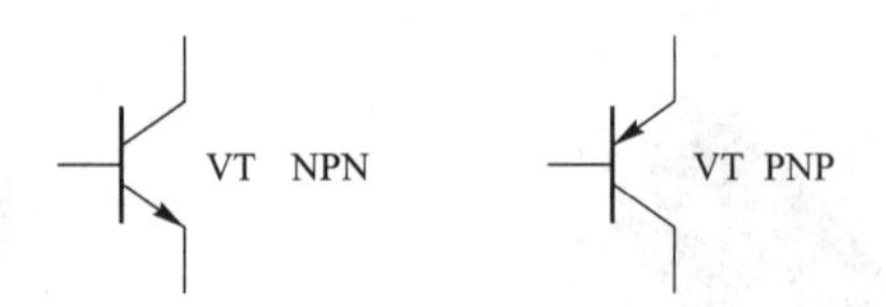

图 2.2－11　贴片三极管图形符号

2)三极管的极性判别及质量好坏判断

(1)目测判别。

①常见的贴片三极管如图 2.2－12 所示，有 3 个引脚的，也有 4 个引脚的。在 4 个引脚的三极管中，比较大的一个引脚是集电极，两个相通引脚是发射极，余下的一个引脚是基极。

图 2.2－12　贴片三极管常见外形

②3 个引脚的贴片三极管。NPN 型贴片三极管对应引脚排列如图 2.2－13 所示。PNP 型贴片三极管对应引脚排列如图 2.2－14 所示。

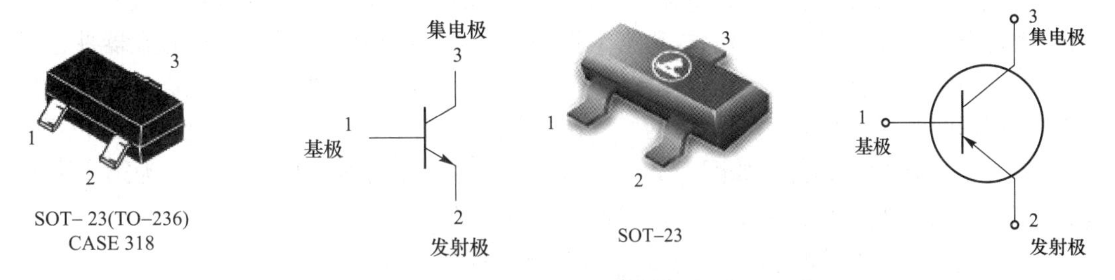

图 2.2－13　NPN 型贴片三极管对应引脚排列　　图 2.2－14　PNP 型贴片三极管对应引脚排列

(2)用指针式万用表判别三极管的极性(一般用“$R\times100$”或“$R\times1$K”挡)。如图 2.2－15 所示，NPN 型管的基极到发射极和基极到集电极均为 PN 结正偏，而 PNP 型管的基极到发射极和基极到集电极均为 PN 结反偏。

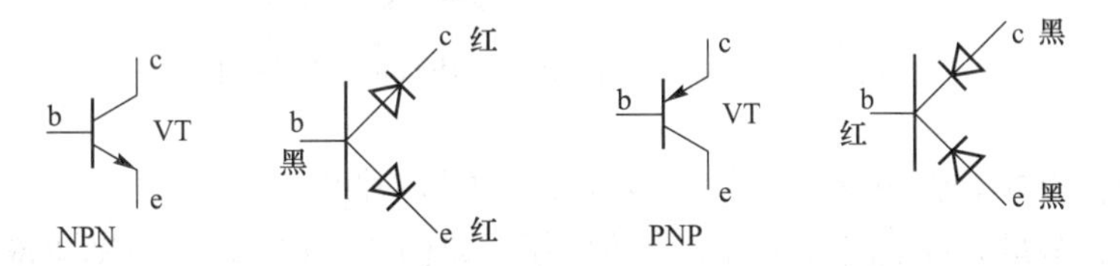

图 2.2－15　三极管引脚的判别

①确定基极与管型。若黑表笔接触某一电极时，将红表笔分别与另外两个电极接触，如果两次测得的电阻值均为几百欧的低电阻，则这时黑表笔所接触的电极为基极 b，且表明该管为 NPN 型管。如果两次测得的电阻值都很大(为几千欧至几十千欧)，则假设的引脚也是基极，但被测三极管为 PNP 型管。如果两次测得的电阻值是一大一小，则原来假设的基极是错误的，这时必须重新假设另一电极为基极，再重复上述测试。

②确定集电极和发射极。对 NPN 型管，红、黑表笔接未知的集电极、发射极，正反两次测试，电阻较小的那次黑表笔接的是集电极；对 PNP 型管，正反两次测试中电阻较小的那次红表笔接的是集电极。

这是因为不论正测还是反测，都有一个 PN 结处于反向，电池电压大部分降落在反向的 PN 结上。而发射结正偏，集电结反偏时流过的电流较大，呈现的电阻较小。所以对 NPN 型管，当集-射间电阻较小时，集电极接的是电池正极，即接的是黑表笔。对 PNP 型管，当集-射间的电阻较小时，发射极接的是黑表笔。

③判别是硅管还是锗管。给发射结加正向偏压，若指针偏转了 1/2～3/5 是硅管，若指针偏转了 4/5 以上是锗管。

另外，对于一般小功率管的判别，万用表不宜采用“$R\times10$”或“$R\times1$”挡，因为电流太大，有可能损坏晶体管。

(3)性能好坏判别。测量 c、e 两脚，如果读数为 0，说明三极管 ce 之间短路或击穿，如果读数为∞，说明三极管 ce 之间开路。

6. 贴片集成块(SO－14)

集成电路通常有扁平、双列直插、单列直插等几种封装形式。不论是哪种集成电路，其外壳上都有供识别引脚排序定位(或称第1脚)的标记。对于扁平封装者，一般在器件正面的一端标上小圆点(或小圆圈、色点)作标记。塑封双列直插式集成电路的定位标记通常是弧形凹口、圆形凹坑或小圆圈。进口IC的标记花样更多，有色线、黑点、方形色环、双色环等。

贴片集成块的引脚排列如图2.2－16所示，集成块上有圆点标记对应的为第1脚，或者正对字符面，左下角为第1脚，依次逆时针方向数数。

图2.2－16　SO－14贴片集成块的引脚排列

集成电路的基本检测方法，包括在线检测与脱机检测。

在线检测：测量集成电路各引脚的直流电压，与标准值相比较，判断集成电路的好坏。

脱机检测：测量集成电路各引脚间的直流电阻，与标准值相比较，判断集成电路的好坏。

若测得的数据与集成电路资料上的数据相符，则可判定集成电路是好的。

7. 贴片集成块(QFP44)

QFP44贴片集成块的引脚排列如图2.2－17所示，有圆点标记对应的为第1脚，依次逆时针方向数数。

图2.2－17　QFP44贴片集成块的引脚排列

二、焊接前的准备工作

1. 烙铁

根据个人喜好选择适合的烙铁头(建议斜口或者刀头)，如图2.2－18所示，最好使用图2.2－19所示的恒温电焊台。

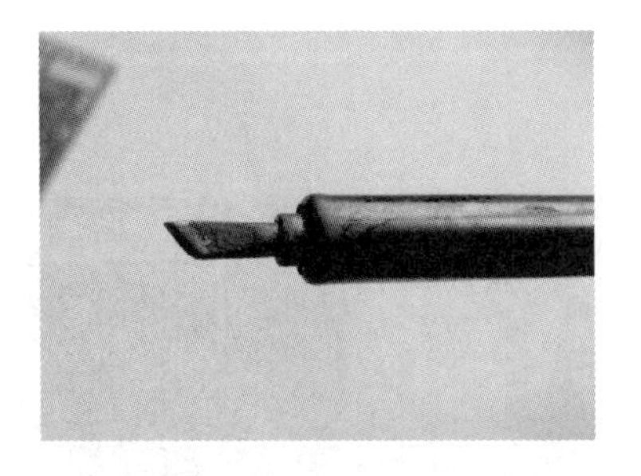

图 2.2－18　选用小型刀头烙铁头

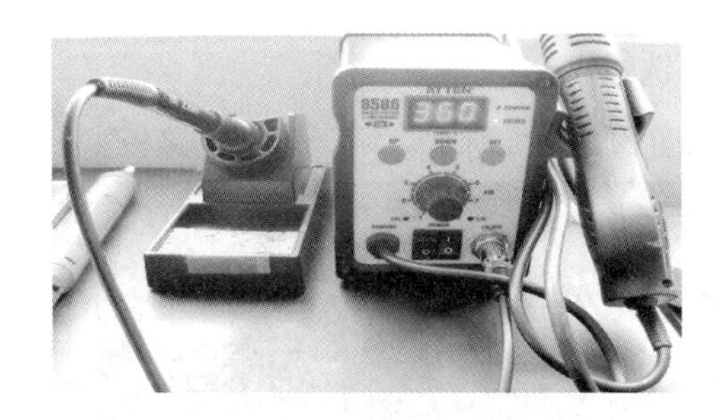

图 2.2－19　安泰信 8586 烙铁风枪两用型恒温电焊台

2. 镊子

常见的镊子如图 2.2－20 所示，有尖头的、弯头的，若有条件可以用防静电的。

图 2.2－20　镊子

3. 助焊剂

常用的助焊剂如图 2.2－21 所示，有松香或者液体助焊剂。

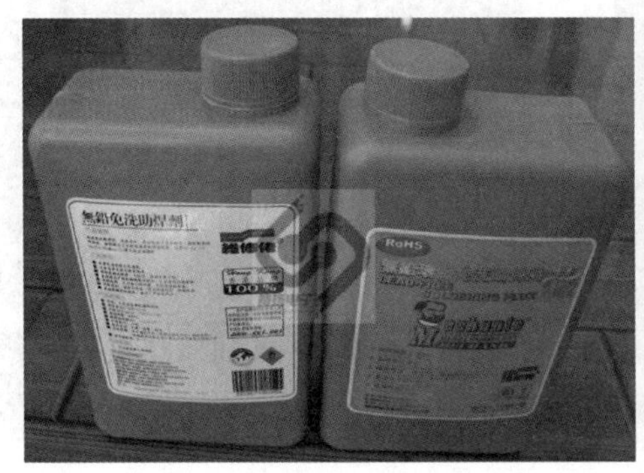

图 2.2－21　助焊剂

4. 焊锡丝

如图 2.2－22 所示，尽量选焊锡量高的含松香的焊锡丝。

5. 洗板水

如图 2.2－23 所示，用于清理电路板。

图 2.2－22 低熔点、含有松香的焊锡丝

图 2.2－23 洗板水或者乙醇

6. 万用表

用于检查焊接质量。

7. 放大镜

如图 2.2－24 所示，用于查看贴片元件上的参数。

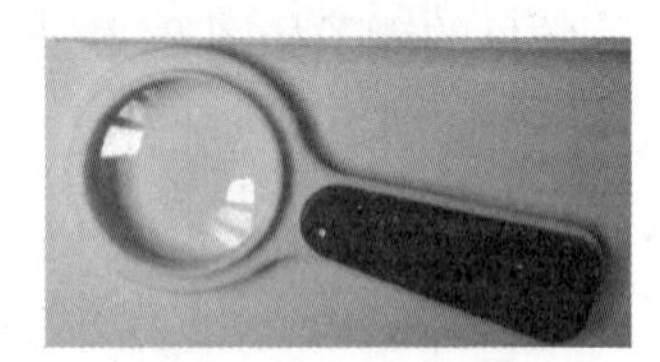

图 2.2－24 放大镜

三、贴片元件的焊接与安装

1. 焊接 0805 电阻

(1)先将电路板上 0805 电阻焊接在区域右侧的焊盘上，如图 2.2－25 所示。

(2)查看全部上锡后的效果，注意上锡不宜过多，薄薄的一层就够了，如图 2.2－26 所示。

图 2.2－25 贴片电阻焊接步骤一

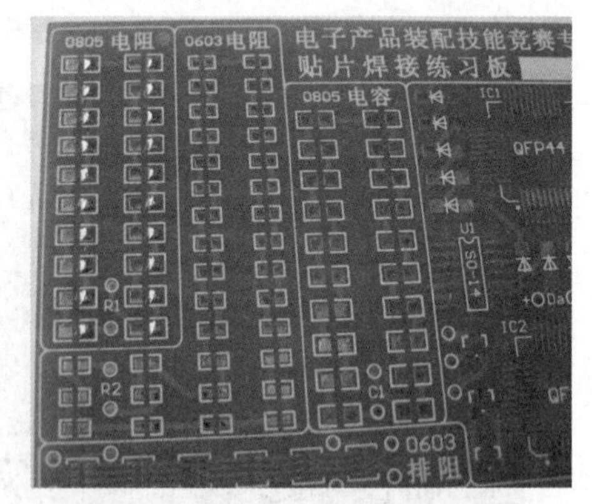

图 2.2－26 贴片电阻焊接步骤二

(3)用镊子轻轻地夹住电阻，注意防止弹飞，用烙铁先焊接电阻的一端：用烙铁头熔化焊锡并往电阻引脚端靠，而后修整焊点成形，如图 2.2－27 所示。焊好后标准焊点如图 2.2－28 所示。

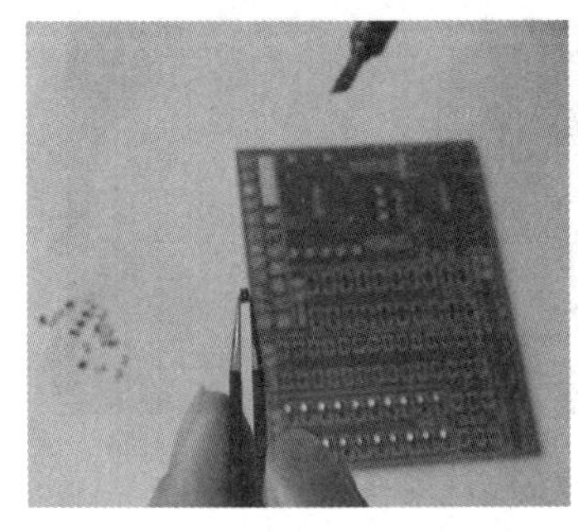

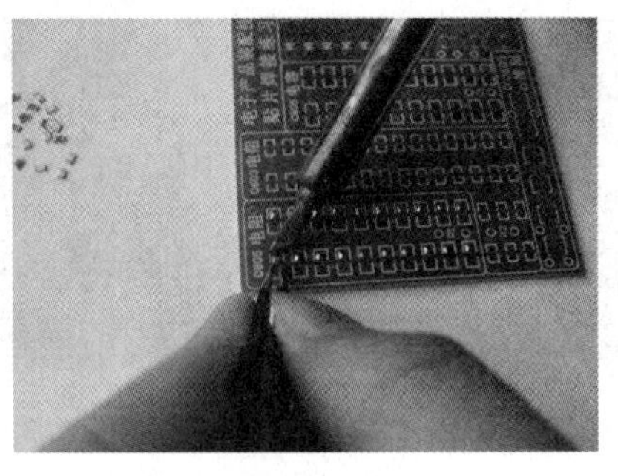

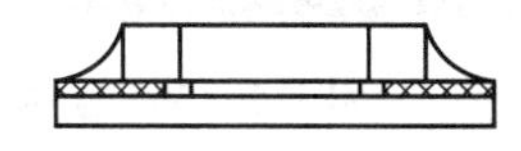

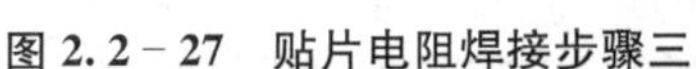

图 2.2－27　贴片电阻焊接步骤三

图 2.2－28　标准焊点

将 20 只电阻的一端全部焊接好。注意，电阻上的参数应朝一个方向，便于整体(从左至右)读数。

(4)再将电阻的另外一端焊接好，注意加锡均匀及焊点成形。20 只 0805 电阻就全部焊接好了，应整齐划一，如图 2.2－29 所示。

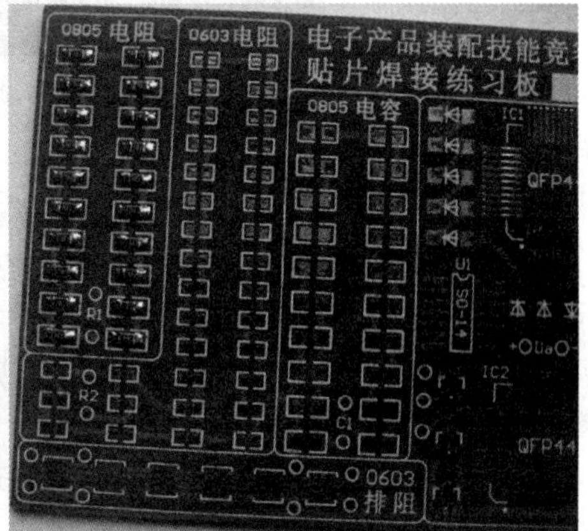

图 2.2－29　贴片电阻焊接步骤四

2. 焊接 0603 电阻

与前面焊接 0805 电阻一样，将 0603 电阻焊接区域右侧的焊盘上锡，采用同样的方法焊接好全部的 0603 电阻。

3. 焊接 0805 电容

采用同样的方法焊接好全部的 0805 电容。

4. 焊接 0603 贴片排阻

(1)将排阻 1～2 个引脚的焊盘镀锡，如图 2.2－30 所示。

(2)通过焊接 1～2 个引脚固定好排阻，如图 2.2－31 所示。

(3)通过烙铁头拖焊的方式焊接好全部的排阻，若焊接过程中有连焊的现象，可用烙铁头点松香或者刷液体助焊剂至连焊的地方，再通过烙铁加热将多余的焊锡带走，效果如图 2.2－32 所示。

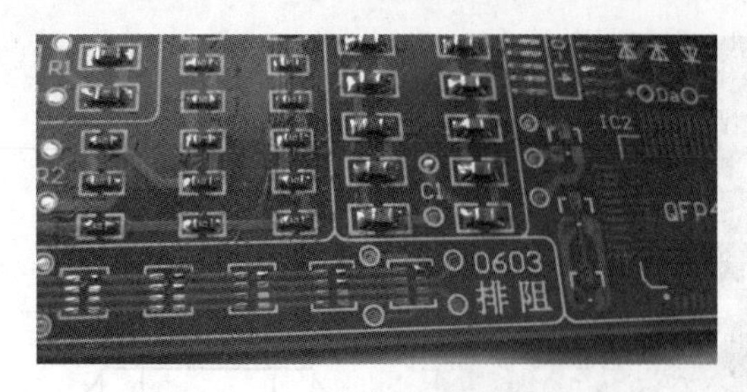

图 2.2－30　贴片排阻焊接步骤一

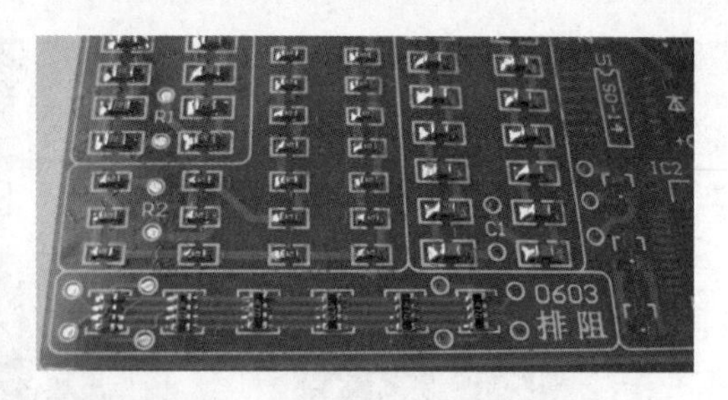

图 2.2－31　贴片排阻焊接步骤二

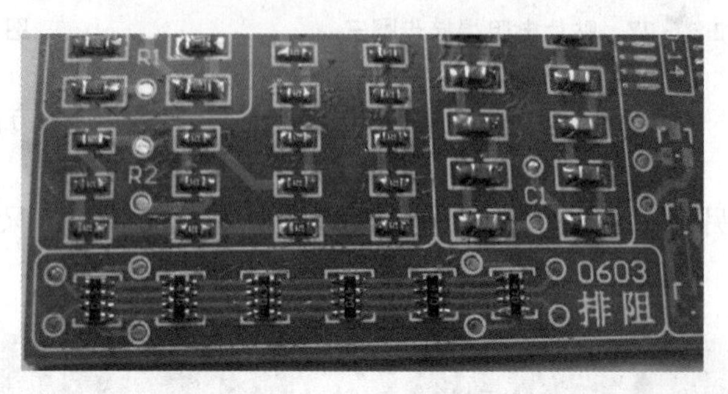

图 2.2－32　贴片排阻焊接步骤三

5. 焊接贴片二极管

将贴片二极管的其中一个焊盘镀锡，如图 2.2－33 所示。

先焊接其中一个引脚固定二极管，再焊接另外一个引脚，焊接时要注意极性对应，如图 2.2－34 所示。

全部焊接好贴片二极管，注意排列整齐，焊好的贴片二极管如图 2.2－35 所示。

图 2.2－33　贴片二极管焊接步骤一

6. 焊接贴片三极管

如图 2.2－36 所示，给三极管焊盘中单独的那一个焊盘镀锡，先焊接一个引脚并固定，再焊接剩下的两个引脚。

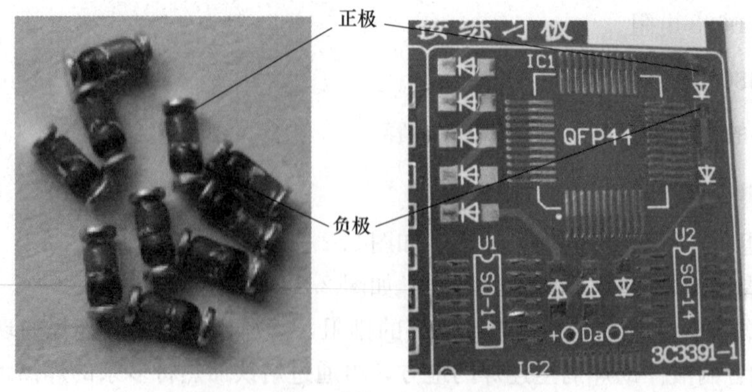

图 2.2－34　贴片二极管焊接步骤二

图 2.2－35　焊好的贴片二极管

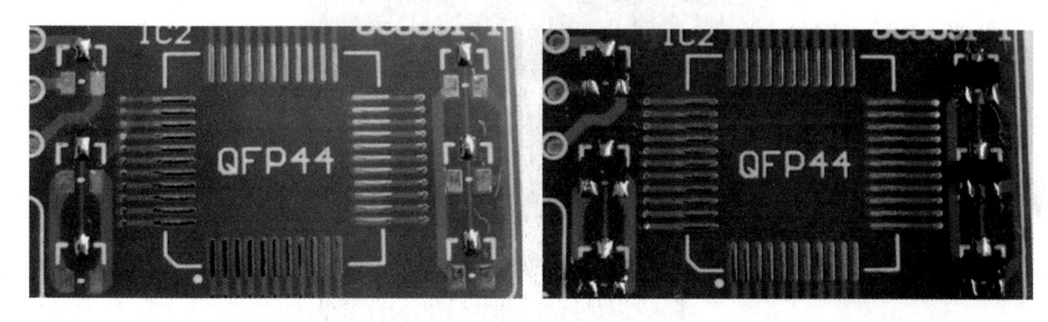

图 2.2－36　焊接贴片三极管

7. 焊接贴片集成块 SO－14

先将集成块的 1～2 个焊盘镀锡，如图 2.2－37 所示。

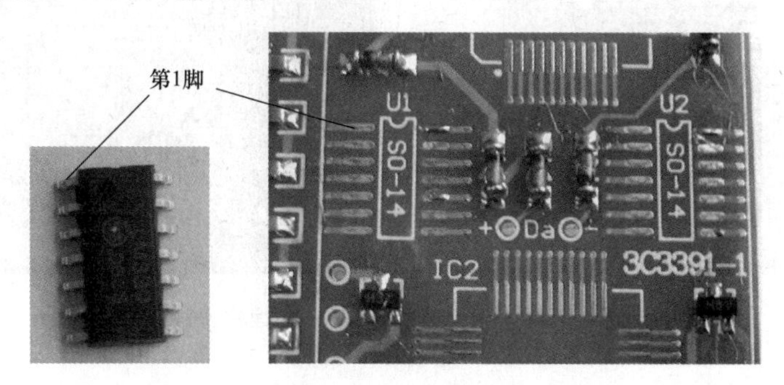

图 2.2－37　贴片集成块 SO－14 焊接步骤一

通过预先焊接集成块 1～2 个引脚固定好位置，如图 2.2－38 所示。

采用拖焊方法焊接其他引脚。

拖焊方法：一边送焊锡一边用烙铁头熔化焊锡朝箭头方向拖，若焊接过程中有连焊的现象，可用烙铁头点松香或者刷液体助焊剂至连焊的地方，再通过烙铁加热将多余的焊锡带走，如图 2.2－39 所示。

焊接好的两片集成块 SO－14 如图 2.2－40 所示。

图 2.2-38 贴片集成块 SO-14 焊接步骤二

图 2.2-39 贴片集成块 SO-14 焊接步骤三

图 2.2-40 焊好的贴片集成块 SO-14

8. 焊接贴片集成块 QFP44

先将集成块的 1～2 个焊盘镀锡，如图 2.2-41 所示。

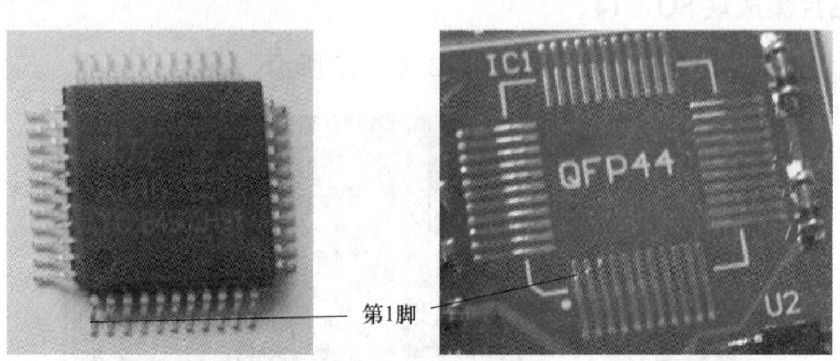

图 2.2-41 贴片集成块 QFP44 焊接步骤一

调整好集成块的位置，用手操作时尽量戴上防静电手环，如图 2.2-42 所示。

图 2.2-42 贴片集成块 QFP44 焊接步骤二

先焊接好 1～2 个引脚固定集成块，然后采用拖焊的方式焊接好引脚，如图 2.2－43 所示。

焊接好的两个 QFP44 集成块如图 2.2－44 所示。

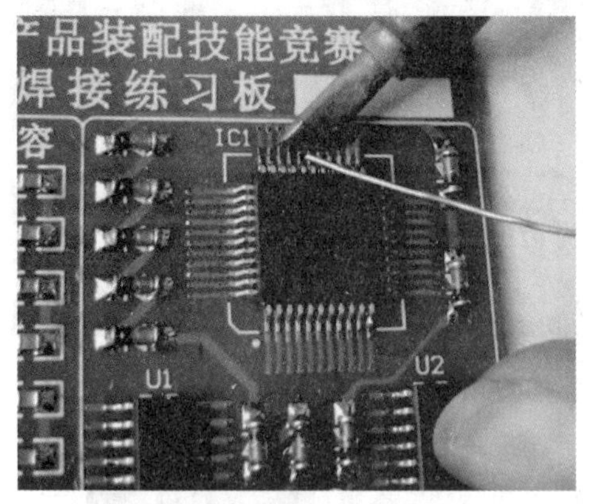

图 2.2－43　贴片集成块 QFP44 焊接步骤三

图 2.2－44　全部焊好的练习板

全部焊接好所有的贴片元件 100 只，由于焊锡丝中有松香助焊剂，所以焊好后电路板有少量的残渣，需要清洗处理。要选择专业的洗板水或者乙醇清洗电路板上的残渣。

四、检测焊接效果

如图 2.2－45 所示，先用肉眼或者借助放大镜观看焊点效果是否有虚焊、短路现象。

图 2.2－45　检查焊接效果

1. 检测 0805 电阻

(1)用万用表测量单个电阻阻值，如图 2.2－46 所示。R=________(为 0.349 MΩ=349 kΩ，有一定的正常误差)，标称阻值：3483 为 348 kΩ。

(2)再测量所有 0805 电阻全部串联后的总阻值 R_1=________，如图 2.2－47 所示。

若 20 个电阻串联的总阻值为 6.98 MΩ，属正常误差范围，同时说明焊接正常，无虚焊及短路。

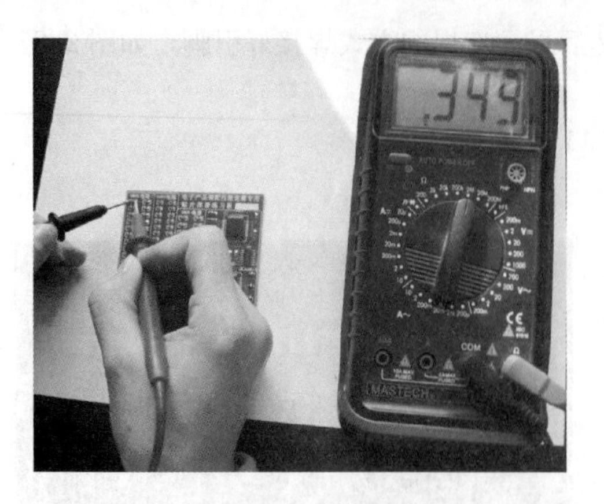

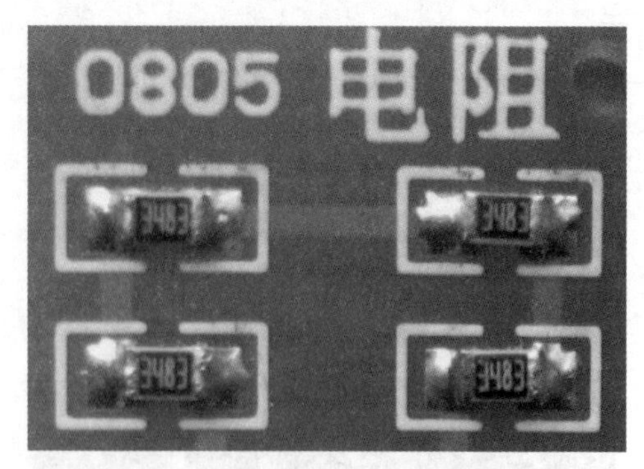

图 2.2.46 检测单个 0805 电阻

图 2.2－47 测量所有 0805 电阻串联后的总阻值

2. 检测 0603 电阻

(1)测量单个 0603 电阻，阻值 $R=$________(为 816 Ω)，如图 2.2－48 所示。

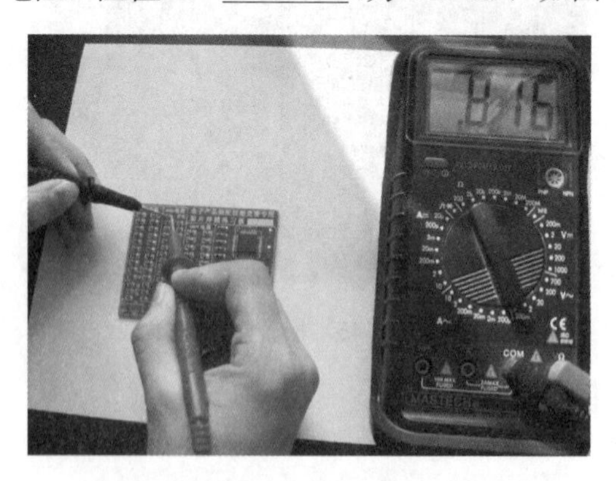

图 2.2－48 检测单个 0603 电阻

(2)测量全部 0603 电阻串联后的总阻值 $R_2=$________，如图 2.2－49 所示。

若 34 只 0603 电阻串联总阻值为 28 kΩ，则属正常误差范围，同时说明焊接正常，无虚焊及短路。

图 2.2－49　测量所有 0603 电阻串联后的总阻值

3. 检测 0603 排阻

识读阻值：470＝____________ Ω，测量排阻内单个电阻的阻值 R＝____________，如图 2.2－50 所示。

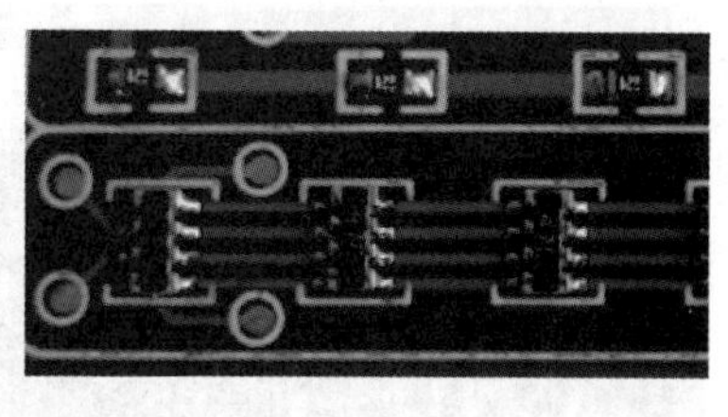

图 2.2－50　检测单个排阻

（排阻内单个电阻阻值：46.9 Ω 与标称值 47 Ω 基本一致）

测量 6 个排阻内单个电阻串联后的总阻值：第 1 排 $R_{1\Sigma}$＝________。如图 2.2－51 所示。

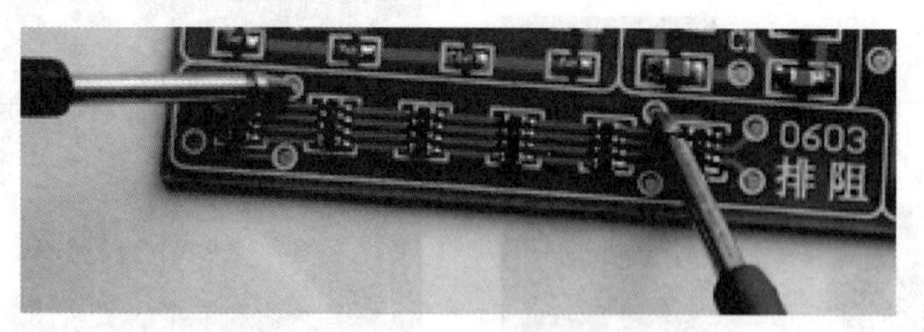

图 2.2－51　测量排阻内单个电阻串联后的总阻值

用同样方法测出排阻内单个电阻串联后的总阻值。

第 2 排 $R_{2\Sigma}$＝________________。

第 3 排 $R_{3\Sigma}$＝________________。

第 4 排 $R_{4\Sigma}$＝________________。

4. 检测二极管

(1)将万用表调到测量二极管挡，如图 2.2－52 所示，正向测量二极管，正向导通电压为 0.618 V，表明该管为硅管。

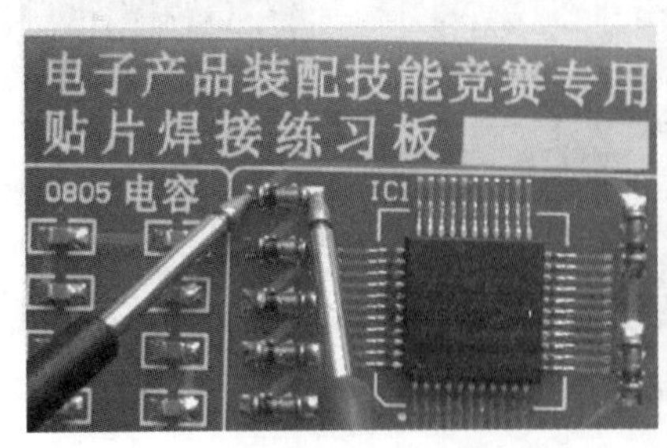

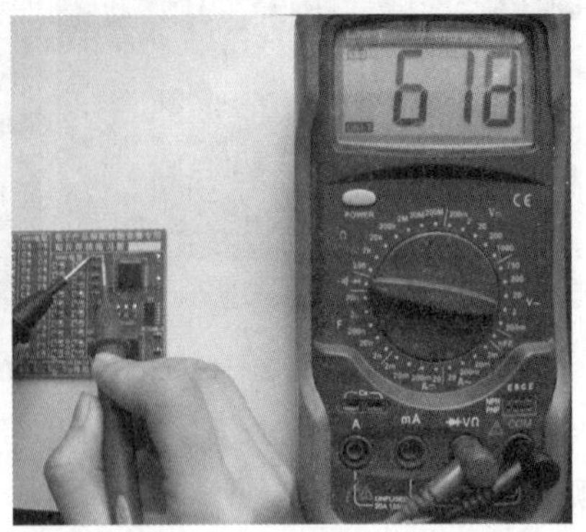

图 2.2－52　测量二极管正向阻值

(2)反向测量二极管如图 2.2－53 所示，由于二极管反向截止，故显示“1”。

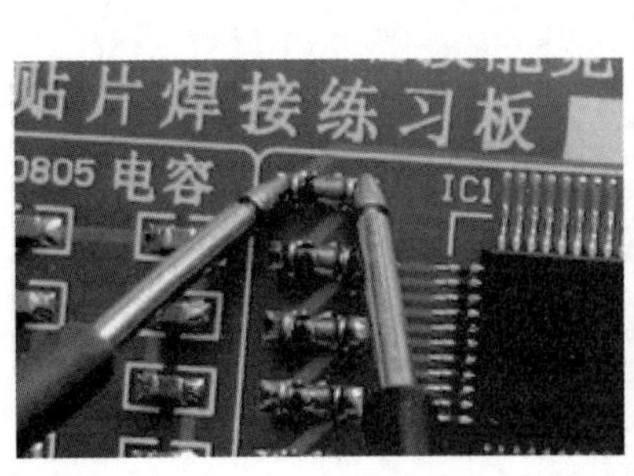

图 2.2－53　测量二极管反向阻值

(3)若要测量 10 只二极管正向导通情况，可在如图 2.2－54 所示 Da 处测量。

图 2.2－54　10 只二极管正向串联测量

5. 检测三极管

正向测量 PN 结情况，红表笔接 b 极，如图 2.2－55 所示。

图 2.2－55　三极管检测步骤一

红表笔不动，将黑表笔换接另一个引脚测量，如图 2.2－56 所示。

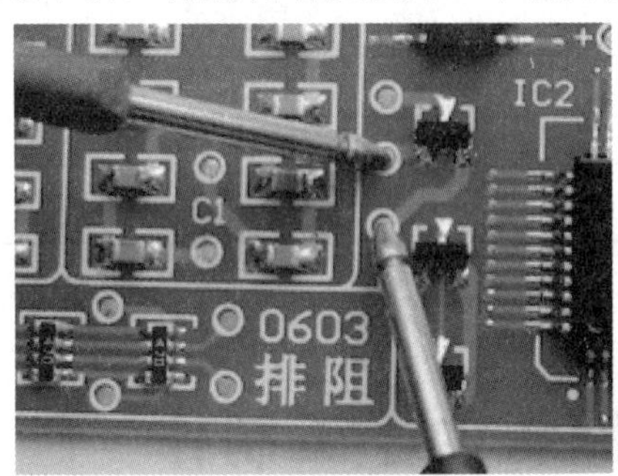

图 2.2－56　三极管检测步骤二

从测量结果可得以下结论：

①红表笔接 b 基极，万用表有显示，且此三极管为 NPN 型三极管。

②数值显示较大的黑表笔接的是发射极。

③800 多的数值表示是硅材料。

6. 检测集成块芯片

图 2.2－57 所示为用万用表测量引脚是否虚焊及短路情况。

图 2.2－57　集成块芯片检测

7. 片状元器件焊接技训表

完成如表 2.2－2 所示的片状元器件焊接技训表的填写。

表 2.2－2　片状元器件焊接技训表

焊接件名称		焊接时间	焊接数量	质量评分			
				焊盘不清洁 每处扣 2 分	有散锡、拉丝、锡 余留每处扣 3 分	损坏元件 每个扣 5 分	损坏铜箔 每处扣 5 分
片状电阻							
片状电容							
贴片二极管							
贴片三极管							
片状电路	8 脚						
	14 脚						
	44 脚						
焊接中出现的问题							

实训三　印制电路板的手工制作

实训目标

知识目标：

(1)了解印制电路板手工制作原则。

(2)了解印制电路板手工制作的步骤和方法。

技能目标：

(1)熟悉印制电路板的布局要求。

(2)掌握印制电路板的手工设计和制作方法，能根据电路原理图设计制作简单的印制电路板。

实训设备：

(1)多媒体课件及设备。

(2)实验设备。

①印制板一块、复写纸、铅笔、美工刀一把或激光打印机一台、热转印纸、热转印机一台、三氯化铁腐蚀剂等。

②MF－47 型晶体管万用表(或普通数字万用表)。

印制电路板是一种在专门的敷铜绝缘基板上，有选择性地加工和制造出导电图形、元器件安装孔和焊接点的组装板。

工厂大规模生产的印制电路板是经过制版、印刷、腐蚀、打孔等一系列工艺完成的，而业余条件下印制电路板的制作方法也有许多种。这里主要介绍两种。对于初学者来讲，由于制作所用元器件一般都比较少，印制电路板都很简单，最常用的是刀刻法和描图蚀刻法。如果要批量制作并且条件允许可以尝试用热转印法制作电路板。下面先介绍简单而又方便的手工方法——描图蚀刻法。

一、描图蚀刻法

所用工具如图 2.3－1 所示，包括印制板一块、复写纸、广告纸、铅笔、小刀一把、尺子一把、细磨砂纸一张、三氯化铁腐蚀剂或环保蚀刻剂若干。

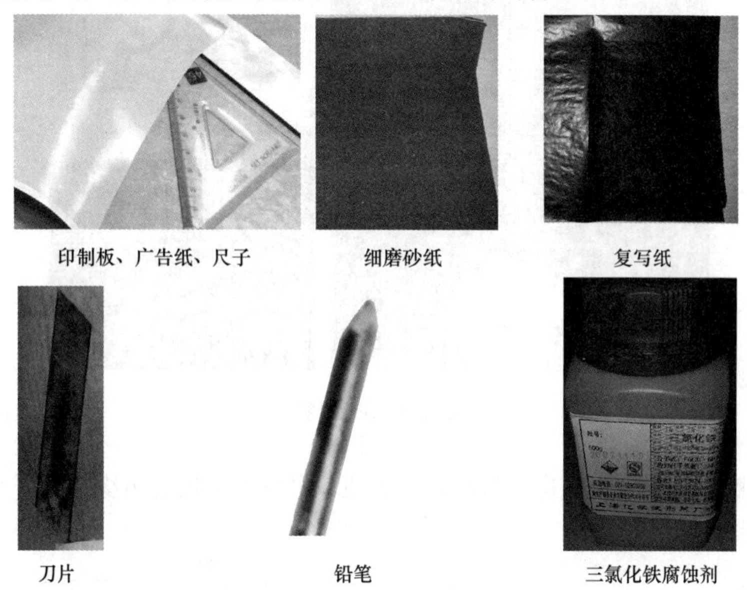

图 2.3－1　描图蚀刻制版工具

下面以图 2.3－2 所示的“无线话筒”的制作为例，介绍用描图蚀刻法制作印制电路板的全过程。

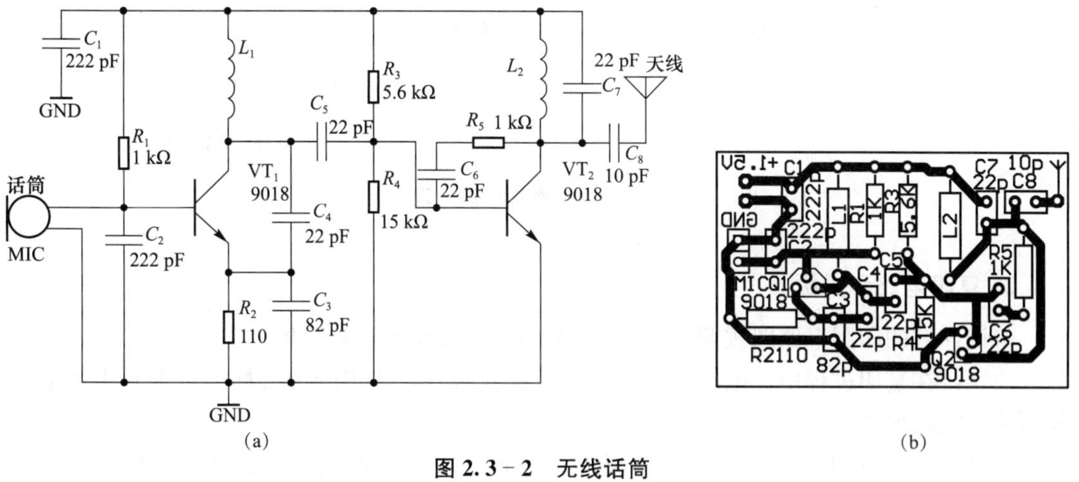

图 2.3－2　无线话筒

(a)电原理图；(b)印制电路板装配图

1. 选择敷铜板、清洁板面

常用的敷铜板是基板表面用特殊工艺黏合一层厚度约 0.05 mm 的铜箔。如果基板一面黏合铜箔，就称为单面敷铜板；如果基板的两面均黏合铜箔，就称为双面敷铜板。

用描图蚀刻法制作印制电路板时，由于面积比较小，所以一般采用厚度为 1 mm 的单面敷铜板就可以满足要求。按印制电路板实际尺寸裁切敷铜板(尺寸可以稍大于印制版图)，裁好敷铜板的尺寸和形状，如图 2.3－3 所示。

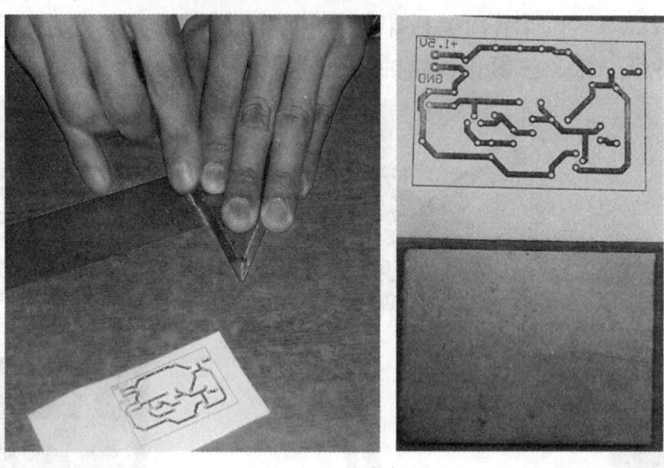

图 2.3－3 裁板

然后用细磨砂纸将敷铜板进行打磨，若方便，可将敷铜板的边缘打磨平直光滑，再用布擦干净，如图 2.3－4 所示。

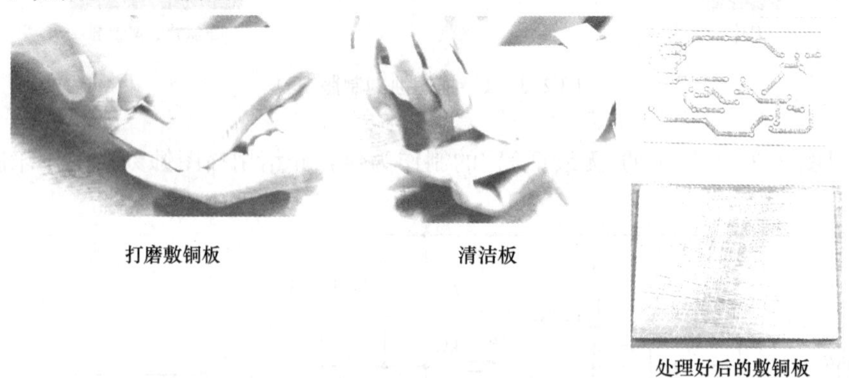

打磨敷铜板　　清洁板　　处理好后的敷铜板

图 2.3－4 敷铜板的处理

2. 复印电路和描板

将设计好的印制电路图按照 1∶1 的比例用复写纸复印在敷铜板上。

注意：在复印过程中，电路图一定要与敷铜板对齐，并用胶带纸粘牢，等到用铅笔或复写笔描完图形并检查无误后再将其揭开。

(1)选好要复写的印制版图，由于敷铜的一面与安装元件的那一面是对立面，所以要描的印制版图与元件的装配图应该是水平镜像图，如图 2.3－5 所示。

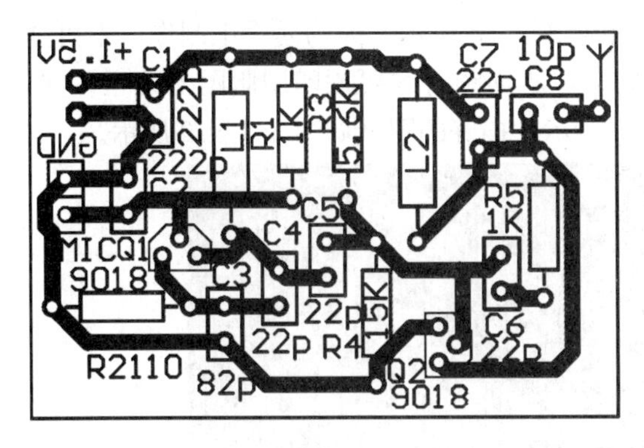

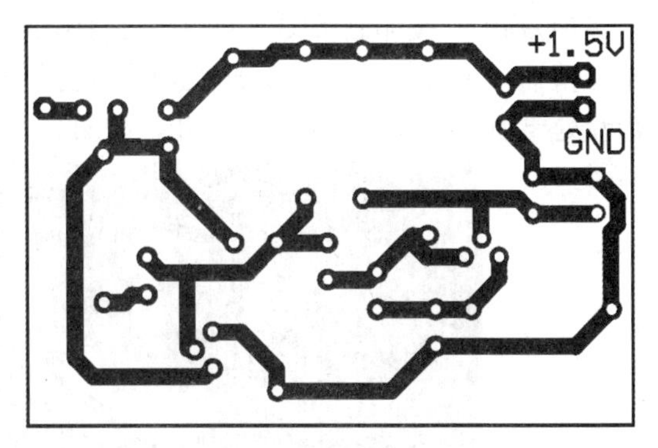

图 2.3－5　印制版图

(2)先在处理干净的敷铜面上贴上按线路板大小裁好的广告纸，在贴时要注意中间不要留有气泡，像贴手机屏幕保护膜一样，如图 2.3－6 所示。

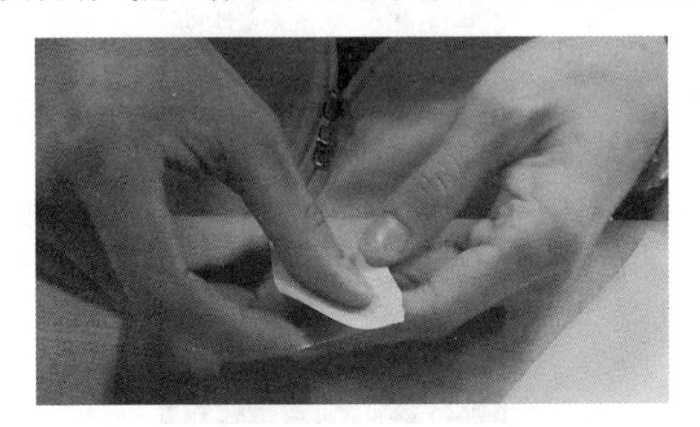
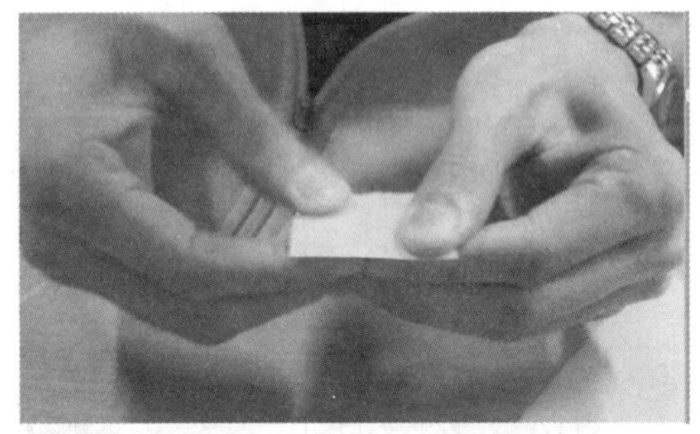

图 2.3－6　粘贴广告纸

(3)放上复写纸，再放上印制版图，根据敷铜板调整位置，用胶带固定，如图 2.3－7 所示。

贴好广告纸的敷铜板

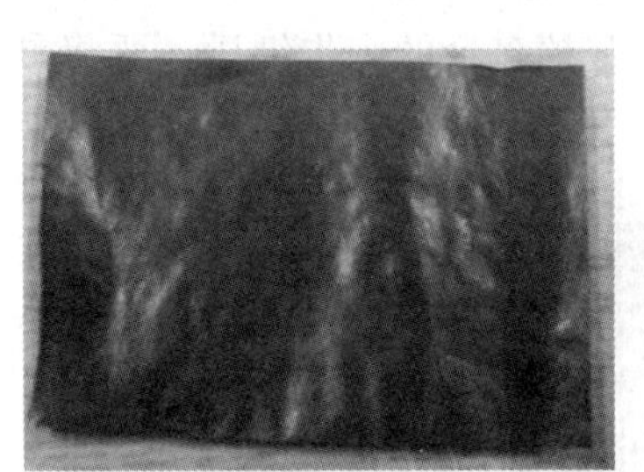

覆上复写纸

再覆上印制版图

固定

图 2.3－7　固定图纸

(4)描图。按印制版图上的线条复写图纸，如图 2.3－8 所示。因为是手工制作，不可能十分精细，并且裁掉多余部分时也有可能操作失误，故描图时线要比印制版图上的粗一些，焊盘处要画大一点儿、明显一点儿，如图 2.3－9 所示，描好的图纸如图 2.3－10 所示。

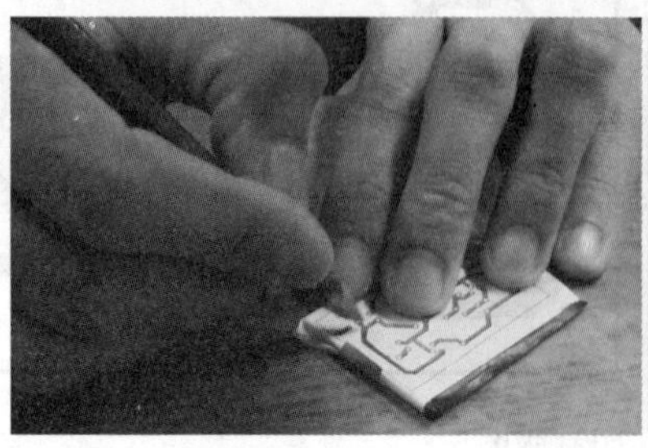
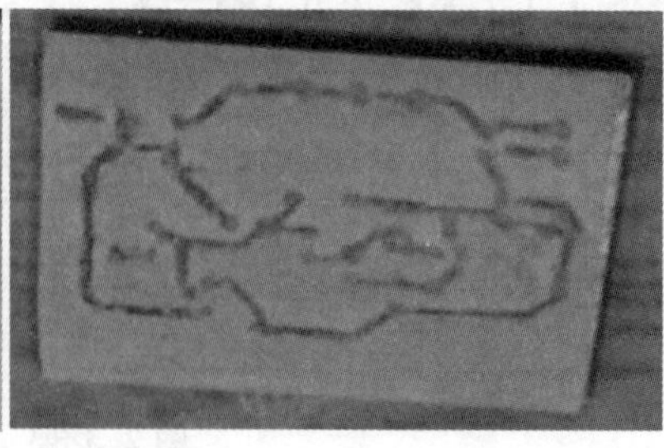

图 2.3－8　复写图纸

图 2.3－9　线条、焊盘加粗加大

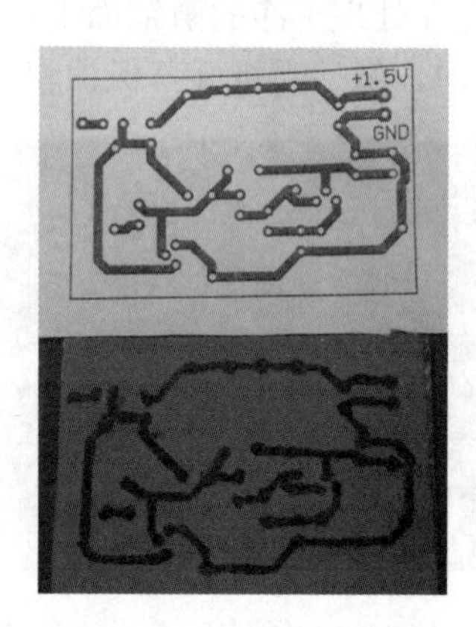

图 2.3－10　处理好的图

(5)保留导线和焊盘的位置，裁掉多余的部分，如图 2.3－11 所示。这一步是难点，导线和焊盘的位置要留足，导线密集的地方要保证该断开处不能连在一起，否则事后还要用刀片裁开。裁掉多余的广告纸后，要将剩下的部分压实、压平，以免腐蚀时脱落，处理好的版如图 2.3－12 所示。

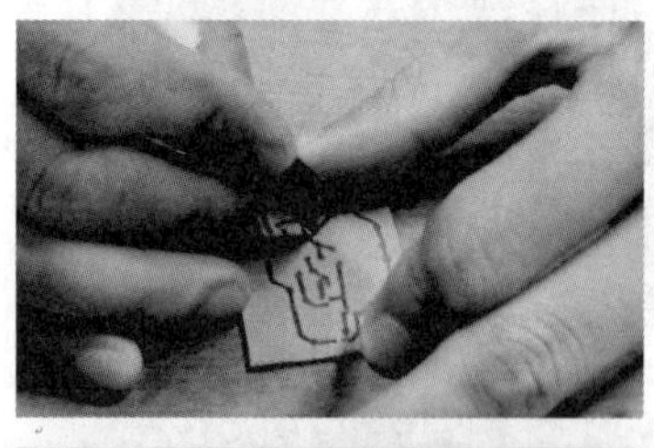
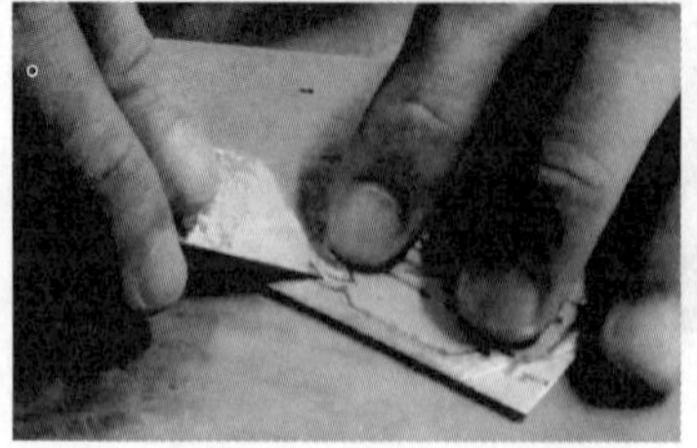

图 2.3－11　裁掉多余的广告纸

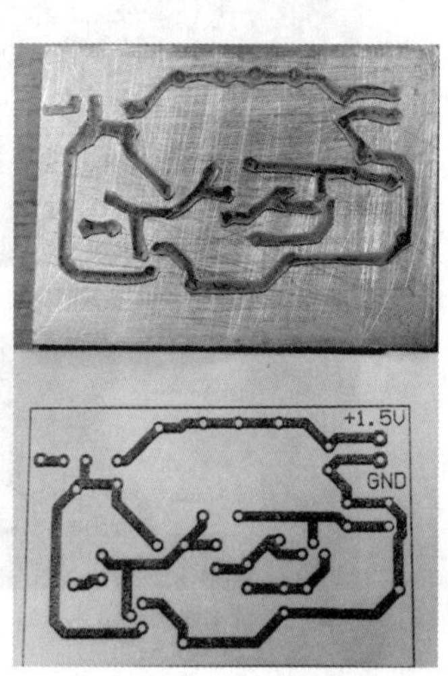

图 2.3－12　处理好的版

3. 腐蚀电路板

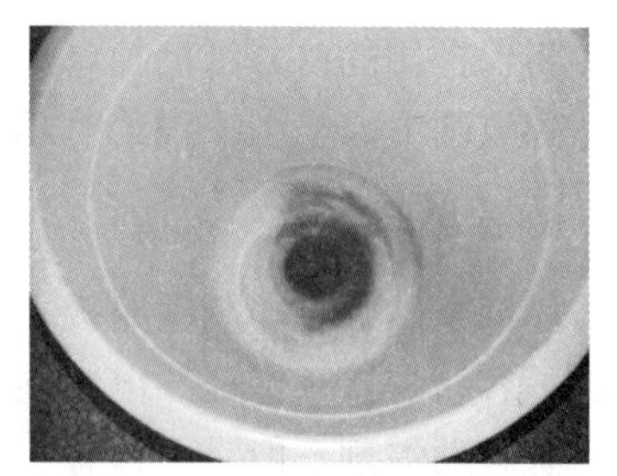
图 2.3－13　配制三氯化铁水溶液

腐蚀液一般为三氯化铁的水溶液，它按一份三氯化铁、两份水的比例配制而成，腐蚀液可放置在玻璃或陶瓷平底容器中，如图 2.3－13 所示。通过加温和增加三氯化铁溶液的浓度，可加快腐蚀速度(这里由于条件所限用的是塑料桶，直接加温水)。但温度不可超过 50 ℃；否则保护用的广告纸很容易脱落。还可以用木棍子夹住电路板轻轻摆动或摇动塑料桶，以加快腐蚀速度，如图 2.3－14 所示。腐蚀是从边缘开始的，当未被保护的铜箔被腐蚀完后应该及时取出电路板，以防广告纸脱落后腐蚀掉有用的线路。腐蚀完成后用清水冲洗线路板，用布擦干，腐蚀清洗后的版如图 2.3－15 所示。

图 2.3－14　腐蚀

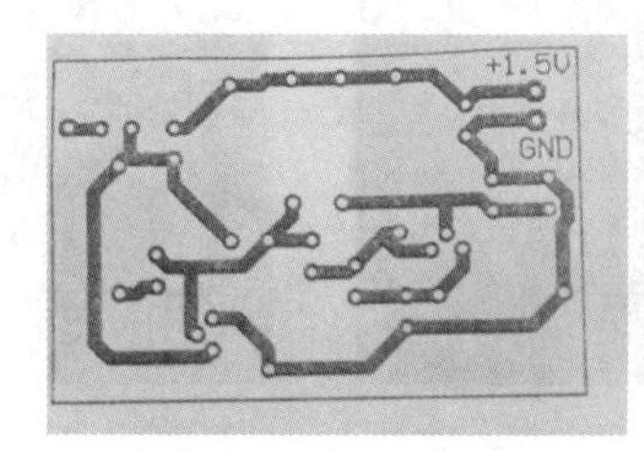

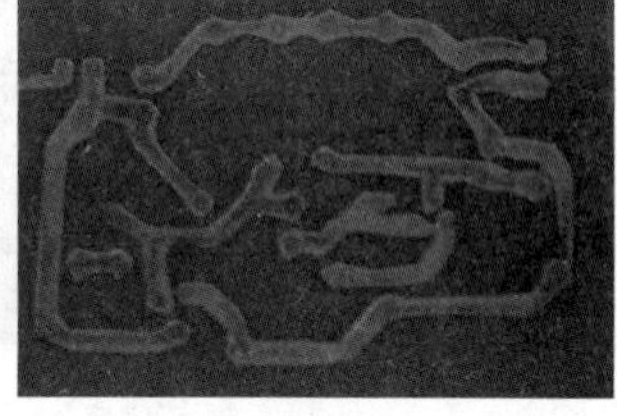
图 2.3－15　清洗擦干后的版

注意：三氯化铁为土黄色固体，易于吸收空气中的水分，应密封保存；三氯化铁具有一定的腐蚀性，最好不要弄在皮肤上和衣服上。

4. 钻孔

如图 2.3－16 所示，按印制版图所标尺寸钻孔。一般用 0.8 mm 的钻头，对于个别引脚较粗的元件，如本实训中自制的电感，还需要加大孔径，要换上 1 mm 左右的钻头。孔一定要钻在焊盘的中心且垂直板面。钻孔前不要急着将保护用广告纸撕掉，这样可以保证钻孔时不会打滑，同时可以保证在未焊接元件前焊盘不会被弄脏或氧化。如果钻孔时会打滑，钻孔前最好用冲子在焊盘、过孔中心点敲一下，形成凹进去的小坑，然后打孔。钻孔时一定要使钻出的孔光洁、无毛刺。

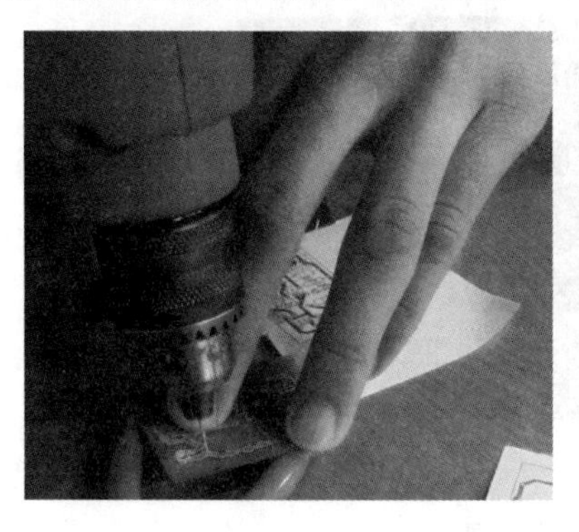
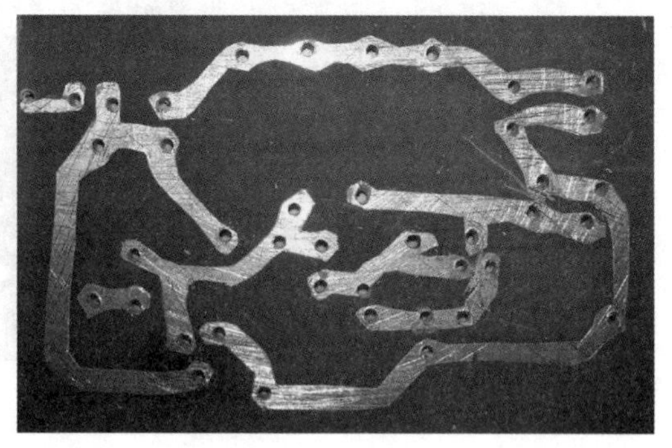
图 2.3－16　钻孔

5. 修板

将保护用的广告纸撕掉，用刀子修整导电条的边缘和焊盘，使导电条边缘平滑无毛刺、焊点圆滑。当由于描绘时不小心而将线路黏合时，可以在此时用刀片进行切割分离。

6. 涂助焊剂

用细磨砂纸将印制电路板上铜箔线条擦亮，并用布擦干净，涂上助焊剂。涂助焊剂的目的是容易焊接、保证导电性能、保护铜箔、防止氧化，但易产生铜锈。

防腐助焊剂一般是由松香、酒精按 1∶2 的体积比例配制而成的溶液，将电路板烤至烫手时即可喷刷助焊剂。助焊剂干燥后就得到所要求的电路板，如图 2.3－17 所示。

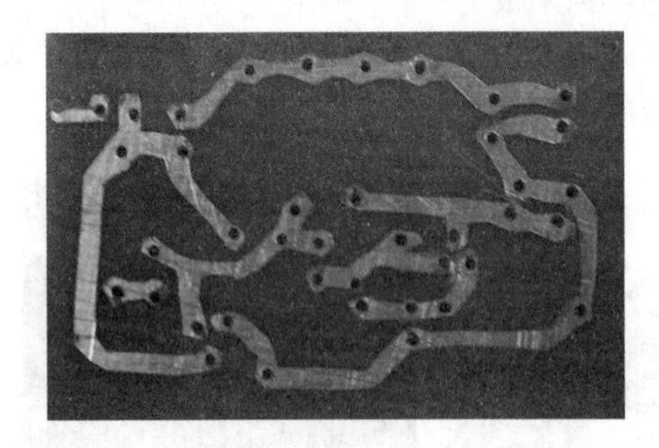

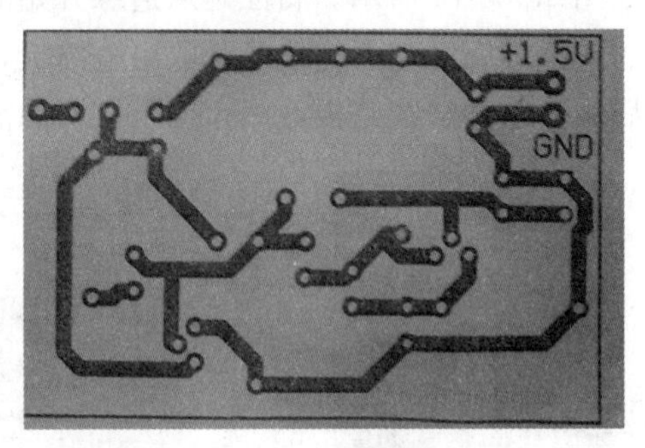

图 2.3－17　成品板

本块电路板因为要直接焊接，所以就没有涂助焊剂。

这种制版方法是制作电路板最简单的一种方法，所花的费用也是最少的，但精度不是很高，适合初学者用。

二、热转印法制作电路板

(一)热转印制作电路板所需要的硬件

热转印所需工具如图 2.3－18 所示。

激光打印机

电脑

图 2.3－18　热转印所需工具

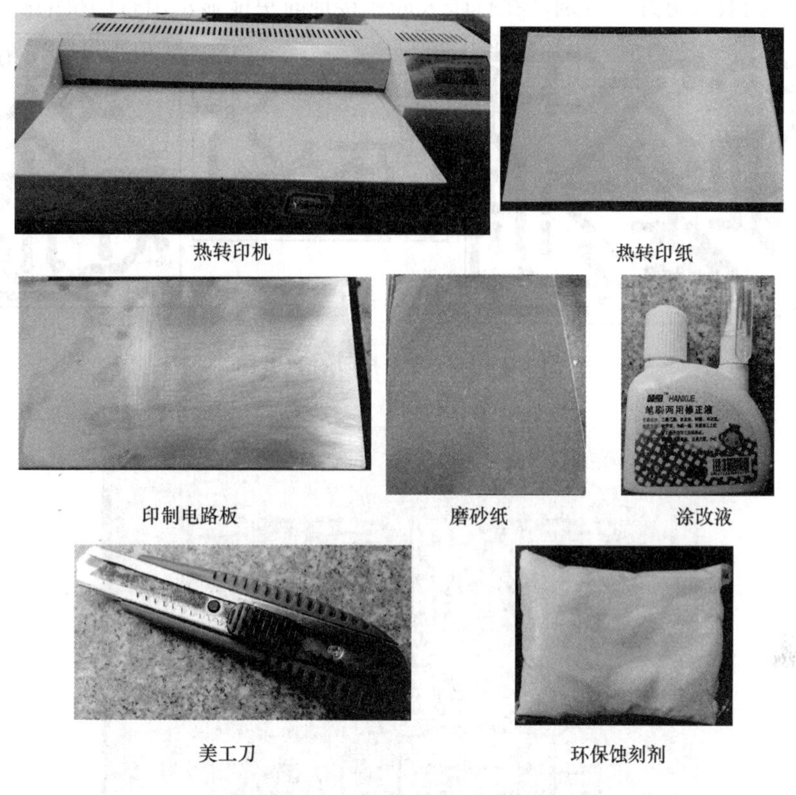

图 2.3－18　热转印所需工具(续)

(1)一台用于产生高精度塑料炭粉阻焊层的打印输出设备，如一台激光打印机或者一台复印机(复印机需要有复印原稿，原稿可以用喷墨打印机打印出来)。

(2)一台电脑。

(3)一台热转印机或电熨斗(不是蒸汽电熨斗)。

(4)几张热转印纸、磨砂纸一张、小刀一把、涂改液一瓶、印制板一块。

(5)一定量的电路板腐蚀剂(三氯化铁或环保蚀刻剂)，根据板的大小而定。

(二)热转印制版所需要的软件

Protel99 SE、Protel 2004 DXP，甚至只是一个 Windows 自带的画图程序，总之就是需要一个能画图的软件。

(三)热转印制作电路板的步骤

第 1 步：利用一个能生成图像的软件生成一些图像文件，比如利用 Protel 2004 DXP 软件先画出原理图，再利用网络表生成相应 PCB 图(也可以使用其他软件，如画图、Photoshop、AutoCAD 等软件来画图)，如图 2.3－19 所示，以备打印。

第 2 步：将已由 Protel 软件画好的电路图按 1∶1 比例通过激光打印机打印到热转印纸上，如图 2.3－20 所示。可以选用惠普、爱普生等品牌的激光打印机，如果用专业制版用激光打印机则效果更好，特别是在打印大面积接地时更能显示出打印机的高性能。

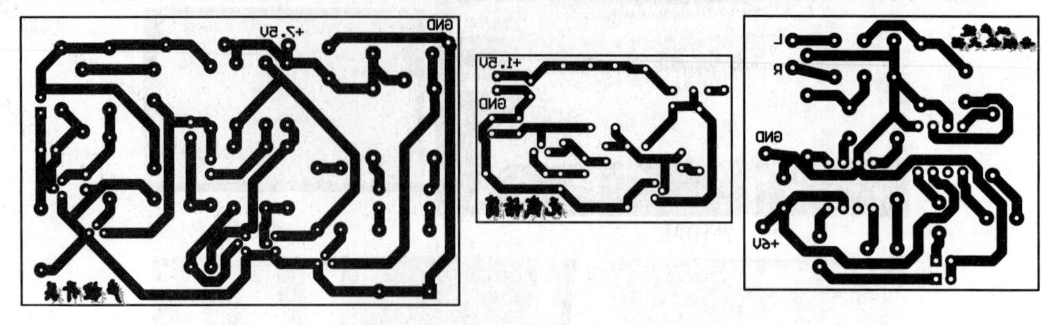

图 2.3－19　准备打印的 PCB 图

图 2.3－20　打印在热转印纸上的 PCB 图

第 3 步：热转印机预热，敷铜板的下料与处理。打开热转印机电源开关，并调节温度在 120 ℃左右，由于热转印机工作时需要预热 5～6 min，因此可以在热转印机预热期间按打印出来的 PCB 图对敷铜板进行下料与处理。

(1)热转印机预热。

①将制版机放置平稳，接通电源，轻触电源启动键 2 s，电机和加热器将同时进入工作状态，如图 2.3－21 所示。

②按下“温度”键，同时再按下“上”或“下”键，将温度设定在 120 ℃。

③按下“转速”键，同时再按下“上”或“下”键，设定电机转速比，可采用默认值。

(2)敷铜板的下料与处理。

①用钢锯根据 PCB 规划设计时的尺寸对敷铜板进行下料。

②用锉刀将四周边缘毛刺去掉。

③用细磨砂纸或少量去污粉去掉表面的氧化物。

④用清水洗净后晾干或擦干，去掉氧化膜后的敷铜板，如图 2.3－22 所示。

图 2.3－21　热转印机预热

图 2.3－22　去掉氧化膜后的敷铜板

第 4 步：热转印。

1. PCB 图的转贴处理

(1)如图 2.3－23 所示，单面 PCB 或只有底图的印制版图的转贴操作比较简单，具体方法如下。

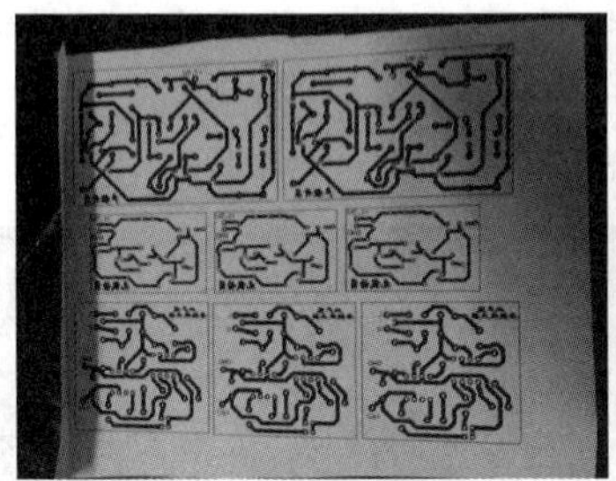

热转印纸图案的一面朝上

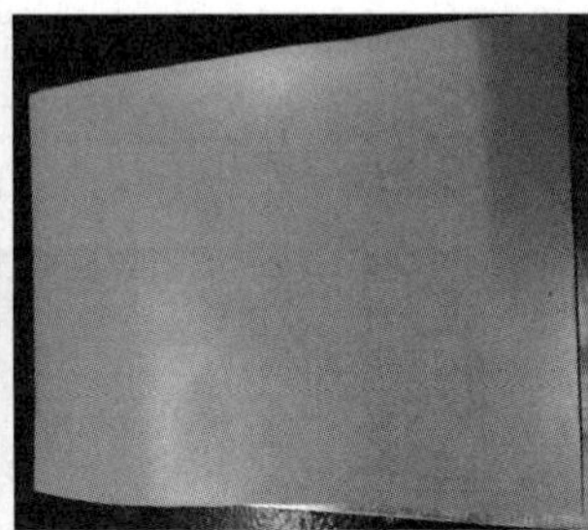

热转印纸反贴于敷铜板

固定

图 2.3－23　PCB 图的转贴处理

①将热转印纸平铺于桌面，有图案的一面朝上。

②将单面板置于热转印纸上，有敷铜的一面正对着热转印纸上的 PCB 图。

③将敷铜板的边缘与热转印纸上的印制图的边缘对齐。

④将热转印纸按左右和上下弯折 180°，然后在交接处用透明胶带粘接。

(2)对于双面 PCB 的印制版图的转贴操作比较复杂，具体方法如下。

①用一张普通的纸打印一份设计的 PCB 图，用其定位孔以确定出敷铜板上四角的定位孔，如四角作定位孔。

②用装有 0.7 mm 钻头的微型电钻打出敷铜板上四角的定位孔。

③在裁剪好有底层图(有图案的一面朝上)的热转印纸的四角定位孔处插入大头针，针尖朝上。

④将打好定位孔的双层敷铜板放置于有底层图的热转印纸上。

⑤将镜像打印的有顶层图的热转印纸置于双层敷铜板之上，有图案的一面朝下。

⑥将上、下层热转印纸与双层敷铜板压紧，用透明胶带粘接，取出四角上的大头针。

2. PCB 图的转印

当显示器上的温度显示在接近 120 ℃时，将贴有热转印纸的敷铜板放进制版机中进行热转印。当胶辊还没夹住敷铜板时要用手推动敷铜板，以免转动的胶辊将热转印纸夹进去而敷铜板被挤出来，如图 2.3－24 所示。

图 2.3－24　PCB 图的热转印

转印完毕，按下“加热”键，工作状态显示为闪动的“c”，待胶辊温度降至 100 ℃以下时机器将自动关闭电源。

如果用户没有热转印机，也可以用家用电熨斗代替，如图 2.3－25 所示，只是在操作上需要技巧且麻烦一点。

转印完成后效果如图 2.3－26 所示。

图 2.3－25　用电熨斗转印

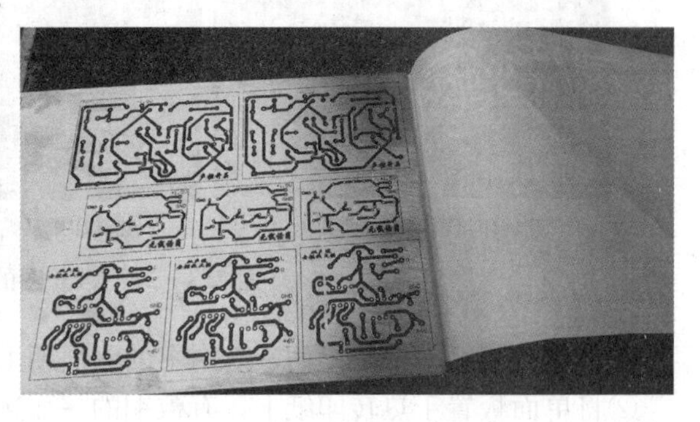

图 2.3－26　转印后的版

第 5 步：修版。

(1)转印后，待其温度下降后将转印纸轻轻掀起一角进行观察，此时转印纸上的图形应完全被转印到敷铜板上了。

(2)如果有较大缺陷，应将转印纸按原位置贴好，送入转印机再转印一次。

(3)如有较小缺陷，如在打印、热转印过程中有可能使电路线条受损、折断，如图 2.3－27 所示，这时就需要对线条进行修补，否则制作出来的结果将是断线。修版可以使用极细油性记号笔或涂改液，修补时只要在铜板墨粉断裂处描绘一下即可，如图 2.3－28 所示。修补后的版如图 2.3－29 所示。

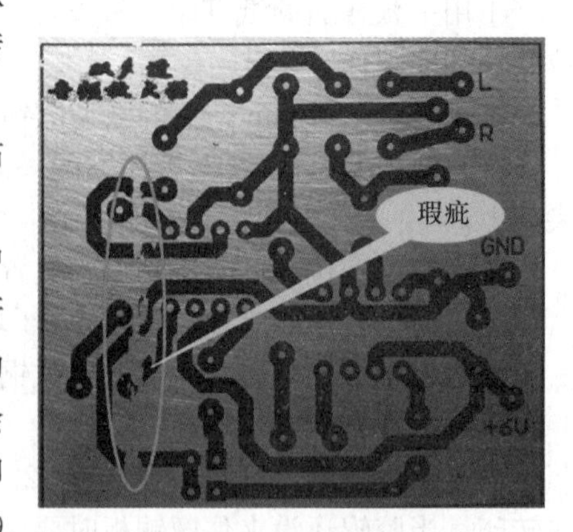

图 2.3－27　有瑕疵的版

图 2.3－28　用涂改液修补瑕疵

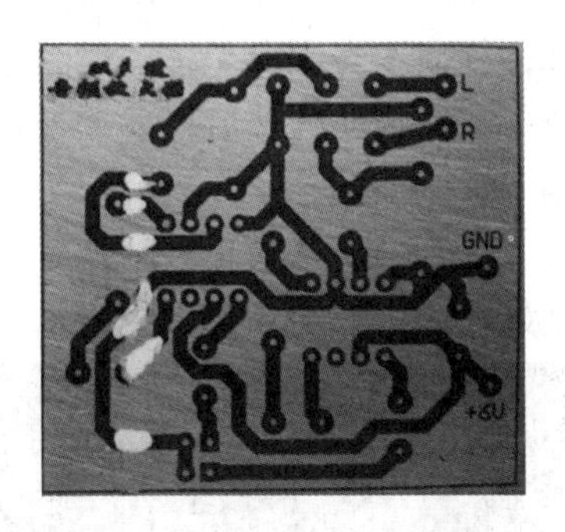

图 2.3－29　修补后的版

第 6 步：配制腐蚀液。

配制溶液的方法很简单，只要将环保蚀刻剂和水以 1∶4 左右的比例配制即可，为保证使用效果，蚀刻时温度最好在 50 ℃以上，因此可先将水加热到 70 ℃左右再放入蚀刻剂，溶液放于平底宽口的塑料容器中。

第 7 步：蚀刻。

(1)将待蚀刻的电路板浸入蚀刻液中(单面板膜面向上，双面板悬空放置，勿接触盘底)。

(2)如图 2.3－30 所示，轻摇容器，或用软毛刷轻刷板面以保证溶液在电路板表面流动，可见板面裸露的铜层逐渐溶解而露出板基底色。当裸露的铜层完全消失，蚀刻即完成，需时一般为 5～30 min，视板的大小、数量、腐蚀剂的量和溶液的温度而定。在蚀刻过程中，溶液的颜色由无色逐渐变为淡蓝色，并有少许蓝白色结晶析出。

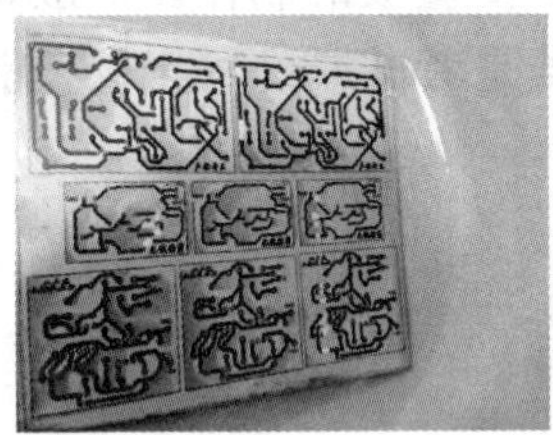

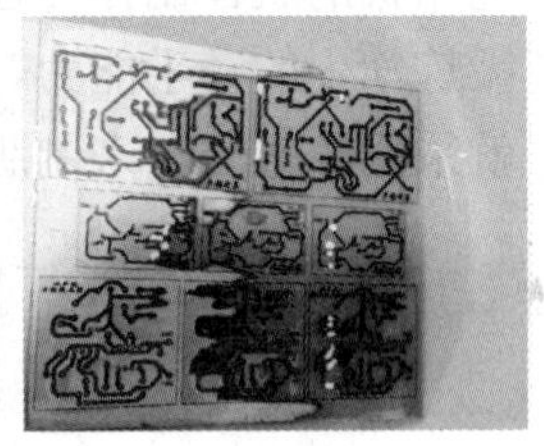

图 2.3－30　腐蚀过程

(3)取出已腐蚀完成的电路板，用水清洗并用软布擦拭干净，目视检查有无蚀刻不完全部分，若有可放入蚀刻溶液再摇动一会儿，直至蚀刻完全。剩余溶液滤除结晶后可留待第二次使用，直至蚀刻速度变慢。腐蚀后的印制板如图 2.3－31 所示。

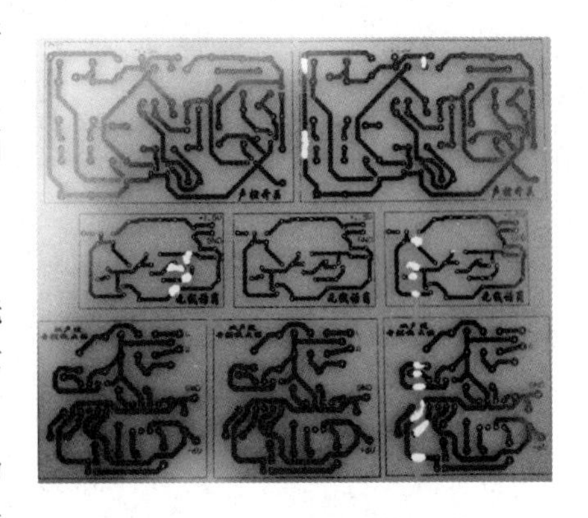

图 2.3－31　腐蚀后的印制板

蚀刻时需要注意以下几点：

①蚀刻剂(液)为弱酸性，无毒，使用完务必洗手，如误入眼睛应迅速以清水冲洗；请存放于远离儿童的阴凉干燥处。

②蚀刻液尽量现用现配。配制好的蚀刻液切勿置于密闭容器中，因为溶液会缓慢分解，释放出氧气，会引起容器内压力升高。

③蚀刻剂本身无毒无害，但因蚀刻废液中含铜离子(重金属)，因此丢弃前要使用纯碱或石灰等碱性物质处理后再妥善处置。

第 8 步：钻孔。

图 2.3－32 所示为正在钻孔。

钻好孔的板如图 2.3－33 所示。

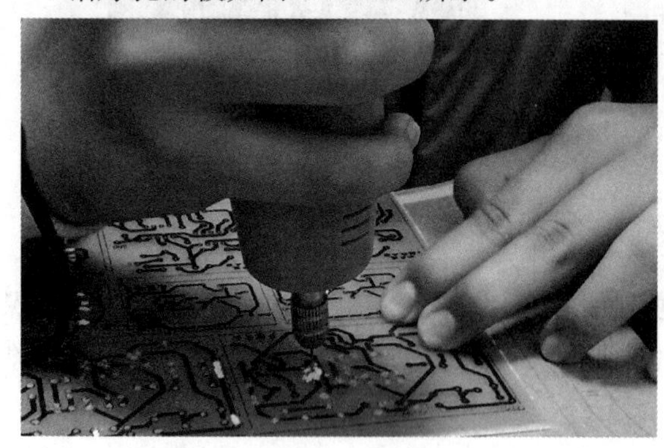

图 2.3－32 钻孔

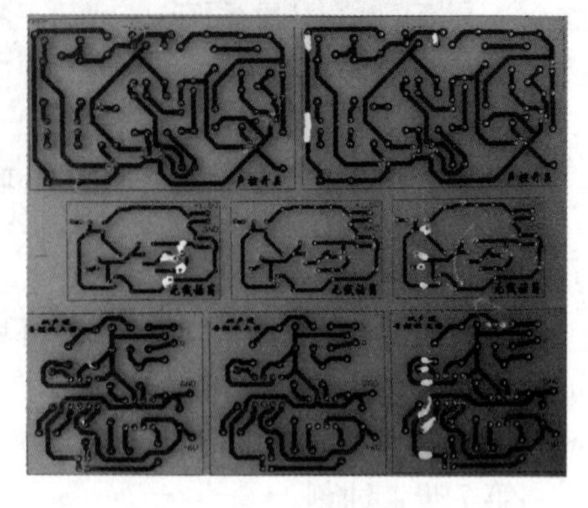

图 2.3－33 钻好孔的板

钻好孔后先切割成一块一块的电路板，等到焊接元器件前再清理出焊盘部分，剩下的部分可用于阻焊。

热转印法制作电路板是当前制作电路板的最佳方法，具有简单、快速、高效的特点，特别适用于电路板的试样制作，也适用像学校教学用的小批量板的制作。一般来说，平常上课时为了锻炼学生的动手能力，常采用描图蚀刻法。若是考试或是每年校技能节举办技能竞赛时，就采用热转印法来制版。

第三部分

基本技能与实训

实训一　直流稳压电源制作

实训目标

知识目标：

(1)掌握整流、滤波、稳压电路的工作原理，了解直流稳压电源的工作过程。

(2)掌握印制电路板与原理图的关系。

(3)掌握色环电阻、电容、二极管、变压器、电位器等元器件的识读方法。

(4)熟悉三端集成稳压管 LM317 引脚功能。

能力目标：

(1)掌握各种常见元器件的识读方法和检测方法。

(2)学会利用原理图及装配图装配电路。

(3)学会对电子产品工作原理的分析与调试。

实训仪器：

电路板一块，电阻、电容等稳压电源实训套件一套，焊锡丝、电烙铁、吸锡器、松香、镊子、斜口钳、美工刀、万用表、示波器等。

实训内容

一、电路原理图

电路原理图如图 3.1－1 所示。

二、电路工作原理

本电路采用三端集成稳压电路 LM317 制作。变压器 T 输出交流 18 V 经 VD_1～VD_4 整流、C_1 滤波后送至 LM317 的输入端，再经取样电阻 R_1 和输出电压调节电位器 R_P 的控

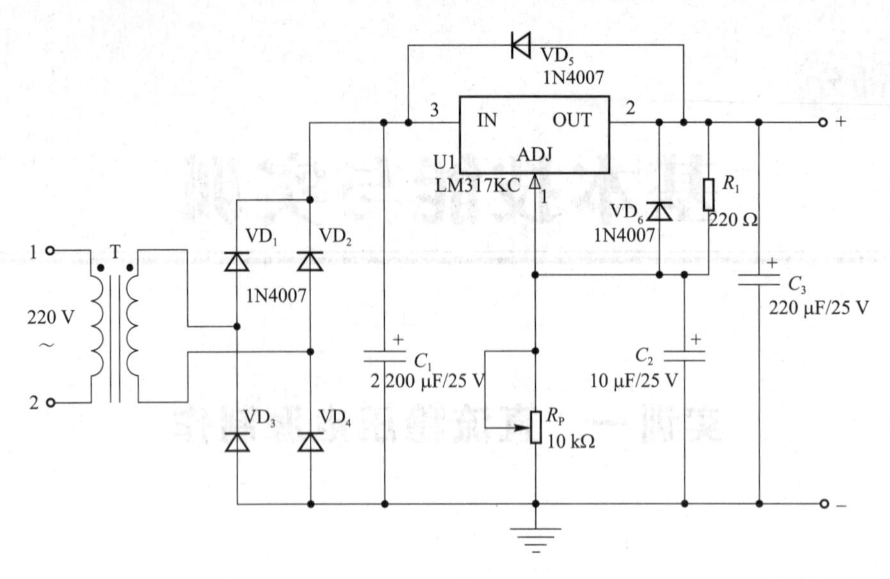

图 3.1－1 电路原理图

制，就可在输出端得到 1.25～25 V 连续可调的电压。

电路中 C_2 是减小 R_P 两端纹波电压的滤波电容；C_3 是为了能向负载提供瞬间的脉冲响应电流；VD_5 是防止输入端短路时 C_3 的放电电流损坏三端稳压器；VD_6 是防止输出端短路时 C_2 的放电电流损坏三端稳压器。

三、元器件选择、识别与检测

(一)电阻及电位器的识别及检测

见万用表的使用。

(二)电容的识别及检测

电容器是一种储能元件，是组成电子电路的基本元件之一。在电子制作中，电容器的用量仅次于电阻，它被广泛用于耦合、滤波、隔直、移相电路中，以及与电感元件组成振荡电路。

1. 电容的结构

两片相距很近的金属中间被某绝缘物质(固体、气体或液体)所隔开，就构成了电容器，两片金属称为极板，中间的物质叫作介质。顾名思义，电容器就是“储存电荷的容器”。电容器通常简称为电容，用字母 C 表示。

2. 电容的符号

电容的图形符号如图 3.1－2 所示。

3. 电容器的分类

(1)按照结构分可分为三大类，即固定电容器、可变电容器和微调电容器。

(2)按电解质分为有机介质电容器、无机介质电容器、电解电容器和气体介质电容器等。

(3)按用途分有高频旁路、低频旁路、滤波、调谐、高频耦合、低频耦合、小型电容器。

常见电容的外形如图 3.1－3 所示。

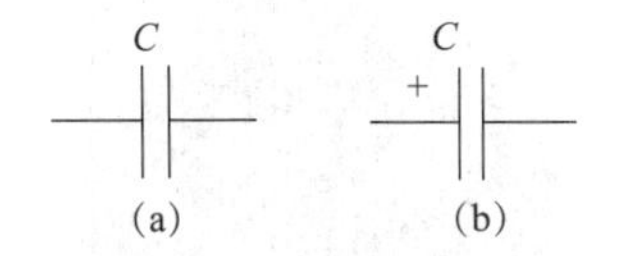

图 3.1－2　电容图形符号

(a)电容符号(国标)；(b)极性电容符号

铝电解电容器

钽电解电容

纸介电容

薄膜电容器

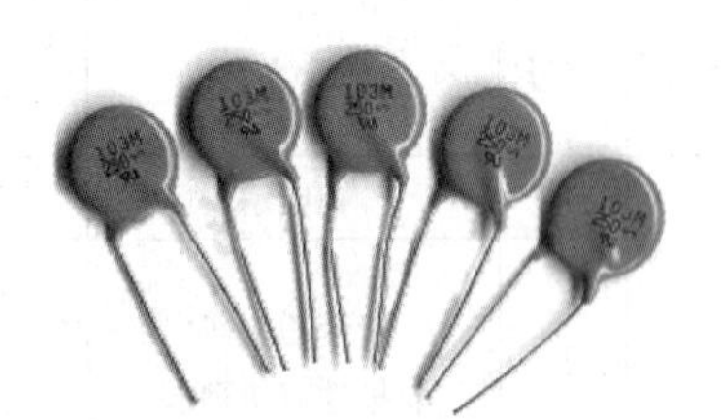

陶瓷电容器

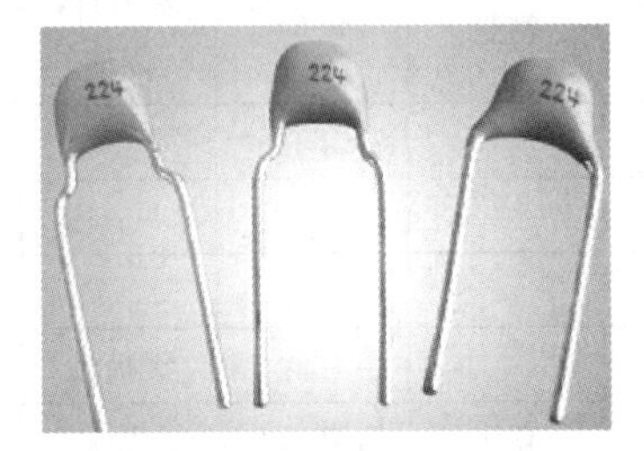

独石电容器

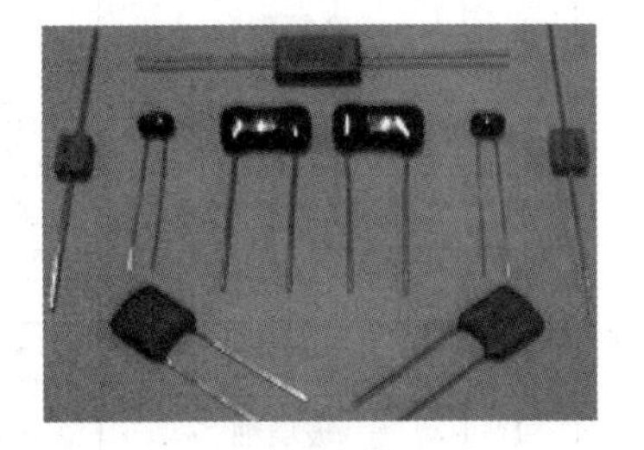

云母电容

玻璃釉电容

空气介质可变电容器

可变电容器

图 3.1－3　常见各种电容外形

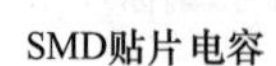

SMD贴片电容

SMD贴片电解电容

SMD贴片薄膜电容

图 3.1－3 常见各种电容外形(续)

4. 电容器的型号命名方法

国产电容器的型号一般由四部分组成(不适用于压敏、可变、真空电容器)(见表 3.1－1)，依次分别代表名称、材料、分类和序号，如图 3.1－4 所示。

表 3.1－1 国产电容器命名的含义

第一部分：名称		第二部分：介质材料		第三部分：分类					第四部分：序号
字母	含义	字母	含义	数字或字母	含义				
					瓷介	云母	有机	电解	
C	电容器	A	钽电解	1	圆形	非密封	非密封	箔式	用数字表示序号，以区别电容器的外形尺寸及性能指标
		B	聚苯乙烯等非极性有机薄膜	2	管形	非密封	非密封	箔式	
				3	叠片	密封	密封	烧结粉，非固体	
		C	高频陶瓷	4	独石	密封	密封	烧结粉，固体	
		D	铝电解	5	穿心		穿心		
		E	其他材料电解	6	支柱等				
		G	合金电解						
		H	纸膜复合	7				无极性	
		I	玻璃釉	8	高压	高压	高压		
		J	金属化纸介	9			特殊	特殊	
		L	涤纶等极性有机薄膜	G	高功率型				
		N	铌电解	T	叠片式				
		O	玻璃膜	W	微调型				
		Q	漆膜						
		T	低频陶瓷	J	金属化型				
		V	云母纸						
		Y	云母	Y	高压型				
		Z	纸介						

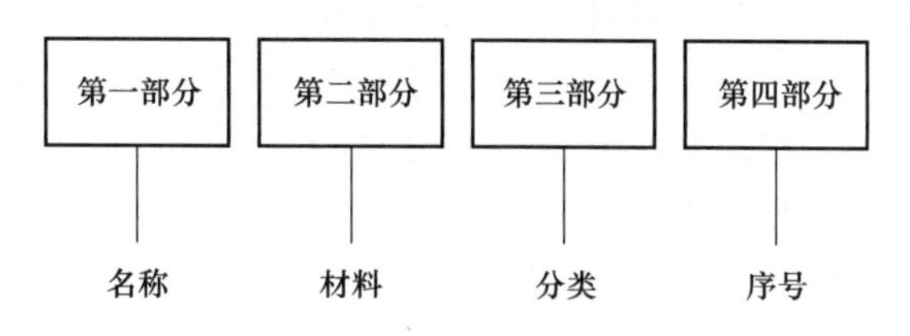

图 3.1－4　电容器的型号命名方法

第一部分：名称，用字母表示，电容器用 C 表示。

第二部分：材料，用字母表示。

第三部分：分类，一般用数字表示，个别用字母表示。

第四部分：序号，用数字表示。

国产电容器命名示例如图 3.1－5 所示。

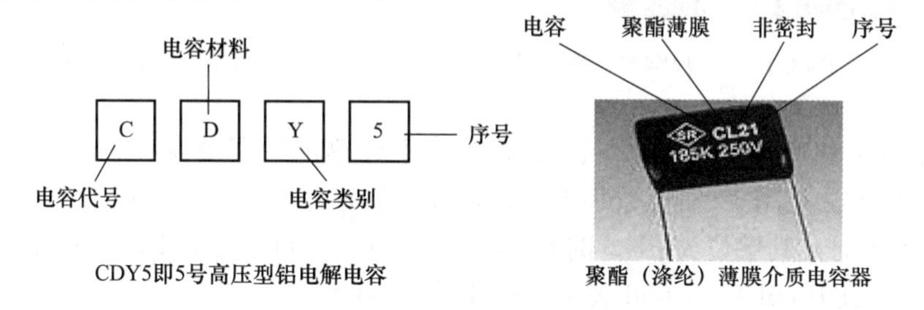

图 3.1－5　国产电容器命名示例

5. 电容器的主要特性参数

1)标称电容量和允许偏差

标称电容量是标志在电容器上的电容量。电容器实际电容量与标称电容量的偏差称为误差，在允许的偏差范围称为精度。

电容器容量的标示方法

(1)直标法。如图 3.1－6 所示，将标称容量及偏差用数字和单位符号直接标示在电容体上，如 01 μF 表示 0.01 μF。

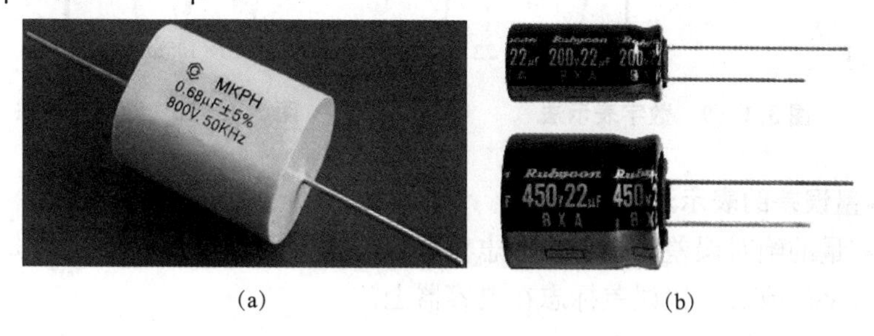

图 3.1－6　电容器容量的直标法

(a)0.68 μF；(b)22 μF

(2)数字字母法。图 3.1－7 所示为用 2～4 位数字和一个字母有规律地组合来表示容量，其中数字表示有效数值，字母表示数值的单位，有时也表示小数点，容量的整数部分写在容量单位标志符号的前面，容量的小数部分写在容量单位标志符号的后面。例如，p10 表示 0.1 pF；1p0 表示 1 pF；6P8 表示 6.8 pF；2μ2 表示 2.2 μF；6 800 pF 写为6n8；0.01 μF 写为 10n；μ22 表示 0.22 μF。有些电容用“R”表示小数点，如 R56 表示 0.56 μF。

(3)色标法。图 3.1－8 所示为用色环或色点表示电容器的主要参数。电容器的色标法与电阻相同。色标法表示的电容单位为 pF。

图 3.1－7 数字字母表示法

图 3.1－8 色标法

(4)数字表示法。图 3.1－9 所示，只标数字不标单位的直接表示法，此法仅限 pF 和 μF 两种。这种方法是用 1～4 位数字表示，如数字部分大于 1 时，单位为皮法，当数字部分大于 0 小于 1 时，其单位为 μF。例如，3 300 表示 3 300 皮法(pF)，680 表示 680 皮法(pF)，7 表示 7 皮法(pF)，0.056 表示 0.056 微法(μF)。

(5)数码法。图 3.1－10 所示，用 3 位数字表示电容器容量大小，其单位为 pF。其中第一、二位为有效数值的数字，第三位表示倍数，即表示有效值后“0”的个数。例如，“103”表示 10×10^3 pF(0.01 μF)，“224”表示 22×10^4 pF(0.22 μF)。

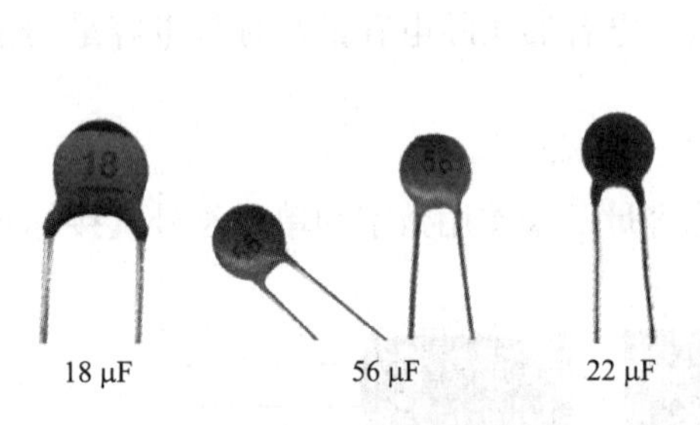

图 3.1－9 数字表示法

图 3.1－10 数码表示法

电容器容量误差的表示法

(1)将电容量的绝对误差范围直接标志在电容器上，即直接表示法，如(2.2±0.2)pF。

(2)直接将字母或百分比误差标志在电容器上。

电容的误差等级见表 3.1－2。

表 3.1－2 电容的误差等级

字母	D	F	G	J	K	M	N	P
允许误差	±0.5%	±1%	±2%	±5%	±10%	±20%	±30%	±50%

如电容器上标有 334K 则表示 0.33 F，误差为±10%；如电容器上标有 103P 表示这个电容器的容量变化范围为 0.01～0.02 μF，P 不能误认为是单位 pF。

2)额定电压

额定电压也叫作电容的直流工作电压，指规定条件下可连续加在电容器的最高直流电压有效值，就是电容的耐压，一般直接标注在电容器外壳上，如图 3.1－11 所示，如果工作电压超过电容器的耐压，则电容器击穿，造成不可修复的永久损坏。如果在交流电路中，要注意所加的交流电压最大值不能超过电容的直流工作电压值。常用固定电容的直流电压系列见表 3.1－3。

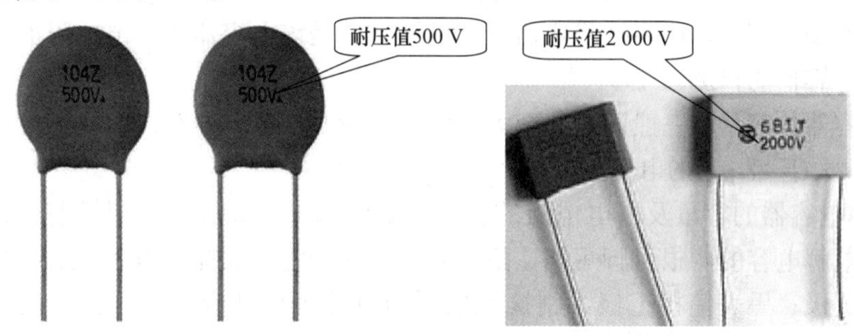

图 3.1－11　电容的耐压

表 3.1－3　常用固定电容的直流电压系列　　V

1.6	4	6.3	10	16	25	32*	40	50	63
100	125*	160	250	300*	400	450*	500	630	1 000
1 600	2 500	4 000	6 300	10 000	15 000	25 000	40 000		

3)绝缘电阻

直流电压加在电容上，并产生漏电电流，两者之比称为绝缘电阻。绝缘电阻越大越好。

6. 电容器的检测

电容器的常见故障是开路失效、短路击穿、漏电、介质损耗增大或电容容量减小。下面介绍几种测量电容器容量、漏电和极性的方法。

1)非电解电容器的检测

图 3.1－12 所示为非电解电容器的检测示意图。

(1)容量在 10 pF 以下的小电容的检测。因 10 pF 以下的固定电容器容量太小，只能用万用表定性检查其是否漏电、内部短路或击穿等。检测时可用万用表“$R\times10K$”挡，将两表笔分别接触电容器的两引线，阻值应为无穷大。若阻值为 0，说明电容漏电或内部击穿。

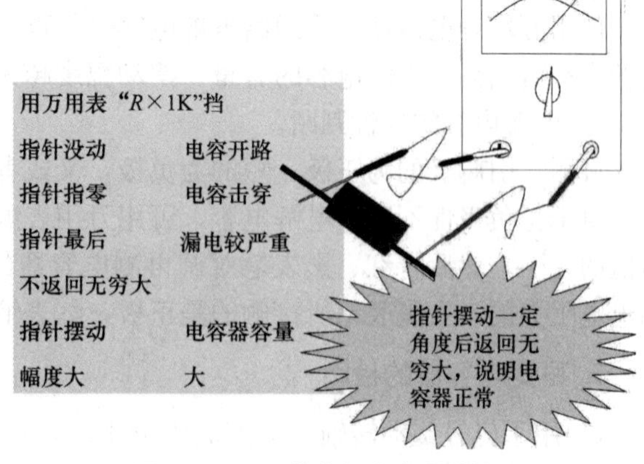

图 3.1－12　非电解电容器的检测

(2)容量在 10 pF～0.01 μF 范围内的固定电容器的检测。可用万用表“$R\times10$”挡检测其是否有充放电现象来判断其好坏，刚接触时由于充电电流大，表头指针偏转角度最大，随着充电电流减小，指针逐渐向 $R=\infty$方向返回，最后稳定处即漏电电阻值。一般电容器的漏电电阻值为几百至几千兆欧。应注意的是，在测试操作时，特别是在测较小容量的电容时要反复调换被测电容的两个引脚，才能明显地看到万用表指针的摆动。

(3)容量在 0.01 μF 以上的固定电容器的检测。可用万用表“$R\times100$”挡检测其是否有充、放电过程以及有无漏电或内部短路，并根据指针摆动的幅度判断电容器容量的相对大小。检测时万用表指针应向顺时针方向快速偏转，然后再按逆时针方向逐渐退回至“∞”处。如果回不到“∞”处，则表针稳定后所指的读数就是该电容器的漏电电阻值。

2)电解电容器的检测

电解电容器的容量较一般固定电容大得多，测量时一般1～47 μF范围的电容可用“$R\times$1K”挡测量，大于 47 μF 的电容可用“$R\times100$”挡测量。

(1)电解电容器的容量及漏电电阻的检测。如图 3.1－13 所示，测量前应让电容充分放电，即将电解电容的两根引脚短路，把电容内的残余电荷放掉。电容充分放电后将万用表红表笔接负极、黑表笔接正极，刚接触的瞬间万用表指针应向顺时针方向偏转较大角度，接着再按逆时针方向逐渐返回，直到停在某一位置。此时的阻值便是电解电容的正向漏电阻，此值略大于反向漏电阻。电解电容的漏电阻一般应在几百千欧以上。

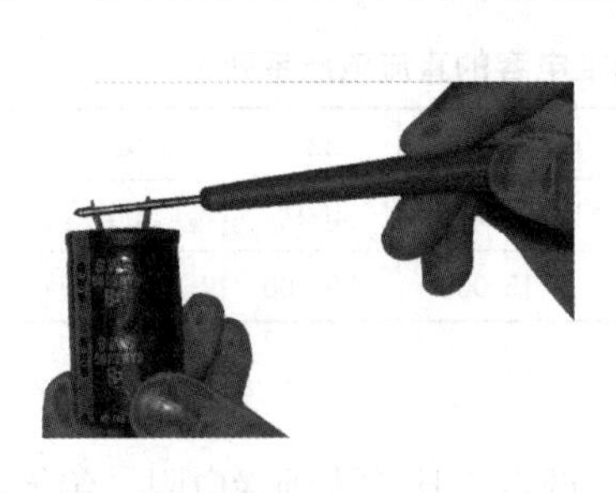

图 3.1－13 电解电容器的容量及漏电电阻的检测

若万用表指针不动，则表示容量消失或内部断路；若阻值很小或为零，则表示漏电大或已击穿损坏。

使用万用表电阻挡，采用给电解电容进行正、反向充电的方法，根据指针向右摆动幅度的大小可估测出电解电容的容量。摆动幅度越大，电容的容量越大；反之，则越小。

(2)电解电容的极性判断。

目测：引脚长的为正极，短的为负极，又或者有标记的那端为负极。

对于正负极性不明的电解电容，可用万用表测量电解电容器的漏电电阻，并记下这个阻值的大小，然后将红、黑表笔对调再测电容器的漏电电阻，将两次所测得的阻值对比，漏电电阻大的一次黑表笔所接触的是正极，红表笔所接触的是负极。

7. 可变电容器的检测

(1)用手轻轻旋动转轴，应感觉十分平滑，不应感觉有时松时紧甚至有卡滞现象，将载轴向前、后、上、下、左、右等各个方向推动时转轴不应有松动现象。

(2)用一只手旋动转轴，另一只手轻摸动片组的外缘，不应感觉有任何松脱现象，转轴与动片之间接触不良的可变电容器是不能再继续使用的。

(3)将万用表置于“$R\times 10$K”挡，一只手将两个表笔分别接可变电容器的动片和定片的引出端，另一只手将转轴缓缓旋动几个来回，万用表指针都应在无穷大位置不动。在旋动转轴的过程中，如果指针有时指向零，说明动片和定片之间存在短路点；如果碰到某一角度，万用表读数不为无穷大而是出现一定阻值，说明可变电容器动片与定片之间存在漏电现象。

注意：

在检测时手指不要同时碰到两支表笔，以避免人体电阻对检测结果的影响。同时，检测大电容器如电解电容器时，由于其电容量大、充电时间长，所以当测量电解电容器时，要根据电容器容量的大小适当选择量程，电容量越小，量程越要放小；否则就会把电容器的充电误认为击穿。

检测容量小于6 800 pF的电容器时表针应不偏，若偏转了一个较大角度，说明电容器漏电或击穿。

(三)变压器的识别与检测

1. 变压器的结构

变压器由绕组、铁芯、紧固件、绝缘材料等构成。绝缘铜线绕在塑料绝缘骨架上，每个骨架需绕制输入和输出两组线圈。线圈中间用绝缘纸隔离。绕好后将许多铁芯薄片插在塑料骨架的中间。这样就能够使线圈的电感量显著增大。

2. 变压器的符号

变压器的文字符号：T。

图形符号和实物如图3.1－14所示。

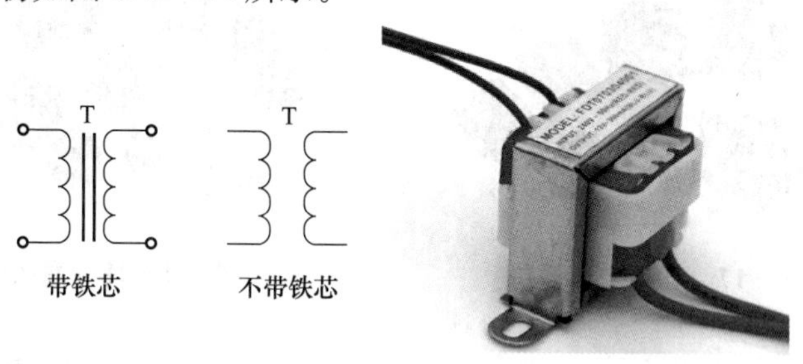

图3.1－14 变压器

3. 变压器的作用

变压器在电路中具有重要的功能：耦合交流信号而阻隔直流信号，并可以改变输入输出的电压比；利用变压器使电路两端的阻抗得到良好匹配，以最大限度地传送信号功率。

4. 变压器的工作原理

变压器利用电磁感应原理从它的一个绕组向另几个绕组传输电能量。

5. 变压器的分类及其外形

1)变压器的分类

变压器可以根据其工作频率、用途及铁芯形状等进行分类。

(1)按工作频率分类。变压器按工作频率可分为高频变压器、中频变压器、低频变压器和脉冲变压器等。

(2)按用途分类。变压器按其用途可分为电源变压器、音频变压器、脉冲变压器、恒压变压器、耦合变压器、自耦变压器、隔离变压器等多种。

(3)按铁芯(或磁芯)形状分类。变压器按铁芯(磁芯)形状可分为 E 形变压器、C 形变压器和环形变压器。

(4)按磁芯分类。变压器按磁芯可分为铁芯变压器、磁芯(铁氧体芯)变压器和空芯变压器等。

2)常见变压器的外形

各种常见的变压器如图 3.1－15 至图 3.1－23 所示。

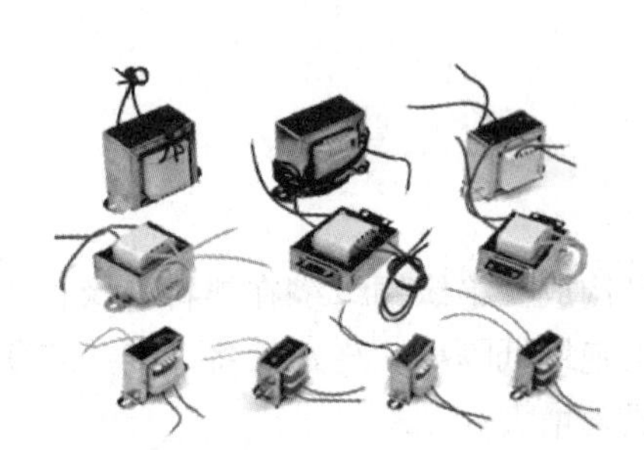

图 3.1－15 电源变压器

图 3.1－16 音频变压器

图 3.1－17 脉冲变压器

图 3.1－18 高频变压器

图 3.1－19 中频变压器

图 3.1－20 固定自耦变压器

图 3.1－21 可调自耦变压器

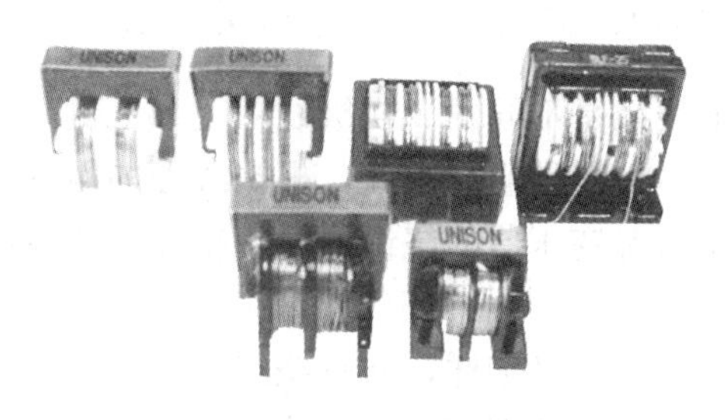

图 3.1－22　干扰隔离变压器

图 3.1－23　电源隔离变压器

6. 变压器的主要性能参数

(1)匝数比 n。变压器一次绕组匝数 N_1 与二次绕组匝数 N_2 之比，即 $n=N_1/N_2$。

(2)额定功率。在规定的频率和电压下，变压器能长期工作，而不超过规定温升的输出功率。

(3)效率 η。指输出功率 P_2 与输入功率 P_1 比值的百分数，即 $\eta=P_2/P_1\times100\%$。

(4)温升。变压器通电工作后，温度上升至稳定值时变压器温度高出周围环境温度的数值。温升越小越好。

(5)绝缘电阻。表示变压器各线圈之间、各线圈与铁芯之间的绝缘性能。绝缘电阻的高低与所使用的绝缘材料的性能、温度高低和潮湿程度有关。通常用兆欧表测量。

变压器的参数通常采用直标法。

7. 变压器的检测

(1)气味判断法。在严重短路性损坏变压器的情况下，变压器会冒烟，并会放出高温烧绝缘漆、绝缘纸等的气味。因此，只要能闻到绝缘漆烧焦的味道，就表明变压器正在烧毁或已烧毁。

(2)外观观察法。用眼睛或借助放大镜，仔细查看变压器的外观，看其是否引脚断路、接触不良；包装是否损坏，骨架是否良好；铁芯是否松动等。往往较为明显的故障用观察法就可判断出来。

(3)变压器绝缘性能的检测。变压器绝缘性能检测可用指针式万用表的“$R\times10\text{K}$”挡做简易测量。分别测量变压器铁芯与初级、初级与各次级、铁芯与各次级、静电屏蔽层与初次级、次级各绕组间的电阻值，万用表的指针应指在无穷大处不动或阻值应大于 100 MΩ；否则，说明变压器绝缘性能不良。

(4)变压器线圈通/断的检测。将万用表置于“$R\times1$”挡检测线圈绕组两个接线端子之间的电阻值，若某个绕组的电阻值为无穷大，则说明该绕组有断路性故障。当变压器短路严重时，短时间通电外壳就会有烫手的感觉。

(5)变压器绕组直流电阻的测量。变压器绕组的直流电阻很小，用万用表的“$R\times1$”挡检测可判断绕组有无短路或断路情况。一般情况下，电源变压器(降压式)初级绕组的直流电阻多为几十至上百欧姆，次级直流电阻多为零点几至几欧姆。

(6)电源变压器初、次级线圈判别。

①目测。电源变压器(降压式)初级引脚和次级引脚一般都是分别从两侧引出的，并且初级绕组多标有 220 V 字样，次级绕组则标出额定电压值，如 12 V、15 V、24 V 等，再

根据这些标记进行识别。

电源变压器(降压式)初级线圈和次级线圈的线径是不同的。初级线圈是高压侧，线圈匝数多，线径细；次级线圈是低压侧，线圈匝数少，线径粗。因此，根据线径的粗细可判别电源变压器的初、次级线圈。具体方法是观察电源变压器的绕组线圈，线径粗的线圈是次级线圈，线径细的线圈是初级线圈。

②利用万用表判别。电源变压器有时没有标初、次级字样，并且绕组线圈包裹比较严密，无法看到线圈线径粗细，这时就需要通过万用表来判别初、次级线圈。使用万用表测电源变压器线圈的直流电阻可以判别初、次级线圈。初级线圈(高压侧)由于匝数多，直流电阻相对大一些，次级线圈(低压侧)匝数少，直流电阻相对小一些。故而，也可根据其直流电阻值及线径来判断初级、次级。

(四)二极管的识别和检测

1. 二极管的结构与符号

晶体二极管也称半导体二极管，它是在PN结上加接触电极、引线和管壳封装而成的，如图3.1－24所示。二极管有两个电极，并且分为正、负极，一般把极性标示在二极管的外壳上。大多数用一个不同颜色的环来表示负极，有的直接标上“－”号。

二极管的文字符号：D或VD。

二极管的图形符号如图3.1－25所示。

图3.1－24　二极管的结构　　　图3.1－25　二极管图形符号

2. 二极管的特性

具有单向导电性，即接正向电压时二极管导通，内阻为0，相当于开关接通；接反向电压时二极管截止，内阻为∞，相当于开关断开。

3. 二极管的作用

二极管广泛应用在整流、检波、稳压、保护和调制信号等方面。

4. 二极管的分类

1)分类

(1)按其结构，通常有点接触型、面接触型和平面型，如图3.1－26所示。

点接触型：点接触型二极管的结电容小，正向电流和允许加的反向电压小，常用于检波、变频等电路。适用于工作电流小、工作频率高的场合。

面接触型：面接触型二极管的结电容较大，正向电流和允许加的反向电压较大，主要用于整流等电路，适用于工作电流较大、工作频率较低的场合。

(2)按使用的半导体材料划分，可分为硅二极管和锗二极管。锗管与硅管相比，具有正向压降低(锗管0.2～0.3 V，硅管0.5～0.7 V)、反向饱和漏电流大、温度稳定性差等特点。

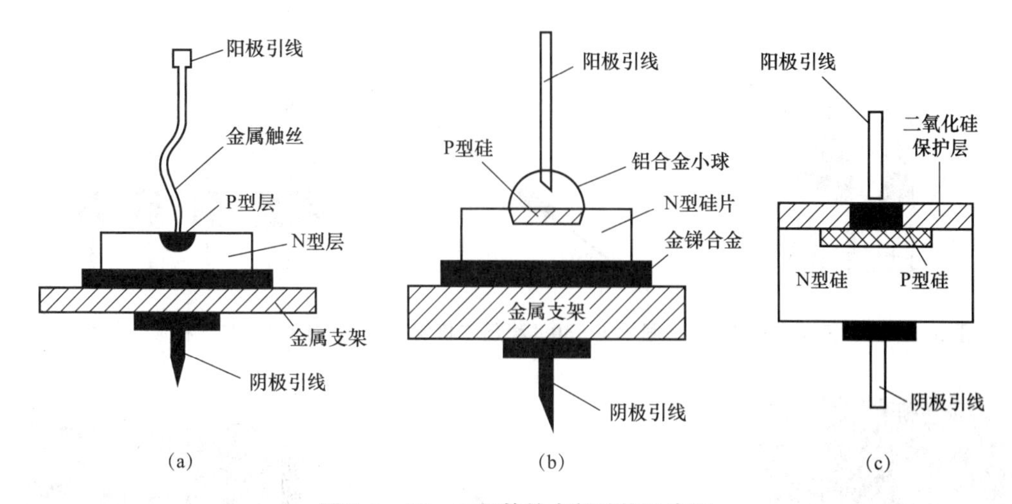

图 3.1－26　二极管的内部结构示意图

(a)点接触型；(b)面接触型；(c)平面型

(3)按用途划分，可分为普通二极管、整流二极管、检波二极管、稳压二极管、开关二极管、变容二极管、光电二极管等。

2)二极管的封装及常见外观

常见的几种二极管中有玻璃封装的、塑料封装的和金属封装的等。大功率二极管多采用金属封装，并且有个螺帽以便固定在散热器上。

常见的二极管如图 3.1－27 至图 3.1－34 所示。

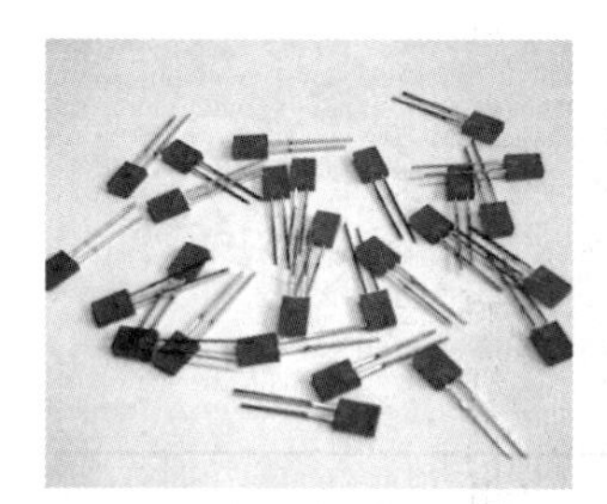
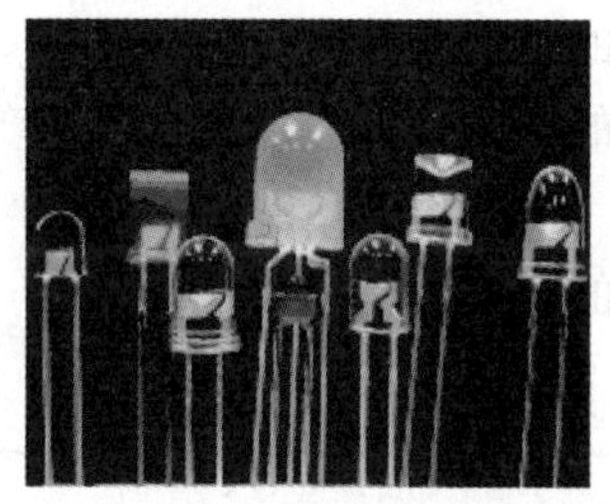
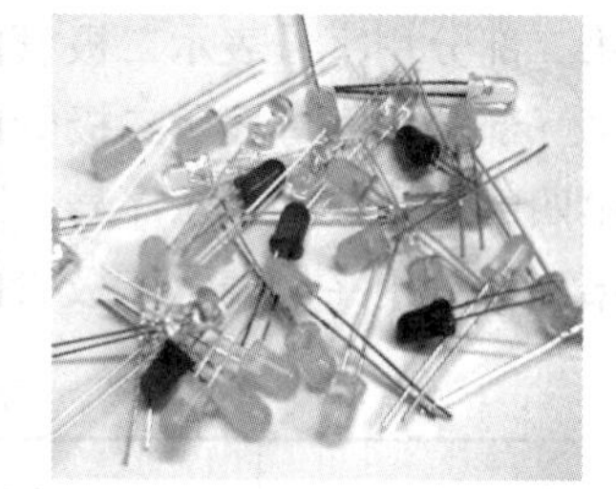

图 3.1－27　常见的发光二极管

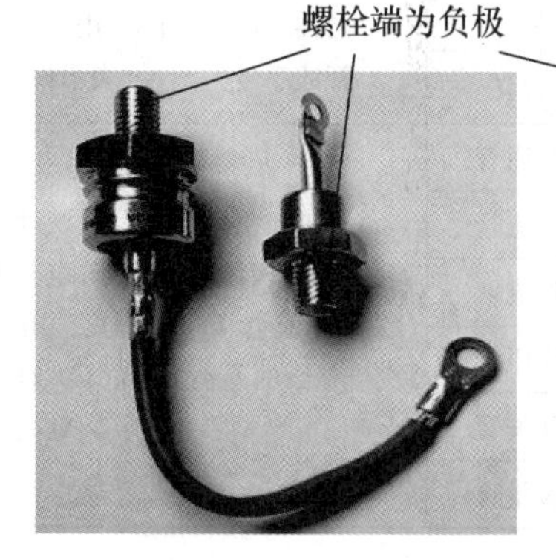

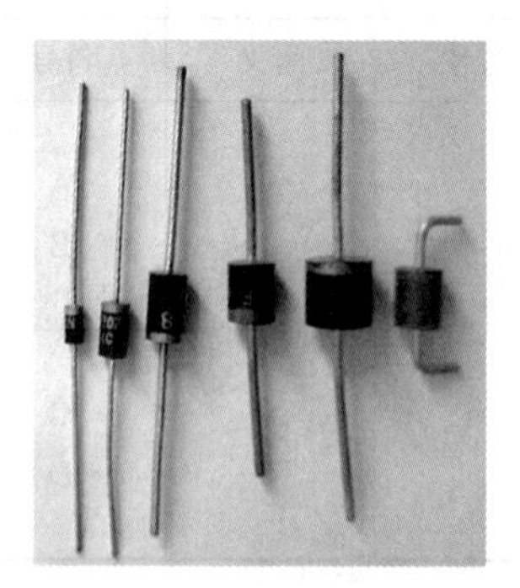

图 3.1－28　整流二极管

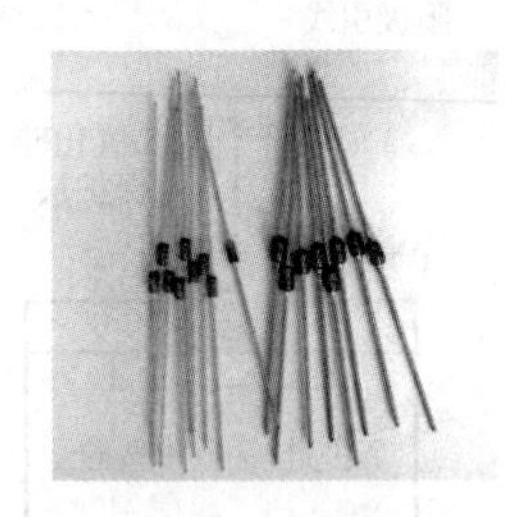

图 3.1-29　开关二极管

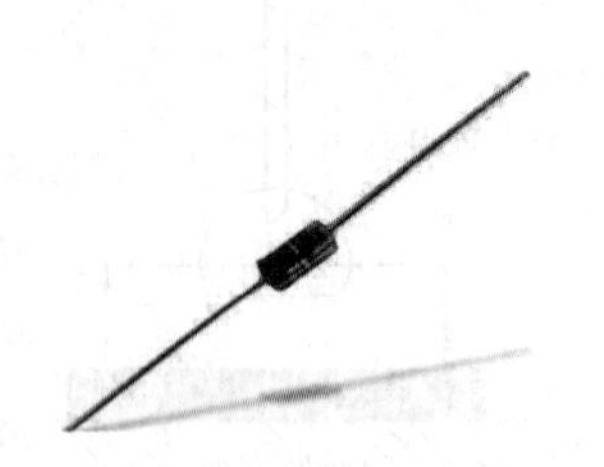

图 3.1-30　稳压二极管

图 3.1-31　检波二极管

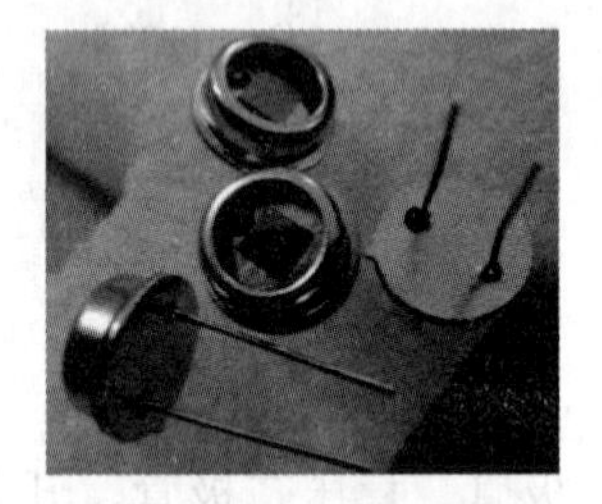

图 3.1-32　光电二极管

图 3.1-33　双向二极管

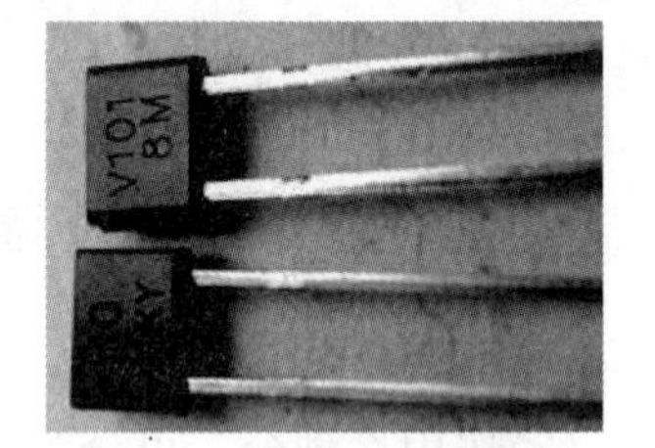

图 3.1-34　变容二极管

5. 二极管的命名

国产二极管的型号命名分为 5 个部分，见表 3.1-4。

第一部分用数字“2”表示主称为二极管。

第二部分用字母表示二极管的材料与特性。

第三部分用字母表示二极管的类型。

第四部分用数字表示序号。

第五部分用字母表示二极管的规格号。

表 3.1-4　二极管型号命名

第一部分（数字）		第二部分（字母）		第三部分（字母）		第四部分（数字）	第五部分
电极的数目		材料和特性		二极管类型		同类二极管的序号	用字母表示规格
符号	含义	符号	含义	符号	含义		
2	二极管	A B	N型锗 P型锗	P	普通管	反映了极限参数、直流参数、交流参数的差别	反映承受反向电压的程度。用 A、B、C、D 表示，A：最低
				Z	整流管		
				L	整流堆		
		C D	N型硅 P型硅	W	稳压管		
				K	开关管		
				C	参量管		

二极管型号的识读示例如图 3.1-35 所示。

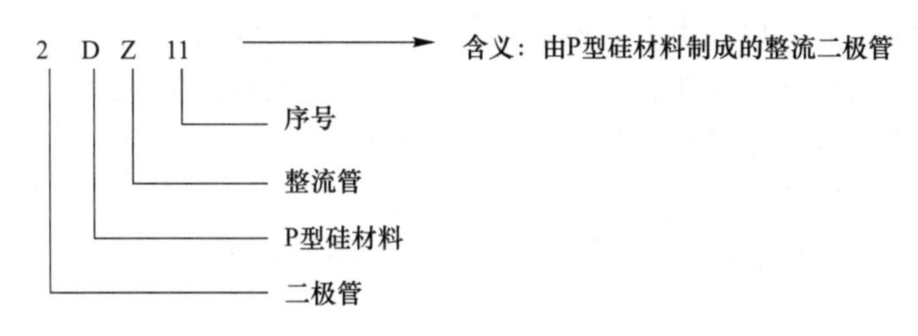

图 3.1－35　二极管型号识读示例

6. 二极管的主要参数

(1)最大正向电流 I_F。最大正向电流指长期运行时晶体管允许通过的最大正向平均电流。

(2)最高反向工作电压 U_{RM}。最高反向工作电压指正常工作时二极管所能承受的反向电压的最大值。

(3)最高工作频率 f_M。最高工作频率指晶体二极管能保持良好工作性能条件下的最高工作频率。

(4)反向饱和电流 I_S。反向饱和电流指二极管未击穿时的反向电流值。反向饱和电流主要受温度影响，该值越小说明二极管的单向导电性越好。

值得指出的是不同用途的二极管(如稳压、检波、整流、开关、光电、发光二极管等)各有不同的主要技术参数。

7. 二极管的极性判别及测试

普通半导体二极管的测试方法如下。

(1)目测法。

小功率二极管的负极通常在表面用一个色环标出；金属封装二极管的螺母通常为负极；发光二极管则通常用引脚长短来识别：长脚为正、短脚为负(另外仔细观察发光二极管，两个电极一大一小，电极较小的为正极)。

贴片二极管标注有多种方法。

①在有引线的贴片二极管中，管体有白色色环的一端是负极。

②在有引线无色环的贴片二极管中，引线较长的一端为正极。

③在无引线的贴片二极管中，表面有色带或者有缺口的一端为负极。

④贴片发光二极管中有缺口的一端为负极。

⑤无标记的二极管则可用万用表欧姆挡来判别正、负极。

(2)用万用表测试普通二极管。

①二极管极性的判别。根据二极管正向电阻小、反向电阻大的特点，将万用表拨到电阻挡(一般用“$R\times100$”或“$R\times1$K”挡)，用表笔分别与二极管的两极相接，测出两个阻值。在所测得阻值较小的一次，与黑表笔相接的一端为二极管的正极。同理，在所测得较大阻值的一次，与黑表笔相接的一端为二极管的负极。

②判断二极管质量的好坏。

a. 若二次测得的正、反向电阻值很小或接近于0，则说明管子已击穿。

b. 如正、反向电阻值很大或接近于∞，则说明管子内部已断路。

c. 如正、反向电阻值相差不大，则说明管子性能变坏或已失效。

d. 若反向电阻值比正向电阻值大几百倍以上，则说明管子性能良好。

注意：测量发光二极管 LED 时，应选用“$R\times$10K”挡，因为一般情况下 LED 工作电压较高(大于 1.5 V)。

小功率硅二极管正向电阻为几千欧至几兆欧；锗二极管为 100 Ω～1 kΩ。

③判别硅管、锗管。根据硅管、锗管的导通压降不同来判别。电路如图 3.1－36 所示，采用万用表直流电压挡(2.5 V)，测其正向导通压降，硅管为 0.6～0.7 V，锗管为 0.1～0.3 V。

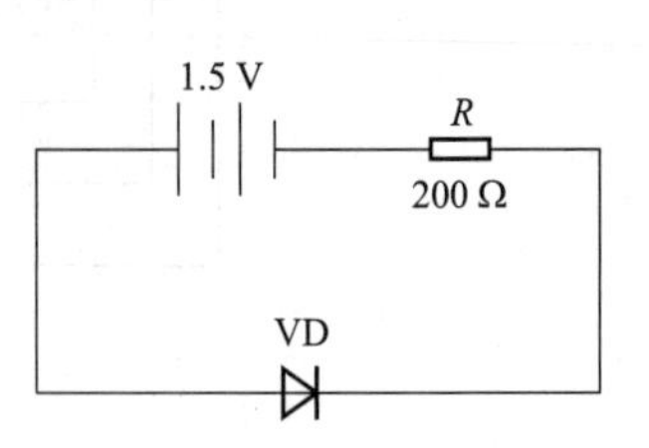

图 3.1－36 判别硅管、锗管

(五)集成稳压器

集成稳压器是指将不稳定的直流电压变为稳定的直流电压的集成电路，简称稳压块，它将稳压电路中的调整、放大、基准、取样等各环节的电路制作在一块硅片里，成为集成稳压组件。

集成稳压器的类型很多，按结构形式可分为串联型、并联型和开关型；按输出电压类型可分为固定式和可调式，正电压、负电压输出稳压器；按引脚可分为多端式和三端式等(见图 3.1－37)。三端式集成稳压器应用最广泛。

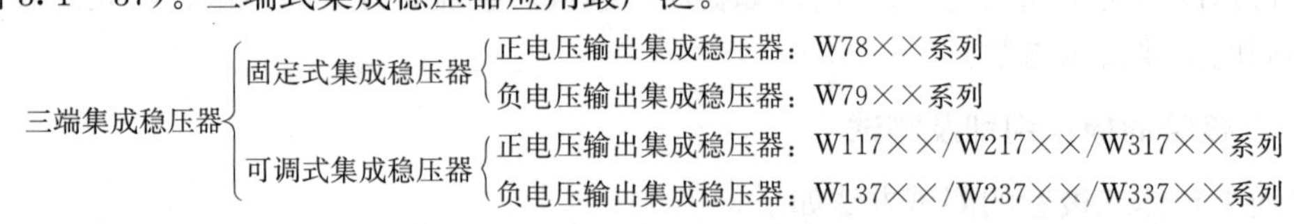

图 3.1－37 三端集成稳压器的分类

1. 三端固定式集成稳压器

三端固定式集成稳压器分为正电压输出和负电压输出两类。集成稳压器只有 3 个接线端，即输入端、输出端及公共端。这种三端集成稳压器属于串联型。三端集成稳压器内部由启动电路、基准电压、调整管、比较放大电路、保护电路、取样电路六大部分组成。

(1)正电压输出的集成稳压器。W78××系列是正电压输出的三端固定式集成稳压器，输出电压有＋5 V、＋6 V、＋9 V、＋12 V、＋15 V、＋18 V、＋24 V 等多种规格，常见的外形及引脚排列如图 3.1－38 所示。

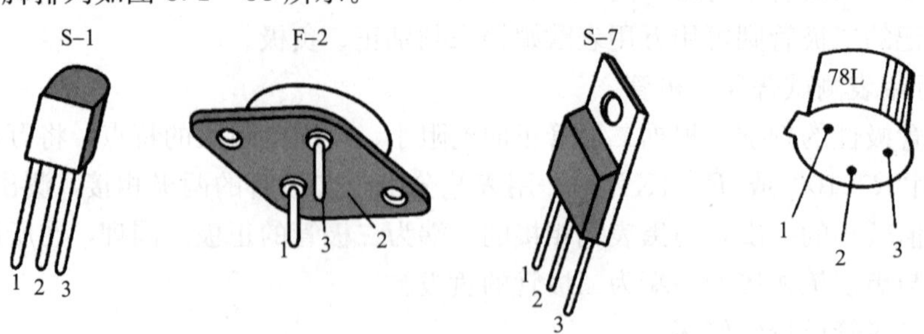

图 3.1－38 集成稳压器 W78××外形及引脚排列

1—输入端；2—公共端；3—输出端

W78××稳压器电路接法如图 3.1－39 所示。

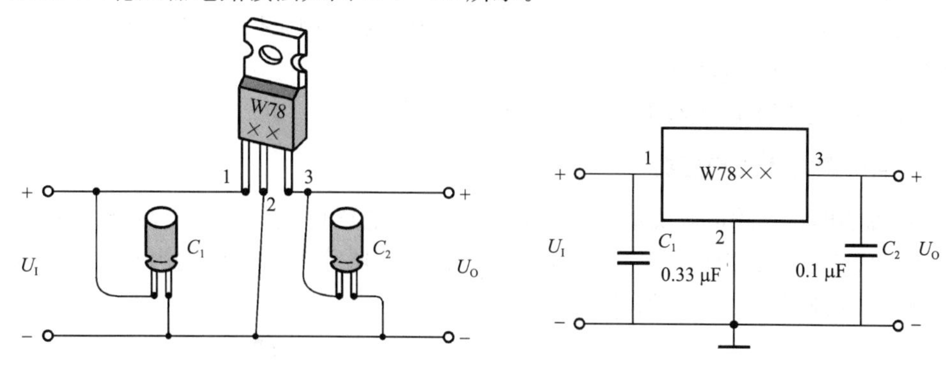

图 3.1－39　W78××基本应用电路

C_1—旁路高频干扰信号；C_2—输出端电容，改善暂态效应，并具有消振作用

注意： 输入电压 U_I 一般应比输出电压 U_O 高 3 V 以上。

(2)负电压输出的集成稳压器。W79××系列是负电压输出的三端固定式集成稳压器，输出电压有－5 V、－6 V、－9 V、－12 V、－15 V、－18 V、－24 V 等多种规格，外形与 W78××系列相同，但引脚的排列不同，常见的外形及引脚排列如图 3.1－40 所示。

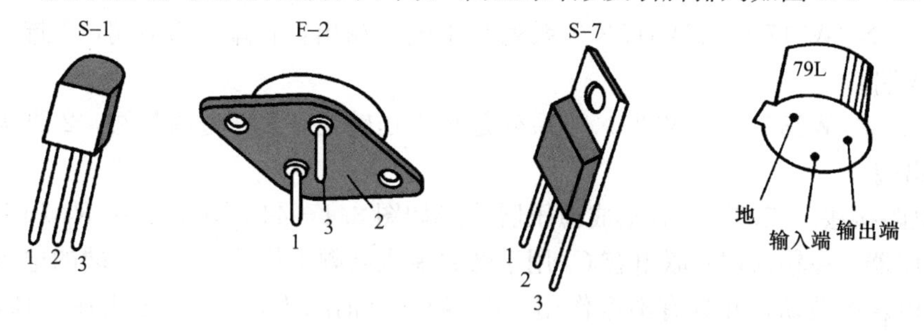

图 3.1－40　集成稳压器 W79××外形及引脚排列

1—公共端；2—输入端；3—输出端

固定负电压输出的集成稳压器 W79××电路接法如图 3.1－41 所示。

(3)国产三端固定式集成稳压器的型号命名。三端固定式集成稳压器的型号由五部分组成，其意义如图 3.1－42 所示。

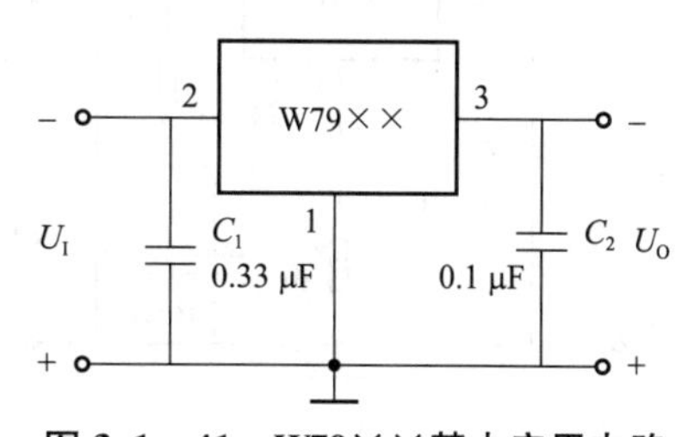

图 3.1－41　W79××基本应用电路

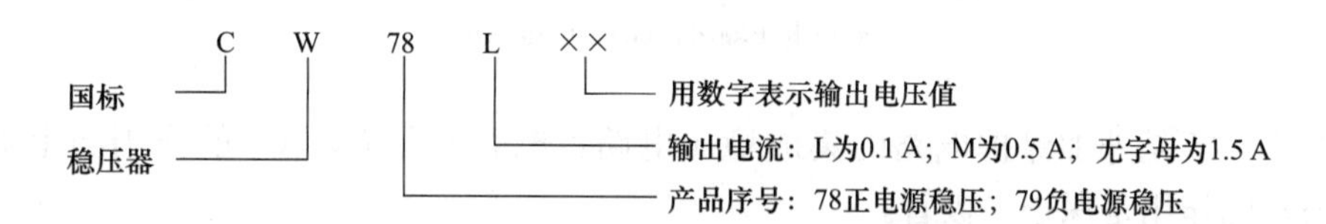

图 3.1－42　三端固定式集成稳压器型号组成

(4)工程应用。

①在装接集成稳压器时，引脚不能接错，各引脚都要接好才能通电，不能在通电的状况下进行焊接，否则容易损坏。

②整流电源变压器的次级电压不能过高或过低。

2. 三端可调式集成稳压器

(1)引脚功能。三端可调式集成稳压器不仅输出电压可调，且稳压性能优于固定式，被称为第二代三端集成稳压器。三端可调式集成稳压器分为正电压输出和负电压输出两类，其引脚排列如图 3.1－43 所示。

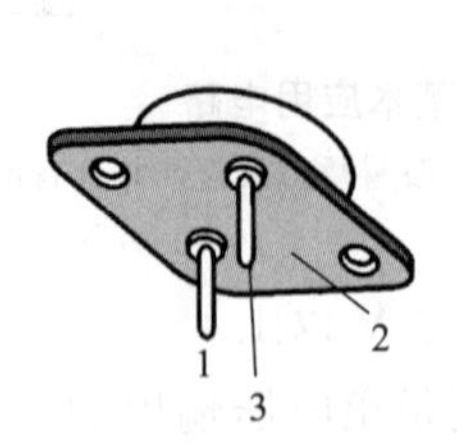

图 3.1－43 三端可调式集成稳压器的封装及引脚排列

W117××/W217××/W317××系列是正电压输出，1 脚为调整端，2 脚为输出端，3 脚为输入端。

W137××/W237××/W337××系列是负电压输出，1 脚为调整端，2 脚为输入端，3 脚为输出端。

(2)电路接法。三端可调式集成稳压器接线如图 3.1－44 所示，其中 R_P 和 R_1 组成取样电阻分压器，在输入端并联电容 C_1 用于旁路输入高频干扰信号，输出端的电容 C_3 用来消除输出电压的波动，并具有消振作用。电容 C_2 可消除 R_P 上的纹波电压，使取样电压稳定。

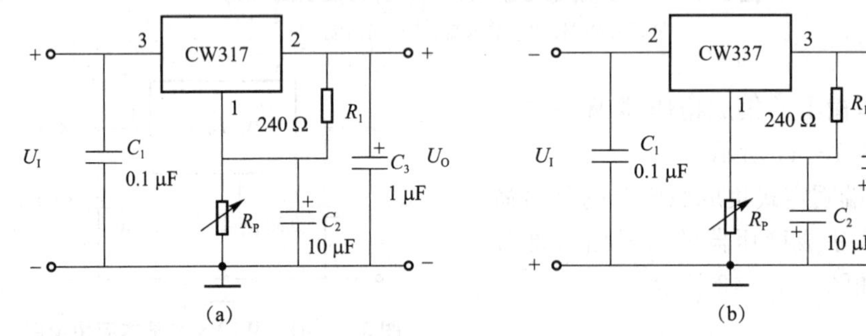

图 3.1－44 三端可调式集成稳压器接线

(a)正电压输出；(b)负电压输出

图 3.1－45 是外加保护电路的集成稳压电路，电容 C_1、C_2、C_3 的作用与上面相同。VD_1、VD_2 的作用是保护二极管。

为了使电路正常工作，一般输出电流不小于 5 mA。输入电压范围在 3～40 V 内，输出电压可调范围为 1.25～37 V，器件最大输出电流约 1.5 A。

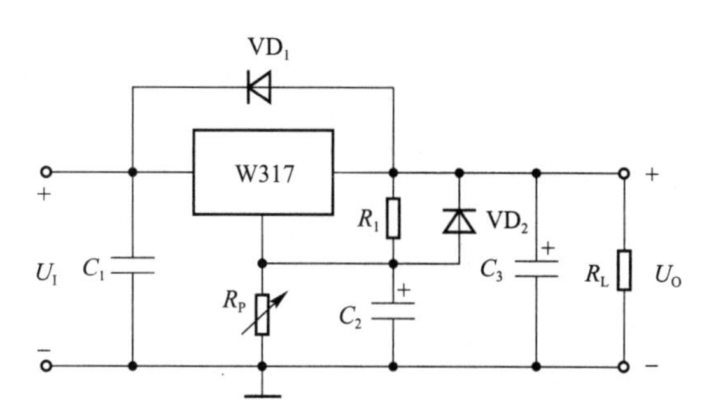

图 3.1－45　外加保护电路的集成稳压电路

(3)国产三端可调式集成稳压器的型号命名。三端可调式集成稳压器的型号由五部分组成，其意义如图 3.1－46 所示。

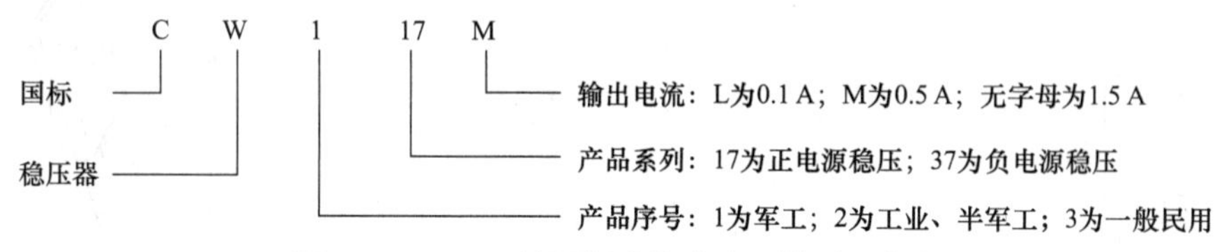

图 3.1－46　三端可调式集成稳压器型号命名

(4)工程应用。

①三端可调式集成稳压器 CW317 不加散热器时功耗为 1 W 左右，当加散热器时功耗可达20 W，故需在三端可调式集成稳压器上加装散热片。

②三端可调式集成稳压器的引脚不能接错，同时应注意接地端不能悬空，否则容易损坏稳压器。

③当三端可调式集成稳压器输出电压大于 25 V 或输出端的滤波电容大于 25 μF 时，三端可调式集成稳压器需外接保护二极管。

(六)元件清点及检测

按表 3.1－5 所列清单清点元器件，根据前面的介绍对相关元器件进行检测，并将相关数据填入表 3.1－5 中。色环电阻器：识读标称阻值并用万用表检测其实际阻值；电解电容：识别判断其正负极性并用万用表检测其质量好坏；涤纶电容：识读其容量并用万用表检测其质量好坏；二极管：识别判断其正负极性并用万用表测其正反向电阻和质量；集成电路：识别其引脚排列方式。

表 3.1－5　元器件检测表

元件类型	器件	型号	数量	检测情况
电容	C_1	2 200 μF	1	标识： 漏阻：
	C_2	10 μF	1	标识： 漏阻：
	C_3	220 μF	1	标识： 漏阻：

续表

元件类型		器件	型号	数量	检测情况
二极管		VD_1、VD_2、VD_3、VD_4	1N4007	4	正向阻值： 反向阻值：
		VD_5、VD_6	1N4007	2	
电阻	电阻	R_1	220 Ω	1	色环： 实测阻值：
	电位器	R_P	10 kΩ	1	标识： 实测阻值：
三端稳压器		U	LM317	1	三脚排列情况： 1 2 3
变压器			输出交流 9 V 或 18 V	1	初级线圈 $R=$ Ω 次级线圈 $R=$ Ω
排线			20 cm	2 根	
鳄鱼夹			红、黑	1 对	

四、电路装配图

按图 3.1－47 所示装配电路。

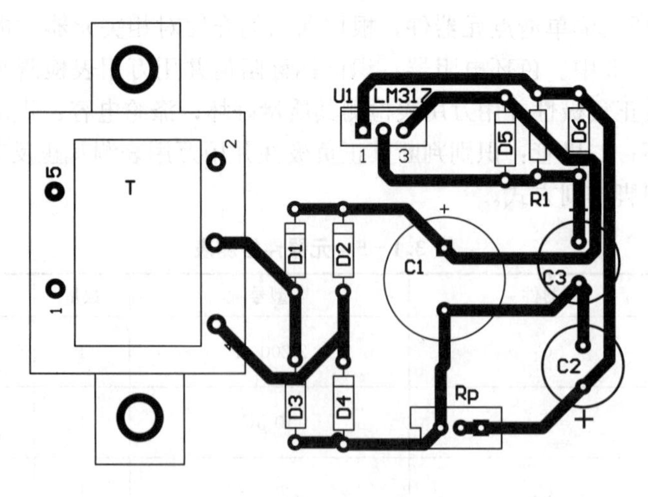

图 3.1－47 电路装配图

五、电路装配与调试

1. 安装要求

（1）根据装配图及原理图，按电路板手工焊接及拆焊章节中元器件插装工艺要求正确安装元器件。

（2）电阻采用水平安装，贴紧印制板，注意电阻的色标必须一致。可调电阻器采用直立安装并紧贴印制板，注意3个脚的位置。整流二极管、开关二极管采用水平安装，贴紧印制板，注意二极管的方向。电解电容直立安装，电解电容离印制板不大于4 mm，极性要正确。所焊接元件的焊点大小应适中，无漏、假、虚、连焊，焊点光滑、圆润、干净，无毛刺；导线长度、剥头长度应符合工艺要求，芯线完好，捻头镀锡。

（3）安装三端稳压电源LM317时，先将散热片和三端稳压电源LM317用螺钉组装好，再将LM317直立插入线路板。所有插入焊盘孔的元器件脚及导线均采用直脚焊接，剪脚留头在焊接面以上0.5～1 mm。电源变压器用螺钉紧固在印制板上，螺母均放在导线面，伸长的螺钉用作支撑架；变压器的一次绕组向外，电源线由印制板导线面穿过电源线孔，打结后与一次绕组引出线焊接，焊接后需用绝缘胶布恢复绝缘。

2. 元器件成形的工艺要求

元器件的引线要根据焊盘插孔和安装要求弯折成所需要的形状，均按第二部分实训一“电路板手工焊接及拆焊”中的二的要求完成。

3. 元器件成形加工

元器件预加工处理主要包括引线的校直、表面清洁及搪锡3个步骤(视元器件引脚的可焊性也可省略这3个步骤)，均按第二部分实训一“电路板手工焊接及拆焊”中的二的要求完成。

4. 调试

（1）核对、检查，确认安装、焊接无误后，即可通电调试。

（2）由于使用元器件数量少、电路可靠性高，故只要元器件无质量问题，通电后即可在各输出端输出正常电压。

（3）测量关键点的工作电压(说明：非直流信号还需要观察关键点的工作波形)，填入表3.1－6中。

表3.1－6　稳压电路技训表

测试内容	测试记录
电源变压器初、次级电压	初级电压
	次级电压
C_1 两端的电压	
C_3 两端的电压	调节电位器电压变化范围：

实训二 助听器电路制作

实训目标

知识目标：

(1)通过助听器电路制作理解多级放大电路的工作原理和典型负反馈环节的应用。

(2)了解万能电路板手工设计的原则、要求及设计技巧。

(3)熟读色环电阻、检测电位器、电容、三极管、扬声器、耳机等元器件。

能力目标：

(1)掌握电路板的设计方法，能自主完成万能电路板的电路设计、安装。

(2)能正确使用各种仪器检测各种元器件，学会用示波器观察输入、输出波形，并具有排除电路简单故障的能力。

实训仪器：

万能电路板一块，电阻、电容等助听器实训套件一套，焊锡丝，电烙铁，吸锡器，松香，镊子，斜口钳，美工刀一把，万用表，示波器等。

一、电路原理图

助听器电路原理图如图 3.2－1 所示。

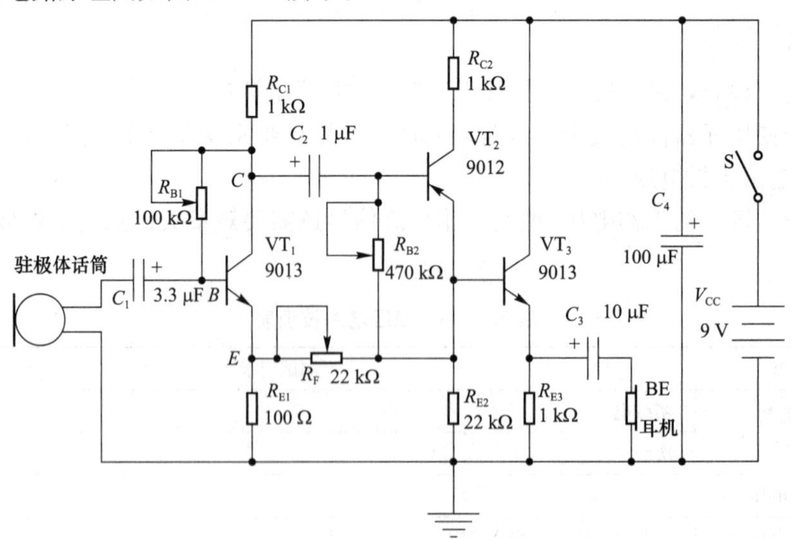

图 3.2－1 电路原理图

二、电路工作原理

(1)图中 VT_1 为 NPN 双极性晶体管 9013，它构成第一级电压放大电路。图中 R_{B1} 构成电压并联负反馈(对交流信号，C 点的极性与 B 点相反，所以为负反馈；由 C 点取出的信号为电压信号，它与在 B 点的输入信号构成并联关系，所以它构成了电压并联负反馈)。

(2)图中 VT_2 为 PNP 双极性晶体管 9012，由它构成第二级电压放大电路。与上述同理，R_{B2} 构成电压并联负反馈。此外，由 R_F 构成电压串联负反馈。以上这些反馈环节将稳定静态工作点并减少失真，从而显著地改善了助听器的声音品质。

(3)VT_3 为 NPN 双极性晶体管 9013，VT_3 构成射极输出器，它实质是一个电流(或功率)放大环节。

三、元器件选择、识别与检测

电阻、电位器、电容、三极管等元器件的识别与检测在前面章节已经介绍过了，这里不再赘述，检测时参考前面章节。

1. 驻极体话筒(微型麦克风)

驻极体话筒属于电容式话筒的一种，具有体积小、结构简单、电声性能好和价格低的特点，广泛应用于录音机、无线话筒及声控等电路中。

驻极体话筒内部含有一个场效应晶体管作放大用，因此拾音灵敏度较高、输出音频信号较大。话筒的底部有 2～3 个焊点，其中与金属外壳相连的是接地端。

1)外观及符号

驻极体话筒符号及实物如图 3.2－2 所示。

2)内部结构及工作原理

内部电路如图 3.2－3 所示，驻极体就是某电介质在外电场作用下会产生表面电荷，即使除去外电场，表面电荷仍然留驻在电介质上，这类电介质就被称为驻极体。

(a)

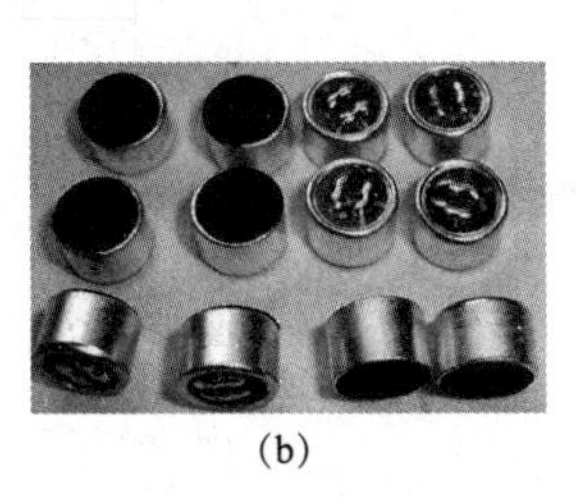

(b)

图 3.2－2　驻极体话筒实物

(a)电路符号；(b)外观

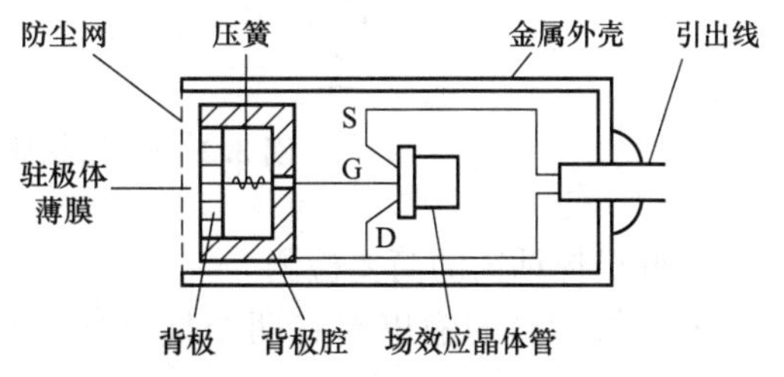

图 3.2－3　驻极体话筒内部结构

由于驻极体话筒是一种高阻抗器件，不能直接与音频放大器匹配，使用时必须采用阻抗变换，使其输出阻抗呈低阻抗，因此在驻极体话筒内接入了一只输入阻抗高、噪声系数小的结型场效应管作阻抗变换。

工作原理：驻极体振动膜是声电转换的关键元件。由于驻极体薄膜片(通常厚度为10～12 μm)上有自由电荷，当声波的作用使薄膜片产生振动时电容的两极之间就有了电荷，于是改变了静态电容，电容量的改变使电容的输出端之间产生了随声波变化而变化的交变电压信号，从而完成声电转换。

3)驻极体话筒的种类

驻极体话筒按结构可分为振膜驻极体话筒和背极驻极体话筒。

从输出端看有二端式驻极体话筒和三端式驻极体话筒，如图 3.2－4、图 3.2－5 所示。

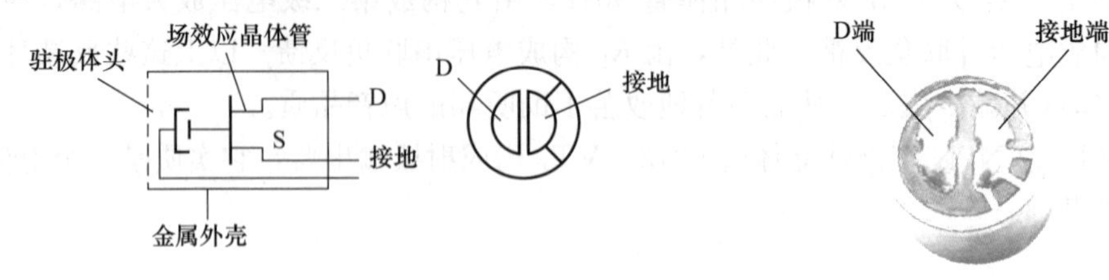

图 3.2－4　二端式驻极体话筒

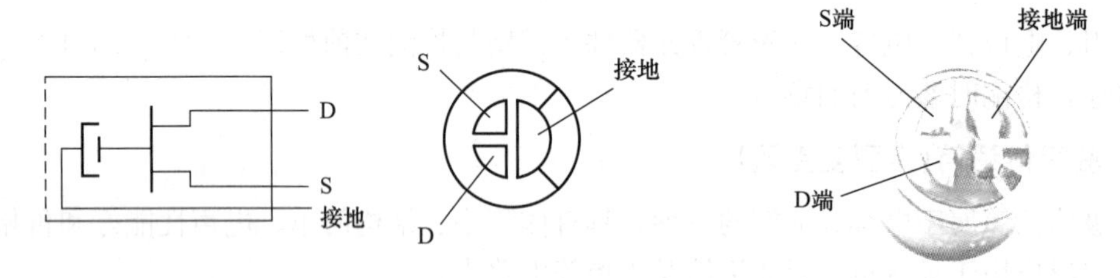

图 3.2－5　三端式驻极体话筒

4)驻极体话筒在电路中的连接方式

驻极体话筒在电路中有两种连接方式，如图 3.2－6 所示。

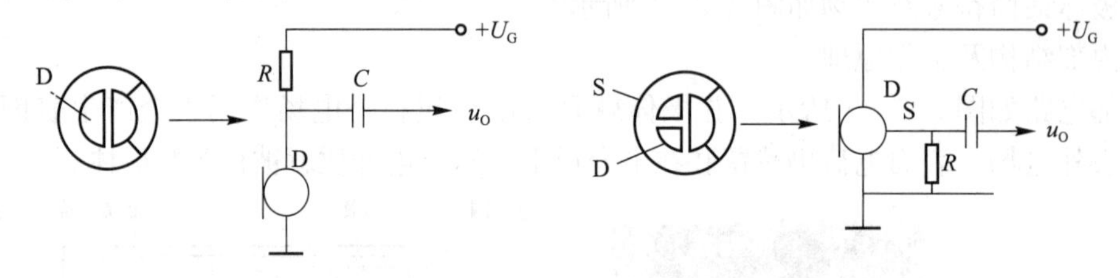

图 3.2－6　驻极体话筒的电路连接方式

5)驻极体话筒的简要检测

驻极体话筒的输出端有两个接点或 3 个接点之分。输出端为两个接点的即外壳、驻极体和结型场效应晶体管的源极 S 相连为接地端，余下的一个接点则是漏极 D；3 个接点的输出端即漏极 D、源极 S 与接地电极分开呈 3 个接点。驻极体话筒接线如图 3.2－7 所示。

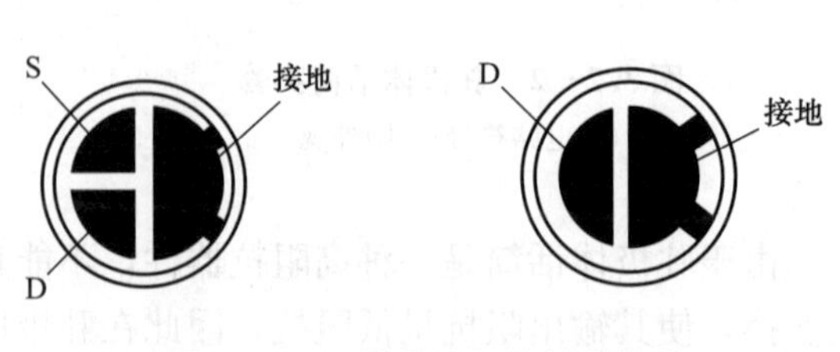

图 3.2－7　常见驻极体话筒接线

(1)输出端有两个接点的驻极体话筒的检测。将万用表拨至“$R\times1\text{K}$”挡，把黑表笔接在漏极D接点上，红表笔接在接地点上，用嘴吹传声器并同时观察万用表指针的变化情况。若指针无变化，则传声器失效；若指针出现摆动，则传声器工作正常。摆动幅度越大，说明传声器的灵敏度越高。

(2)输出端有3个接点的驻极体话筒的检测。先对除接地点以外的另两个接点进行极性判别：图3.2－8是驻极体话筒的内部接线。由图3.2－8可知，源极S和栅极G间接有一只二极管，利用二极管的单向导电性可判断出S和D。

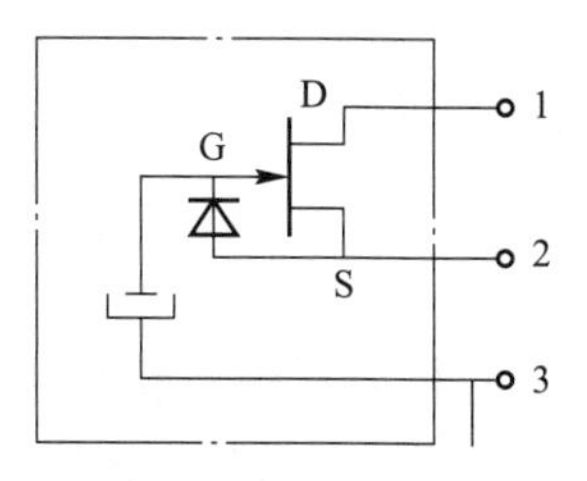

图3.2－8　驻极体话筒内部接线

方法：将万用表拨至“$R\times1\text{K}$”挡，并将两表笔分别接在两个被测接点上(见图3.2－9)，读出万用表指针所指的阻值，交换表笔重复上述操作，即可得另一个阻值，然后比较两阻值的大小。在阻值小的那次操作中，黑表笔接的为源极S，红表笔接的则为漏极D。

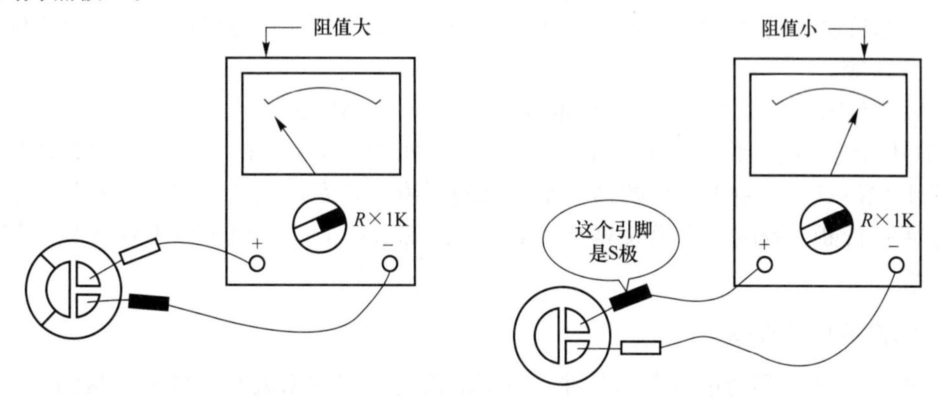

图3.2－9　驻极体话筒漏极D和源极S的检测

然后保持万用表“$R\times1\text{K}$”挡不变，将黑表笔接在漏极D接点上，红表笔接源极S，并同时接地，再进行与有两个输出接点的驻极体话筒检测的相同操作(见图3.2－10)来判别驻极体话筒的性能。

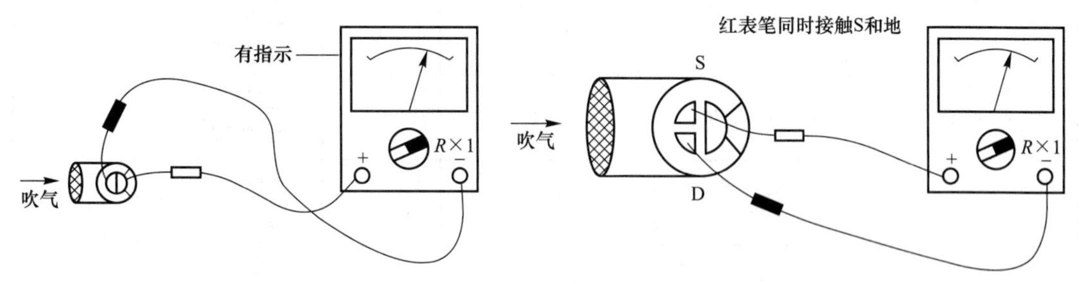

图3.2－10　驻极体话筒性能的判别

2. 耳机

(1)耳机也是一种常见的电声转换器件，主要用于个人倾听，一般功率在0.25 W以下，外形如图3.2－11所示。耳机的文字符号为BE，图形符号如图3.2－12所示。

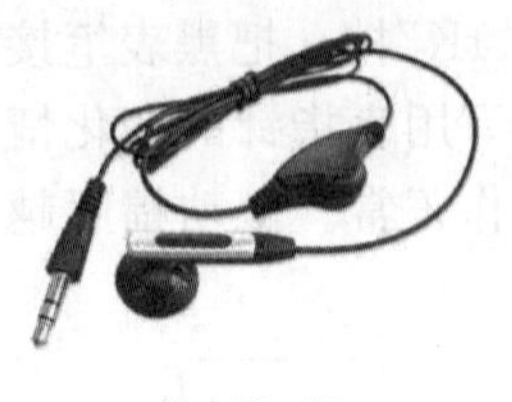

单声道耳机

头戴式耳机

立体声耳机

图 3.2-11　常见的耳机外形

BE

图 3.2-12　耳机的图形符号

立体声耳机一般均有左、右声道，分别用“L”和“R”表示，使用时应注意“L”应戴在左耳、“R”戴在右耳，这样才能聆听到正常的立体声。

(2)耳机的参数。

①额定功率。它指耳机在长期正常工作时所能输入的最大电功率。耳机的额定功率一般在 0.25 W 以下。

②标称阻值。低阻抗耳机有 8 Ω、10 Ω、16 Ω 和 32 Ω 等；高阻抗耳机有 600 Ω、800 Ω 和 15 kΩ 等。

③频率范围。它指耳机能有效地重放音频信号的频率范围。

(3)耳机的检测。将万用表拨至“$R\times1$”挡，两表笔触碰耳机插头的两引线脚时，耳机应发出“喀喀”声。由于耳机的体积小、结构紧凑、音圈用线细、连接线轻软，会经常发生连接线折断、音圈与音膜脱离及音圈引出线断开等故障，出现以上情况只要把断线焊上即可。

3. 元件清点及检测

按表 3.2-1 所列清单清点元器件，根据前面的介绍对相关元器件进行检测，并将相关数据填入表 3.2-1 中。开关：识别动合和动断开关并用万用表检测其质量；驻极体话筒：判别其灵敏性；三极管：测其管型并判别其引脚排列。

表 3.2-1　元器件检测表

元件类型	器件	标称阻值	数量	检测情况
电阻	R_{E1}	100 Ω	1	色环： 实测阻值：
	R_{C1}、R_{C2}、R_{E3}	1 kΩ	3	色环： 实测阻值：
	R_{E2}	22 kΩ	1	色环： 实测阻值：
电位器	R_{B1}	100 kΩ	1	标识： 实测阻值：
	R_{B2}	470 kΩ	1	标识： 实测阻值：
	R_{F}	22 kΩ	1	标识： 实测阻值：

续表

元件类型		器件	标称阻值	数量	检测情况
电解电容		C_1	3.3 μF	1	标识： 漏阻：
		C_2	1 μF	1	标识： 漏阻：
		C_3	10 μF	1	标识： 漏阻：
		C_4	100 μF	1	标识： 漏阻：
三极管	NPN	VT_1、VT_3	9013	2	管型： 引脚排列：
	PNP	VT_2	9012	1	管型： 引脚排列：
驻极体话筒		MIC		1	灵敏度：
耳机				1	阻值：

四、电路装配图

本实训没有提供装配图，要求学生根据原理图在万能电路板上自行设计布局。万能电路板如图 3.2－13 所示。

图 3.2－13　万能电路板

1. 布局时注意的事项

与普通洞洞板的区别是每一行的孔都是连在一起的，这就要求在布局时要注意以下几点。

(1)所有的元器件都要竖直排列，若水平安装，元件水平方向的两个引脚就短路了。

(2)对于某些元件如集成块，双列对应的两个引脚在安装时由于电路板的原因总是连在一起的，除非特殊情况，一般是不允许的，必要时可用小刀或者打磨机割断某处铜箔，将不该连在一起的电路断开，如图 3.2－14 所示。

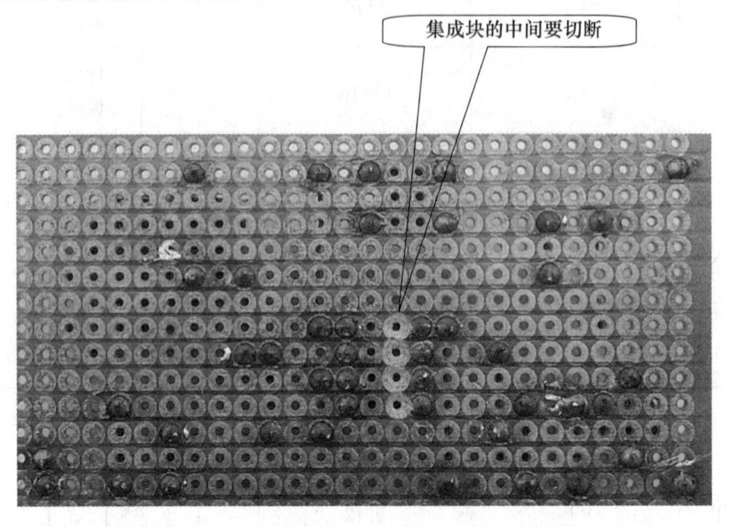

图 3.2－14　布局中可能出现的故障

(3)为了电路的美观、整洁，元器件不允许斜着安装。为了安全，不管是元件还是跳线都不允许交叉布局。如图 3.2－15 所示为助听器整体电路布局。

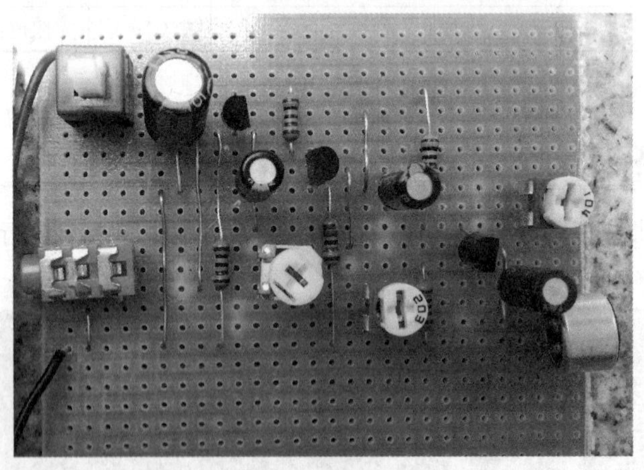

图 3.2－15　助听器整体电路布局

(4)元器件布局要合理，事先一定要规划好，若没有充分把握，最好先在纸上设计，模拟一下元件的排列及走线过程。在设计时一定要事先了解实际元器件在板上所占的空间，才能合理安排。

学生设计的装配接线图如图 3.2－16 所示。

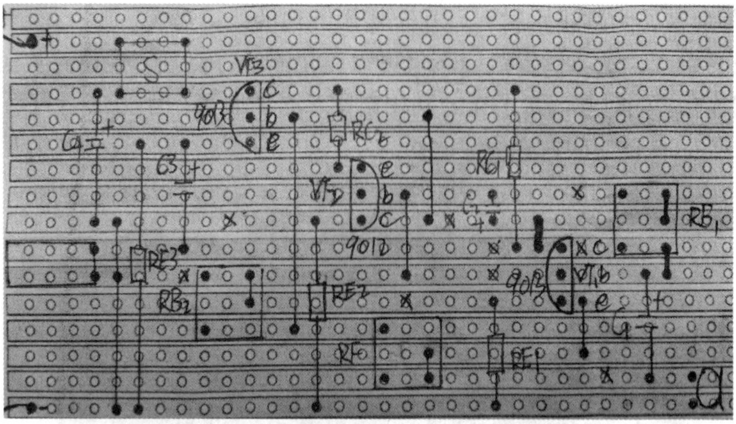

图 3.2－16　学生设计的装配接线图

学生装配的作品如图 3.2－17 所示。

图 3.2－17　学生装配的作品

(5)布局时要考虑：每个单元电路，应以核心器件为中心，围绕它进行布局；热敏组件要远离发热组件；布置可调器件时要考虑调节方便与否；对称式的电路，如推挽功放、差动放大器、桥式电路等，应注意组件的对称性，尽可能使其分布参数一致。

2. 制作安装时的注意事项

(1)根据原理图的复杂程度确定板子大概可用尺寸，假如万能电路板的焊盘上面已经被氧化，那么需要用水砂皮过水打磨，直至砂亮为止，吹干后涂抹酒精松香溶液，晾干后待用；如果元器件引脚被氧化，用刀片等工具刮掉氧化层后，做镀锡处理待焊接；导线剥开后绝缘层剥离长度要控制，以免焊接后容易和别的线短路；导线两端需要做镀锡处理后，待焊接。

(2)先确定电源、地线的布局。电源贯穿电路始终，合理的电源布局对简化电路起到十分关键的作用。用不同颜色的导线表示不同的信号，同一个信号最好用一种颜色。走线要规整。

(3)按插装工艺要求安装元器件，焊接工艺按照焊接五步法要求去做。

(4)善于利用元器件的引脚。洞洞板的焊接需要大量的跨接、跳线等，可以把剪断的元器件引脚收集起来作为跳线用材料，甚至比用其他的线更美观。

(5)善于设置跳线。适当设置跳线不仅可以简化连线，而且可使电路更美观。

(6)在使用连孔板的时候，为了充分利用空间，必要时可用小刀或者打磨机割断某处铜箔，这样就可以在有限的空间放置更多的元器件。如图中黄圈这一行有 3 组互不连接的元器件，由于空间所限又要放在同一行，中间就需要在适当位置切割开来，如图 3.2－18 所示。

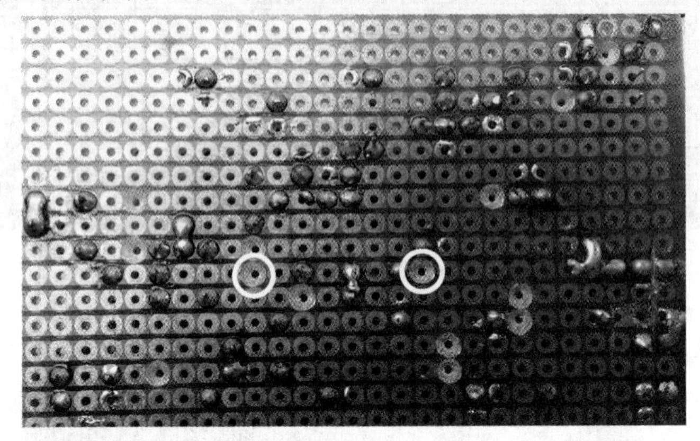

图 3.2－18　电路布局示意图

五、电路装配与调试

1. 元器件的插装、焊接

按原理图设计电路并在万能电路板上完成电路装配及焊接。各元器件按图纸的指定位置、孔距进行插装、焊接，电阻、电容、二极管、三极管、集成电路插座、电位器等均按第二部分实训一“电路板手工焊接及拆焊”中二的要求完成。

2. 元器件成形的工艺要求

元器件的引线要根据焊盘插孔和安装要求弯折成所需要的形状，均按第二部分实训一“电路板手工焊接及拆焊”中二的要求完成。

3. 元器件成形加工

元器件预加工处理主要包括引线的校直、表面清洁及搪锡 3 个步骤(视元器件引脚的可焊性也可省略这 3 个步骤)，均按第二部分实训一“电路板手工焊接及拆焊”中二的要求完成。

4. 调试

(1)为调节 VT_1 和 VT_2 的静态工作点，图中的 R_{B1}、R_{B2} 采用相应的电位器进行整定。图中的 R_F 也采用相应的电位器调节反馈量。

(2)为观察电路的失真度，传声器由函数信号发生器接入正弦信号，其峰-峰值 $U_{ipp}=30\ mV$，频率 $f=1\ 000\ Hz$，而耳机则以 27 Ω 左右的电阻代替。用示波器观察输入和输出的电压波形，在图 3.2－19 中画出观察到的波形并估算出助听器的电压放大倍数。调节电位器，观察其失真程度并分析其原因。

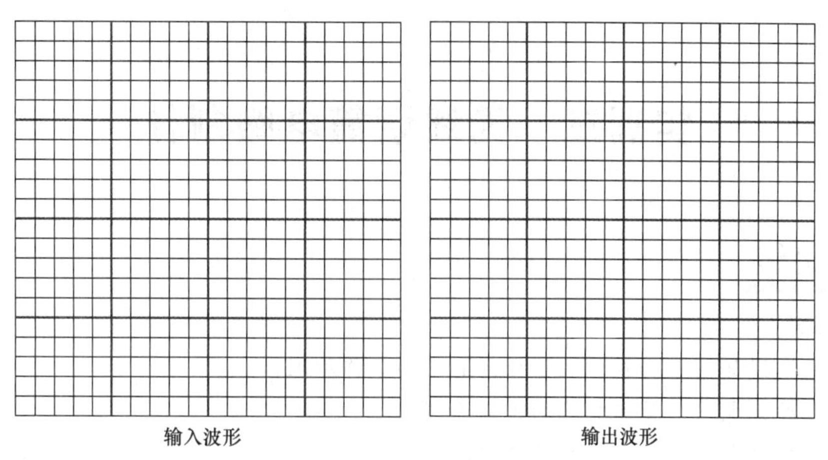

图 3.2－19　输入输出波形

电压放大倍数 $A_V \approx$________。

5. 调试注意事项

(1)在开始使用直流电源和信号源时，要将输出电压调至最低，待接好线后再逐步将电压增至规定值。

(2)示波器探头的公共端(或地端)与示波器机壳及插头的接地端是相通的，测量时容易产生事故，特别是在电力电子线路中更危险，因此示波器的插座应经隔离变压器供电；否则应将示波器插头的接地端除去。

(3)学会信号发生器的使用，观察并理解各种调节开关和旋钮的作用，明确频率与幅值显示的数值与单位。

(4)要学会双踪示波器的使用，掌握辉度、聚焦、X 轴位移、Y 轴位移、同步、(AC、⏚、DC)开关、幅值[Y 轴电压灵敏度(V/div)]及扫描时间[即 X 轴每格所代表的时间(μs/div 或 ms/div)]等旋钮的使用和识别。

附：万能板装配设计图纸，如图 3.2－20 所示。

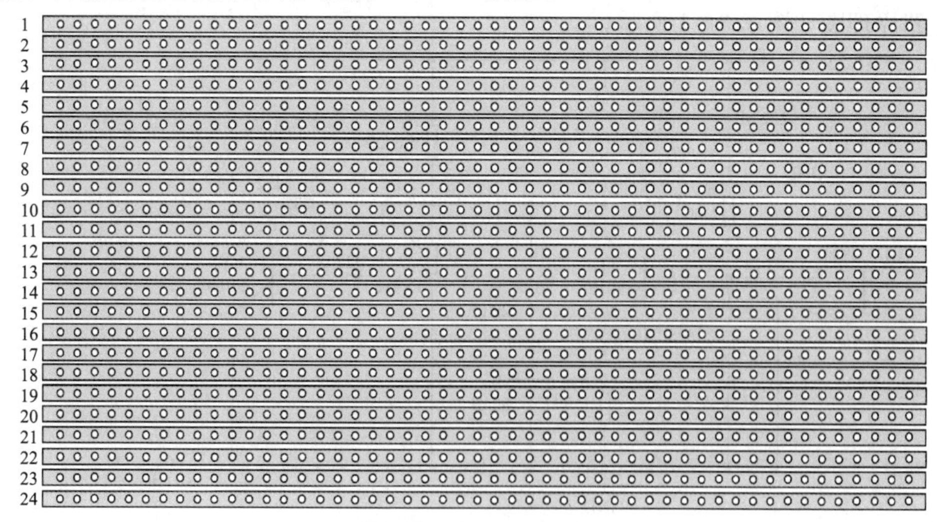

图 3.2－20　设计图纸

实训三　无线话筒电路制作

实训目标

知识目标：

(1)通过无线话筒电路制作认识振荡电路的工作原理。

(2)了解放大电路、反馈电路的工作原理。

(3)了解振荡电路振荡频率的调整方法。

(4)能熟读并检测色环电阻、电容、电感、三极管、扬声器等元器件。

能力目标：

能根据电路原理图设计制作简单的印制电路板，并能自主完成整个电路安装制作，正确使用各种仪器，检测各种元器件，学会用直流电压测量法判断振荡电路是否起振的方法，并具有排除电路简单故障的能力。

实训仪器：

敷铜板一块，电阻、电容等实训套件一套，焊锡丝，电烙铁，吸锡器，松香，镊子，斜口钳，万用表，示波器，电钻一把，复写纸，铅笔，美工刀一把或激光打印机一台，热转印纸，热转印机一台，三氯化铁腐蚀剂等。

一、电路原理图

电路原理图如图 3.3－1 所示。

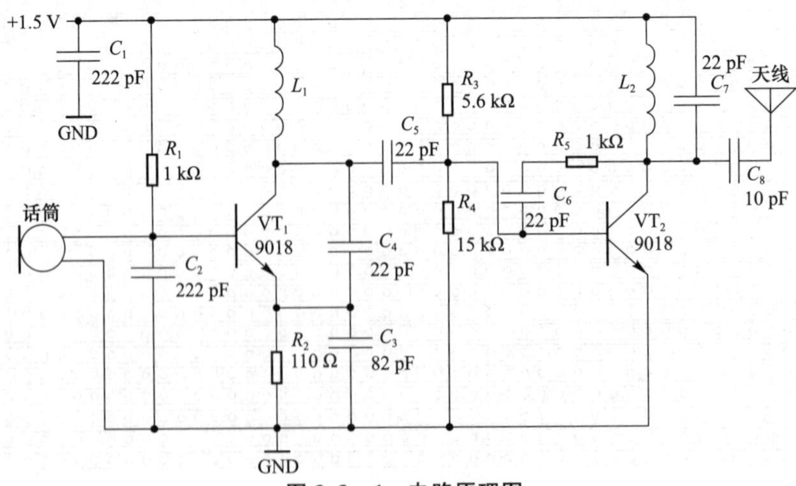

图 3.3－1　电路原理图

二、电路工作原理

本电路制作思路是将人的声音经过话筒的调制发射电路发射出去，再利用调频收音机接收下来。

使用无线话筒的发射频率范围要避开当地电台的范围。

R_1 为话筒的负载电阻，R_1 同时是 VT_1 的基极偏置电阻，给三极管提供一定的基极电流，使 VT_1 工作在放大状态。调制器由 VT_1、R_1、R_2、C_3、C_4 和 L_1 组成共基极电容三点式调频振荡电路，产生高频载波。驻极体话筒产生的音频信号作用于调制器 VT_1 的发射结作为调制电压，该电压的大小直接改变着晶体管发射结的结电容，结电容作为回路参数的一部分，影响高频载波的频率(该电路由于基极接有 C_2，对高频是基极接地，对音频则是集电极接地，集电极经 L_1 接电源，集电结电容 C_C 实际上并联在振荡回路两端)。因此，随音频信号变化，振荡频率也相应发生变化，从而获得调频信号。调节 L_1 线圈的匝数，可使振荡器的振荡频率落在 88～108 MHz 的范围内；由 VT_2 及其外围元件组成放大电路，对前级调频信号进行放大，使有效发射距离更远，且发射状态对振荡器频率的影响得以减小。声音经拾音器进来，由发射天线发射出去。发射距离约 80 m，采用调频方式发射。

电路特点如下：

(1)调制器采用直接调频法，其频率稳定、可靠。

(2)采用驻极体电容式话筒。该话筒内藏有一只场效应管组成射随器，其灵敏度较高、频响宽，采用此话筒不加音频放大器即可得到幅度适当的调制电压。

(3)各级均有调整元件，调试方便。VT_1 可调 L_1 以改变频率，VT_2 可调 L_2 以获得最大输出。

三、元器件选择、识别与检测

电阻、电容、三极管、驻极体话筒等元器件的识别与检测在前面已经介绍过了，这里不再赘述，检测时参考前面内容。

(一)电感线圈的识别与检测

1. 电感的结构与符号

电感线圈由导线一圈靠一圈地绕在绝缘管上，导线彼此互相绝缘，而绝缘管可以是空心的，也可以包含铁芯或磁粉芯，简称电感。

电感的文字符号：L。

电感的图形符号如图 3.3－2 所示。

图 3.3－2 电感线圈图形符号

(a)电感器(不带铁芯)；(b)电感器(带铁芯)

2. 电感的功能

电感器和电容器一样，也是一种储能元件，它能把电能转变为磁场能，并在磁场中储存能量。

经常和电容器一起工作，构成 LC 滤波器、LC 振荡器等，起滤除高频杂波的作用。

电感器的特性与电容的特性相反，它具有阻止交流电通过而让直流电通过的特性，起扼流滤波作用，利用电感的这一特性制造了扼流圈、变压器、继电器等。

3. 电感的分类

1)分类

按电感形式分类，可分为固定电感、可变电感。

按导磁体性质分类，可分为空芯线圈、铁氧体线圈、铁芯线圈、铜芯线圈。

按工作性质分类，可分为天线线圈、振荡线圈、扼流线圈、陷波线圈、偏转线圈。

按绕线结构分类，可分为单层线圈、多层线圈、蜂房式线圈。

2)常见的电感

常见电感如图 3.3-3 至图 3.3-11 所示。

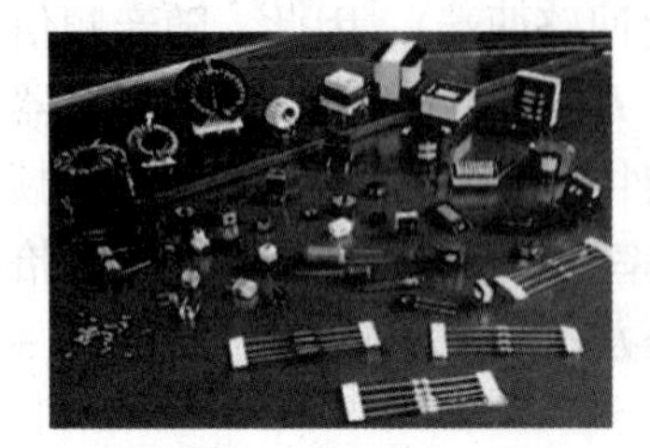

图 3.3-3 固定电感器

图 3.3-4 “工”字形电感器

图 3.3-5 “尖波杀手”电感器

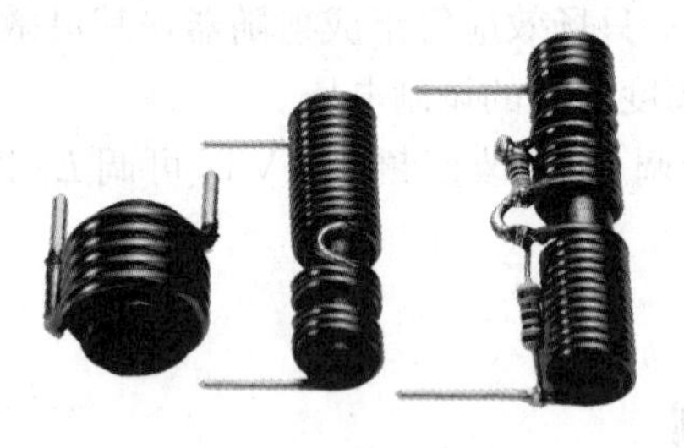

图 3.3-6 棒装线圈

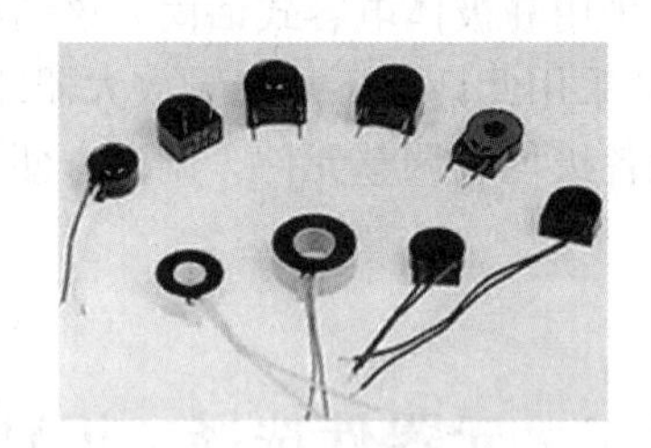

图 3.3-7 电流感测器

图 3.3-8 电流变换器

图 3.3-9 可调电感

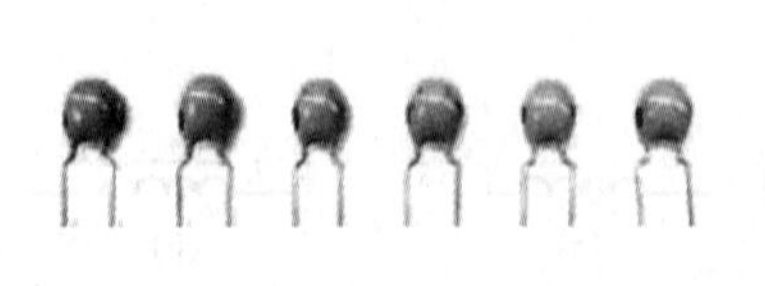

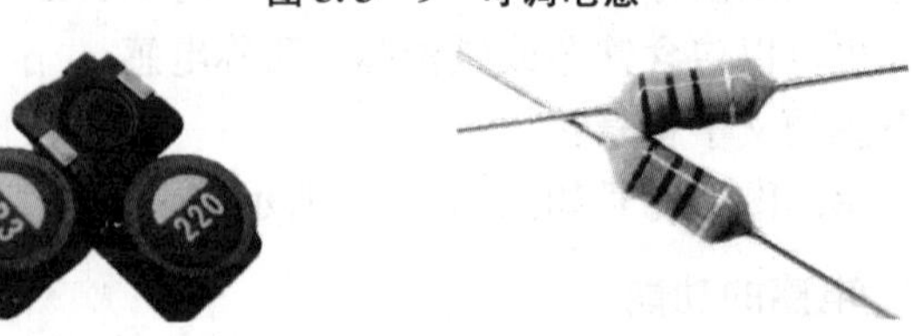

图 3.3-10 TDK 电感

图 3.3-11 色环电感

4. 电感器的型号命名方法

电感元件的型号一般由下列四部分组成，如图 3.3－12 所示。

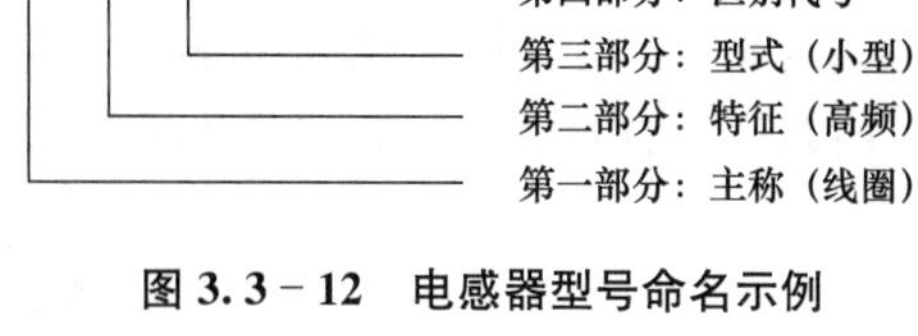

图 3.3－12　电感器型号命名示例

第一部分：主称，用字母表示，其中 L 代表电感线圈，ZL 代表阻流圈。

第二部分：特征，用字母表示，其中 G 代表高频。

第三部分：型式，用字母表示，其中 X 代表小型。

第四部分：区别代号，用数字或字母表示。

例如：LGX 型为小型高频电感线圈。

目前固定电感线圈的型号命名方法各生产厂有所不同，尚无统一的标准。

5. 电感的主要特性参数

1)电感量 L

表示线圈本身固有特性，与线圈匝数、直径、内部有无磁芯、绕制方式等有直接关系。圈数越多，电感量越大；线圈内有铁芯、磁芯的，比无铁芯、磁芯的电感量大。电感量的单位是亨，用 H 表示。常用的有毫亨(mH)、微亨(μH)、纳亨(nH)。换算关系为：

$$1\ \text{H}=10^3\ \text{mH}=10^6\ \mu\text{H}=10^9\ \text{nH}$$

除专门的电感线圈(色码电感)外，电感量一般不专门标注在线圈上，而以特定的名称标注。电感一般有直标法和色标法等。

(1)直标法。直标法是将电感的标称电感量(标称值)用数字和文字符号直接标在电感体上，电感量单位后面的字母表示偏差，如图 3.3－13 所示。

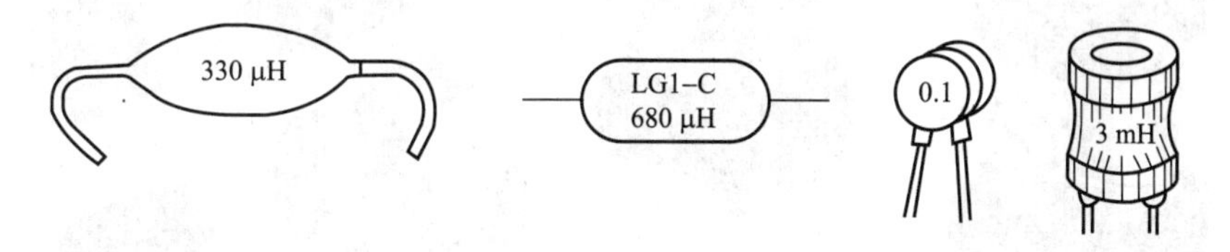

图 3.3－13　直标法

(2)文字符号法。文字符号法是将电感的标称值和偏差值用数字和文字符号按一定的规律组合标示在电感体上。采用文字符号法表示的电感通常是一些小功率电感，单位通常为 nH 或 μH。用 μH 作单位时，“R”表示小数点；用“nH”作单位时，“N”表示小数点。常见电感的文字符号表示法如图 3.3－14 所示。

图 3.3－14　文字符号法

例如，R47 表示电感量为 0.47 μH，3R3 则表示电感量为 3.3 μH，4R7 则表示电感量为 4.7 μH；10N 表示电感量为 10 nH。

(3)色标法。电感的外形有很多种，有的像电阻，有的像二极管，有的一看上去就是线圈。通常只有像电阻的那种电感才能读出电感值。与色环电阻相似，通常用 4 色环表示，如图 3.3－15 所示，紧靠电感体一端的为第一环，露着电感体本色较多的另一环为末环，前两位为有效数字，第三位为乘方数，第四位为偏差。

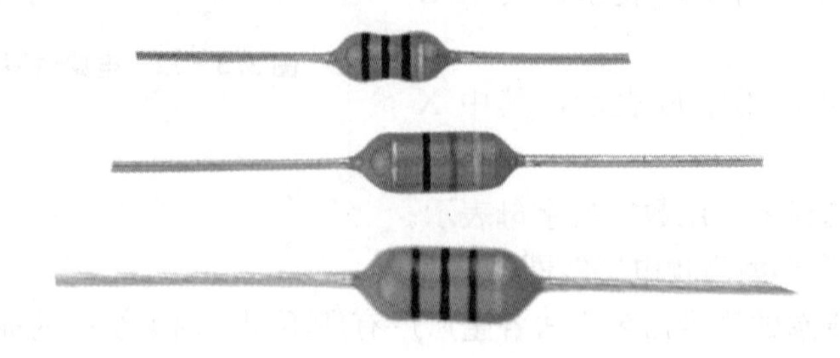

图 3.3－15　色标法

注意：用这种方法读出的色环电感量，默认单位为微亨(μH)。

例如，色环颜色分别为棕、灰、银、金的电感为 0.18 μH，误差为 5%。

色环电感与色环电阻的外形相近，使用时要注意区分。通常色环电感外形以短粗居多，而色环电阻通常为细长。

(4)数码表示法。数码表示法是用 3 位数字来表示电感量的方法，常用于贴片式电感上。常见电感的数码表示法如图 3.3－16 所示。

图 3.3－16　数码表示法

3 位数字中，从左至右的第一位、第二位为有效数字，第三位数字表示有效数字后面所加“0”的个数。注意：用这种方法读出的色环电感量，默认单位为微亨(μH)。如果电感量中有小数点，则用“R”表示，并占一位有效数字。

例如，标示为“330”的电感为 $33\times10^{0}=33$ μH，标示为“472”的电感为 4 700 μH。

有的固定电感器的电感量可用数字直接标在电感器的外壳上。电感量的允许误差用Ⅰ、Ⅱ、Ⅲ即±5%、±10%、±20%表示，直接标在电感器的外壳上。

2)感抗 X_L

电感线圈对交流电流阻碍作用的大小称为感抗 X_L，单位是 Ω。它与电感量 L 和交流电频率 f 的关系为 $X_L=2\pi f_L$。

3)品质因数 Q

品质因数 Q 是表示线圈质量的一个物理量，Q 为感抗 X_L 与其等效电阻的比值，即 $Q=X_L/R$。线圈的 Q 值越高，回路的损耗越小。线圈的 Q 值通常为几十到几百，Q 值高线圈损耗就小。

4)额定电流

它指线圈允许通过电流的大小，常以字母 A、B、C、D、E 来代表，标称电流分别为 50 mA、150 mA、300 mA、700 mA、1 600 mA。大体积的电感器、标称电流及电感量都在外壳上标明。

6. 电感的检测

如果要准确测量电感线圈的电感量 L 和品质因数 Q，就需要用专门仪器来进行测量。

一般用万用表欧姆挡“$R\times1$”或“$R\times10$”挡测电感器的阻值，若为无穷大，则表明电感器断路；若电阻很小，则说明电感器正常。电感线圈的电阻值与电感线圈所用漆包线的粗细、圈数多少有关。电阻值是否正常可通过相同型号的正常值进行比较。在电感量相同的多个电感器中，如果电阻值小，则表明 Q 值很高。

色码电感器的检测。将万用表置于“$R\times1$”挡，红、黑表笔各接色码电感器的任一引出端，此时指针应向右摆动。根据测出的电阻值大小，可具体分为下述 3 种情况进行鉴别。

(1)若被测色码电感器电阻值为零，则表明其内部有短路性故障。

(2)被测色码电感器直流电阻值的大小与绕制电感器线圈所用的漆包线径、绕制圈数有直接关系，只要能测出电阻值，就可认为被测色码电感器是正常的。

(3)若电阻值为无穷大，则表明其内部开路。

(二)开关的识别和检测

电气装置中会使用许多开关，开关的作用是断开、接通或转换电路，以控制电气装置的工作或停止工作。它们的种类及规格非常多，应用十分广泛。

1. 开关的结构与符号

开关的活动触点称为“极”，俗称“刀”；对应同一活动触点的静止触点数(即活动触点各种可能的位置)称为“位”，俗称“掷”。开关的性能规格常用“×极×位”或“×刀×掷”来表示，如图 3.3－17 所示。

开关的文字符号：S(一般开关)、SB(按钮开关)。

开关的图形符号如图 3.3－17 所示。

单极双位开关有一个活动触点和两个静止触点，可从两路中选择一路接通，依次类推。

2. 开关的分类及特点

1)开关的分类

开关的分类如图 3.3－18 所示。

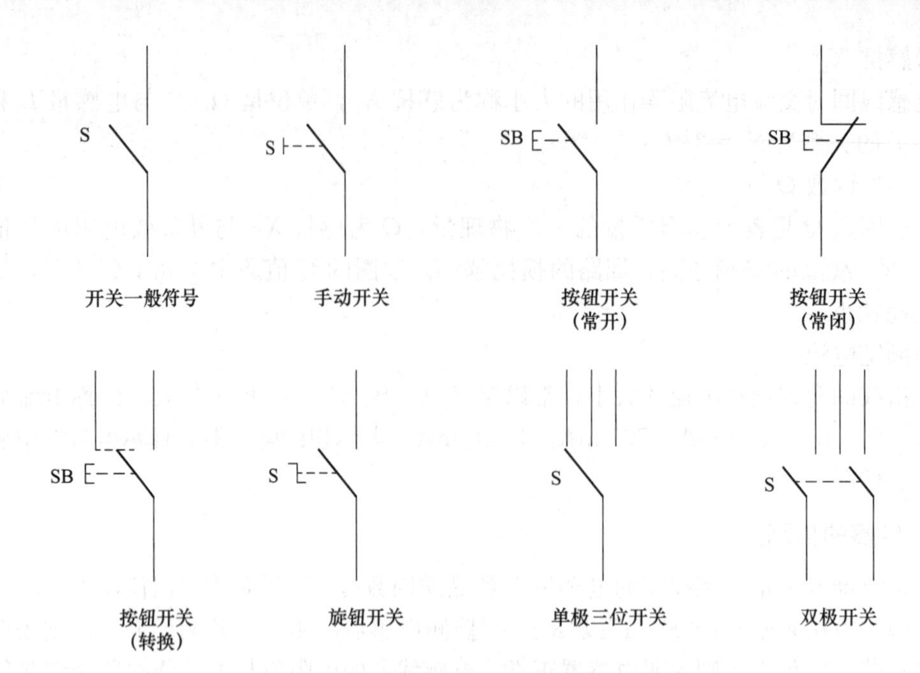

图 3.3－17 各类开关的图形符号

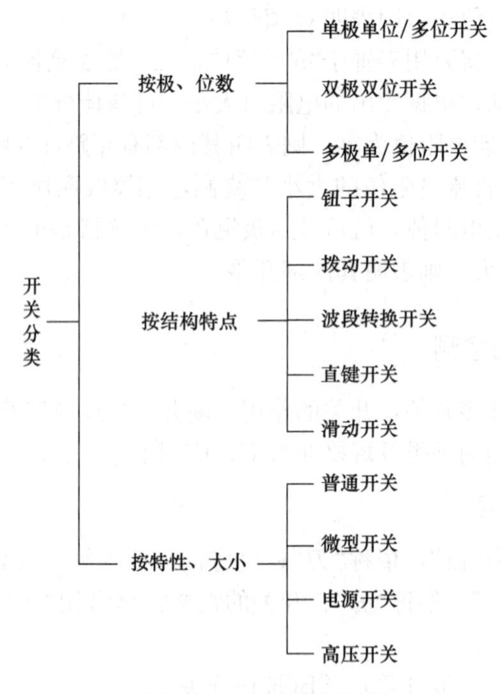

图 3.3－18 开关的分类

2）常用开关的特点

（1）机械开关。

①钮子开关，如图 3.3－19 所示，通常为单极双位或双极双位开关，其体积小，操作方便，工作电流为 0.5～5 A 不等，主要用作电源开关和状态转换开关。

图 3.3－19　钮子开关

②拨动开关是水平滑动换位式开关，采用切入式咬合接触，多为单极双位或双极双位开关，如图 3.3－20 所示，主要用作电源电路及工作状态电路的转换。

图 3.3－20　拨动开关

③波段转换开关，如图 3.3－21 所示，主要用于收音机、收录机、电视机及各种仪器仪表中，一般都是多极多位开关，如六极三位开关。按操作方式分类有旋转式、拨动式及杠杆式等，以旋转式多见。

图 3.3－21　波段转换开关

④直键开关，直键开关又称琴键开关，采用积木组合式结构，如图 3.3－22 所示，可作多极多位组合转换开关使用，在收录机中经常可见。直键开关的锁紧形式可分自锁、互锁、无锁 3 种。锁定是指按下开关键后位置即被固定，复位时需用复位键或其他键。

⑤按键开关，如图 3.3－23 所示，通过按动键帽，使开关触点接通或断开，从而达到电路切换的目的。常用于电信设备、电话机、自控设备、计算机及各种家用电器中。

⑥滑动开关，如图 3.3－24 所示，滑动开关的内部置有滑块，操作时通过不同的方式使滑块动作，使开关触点接通或断开，从而起到开关作用。滑动开关有拨动式、杠杆式、旋转式、推动式及软带式 5 类。

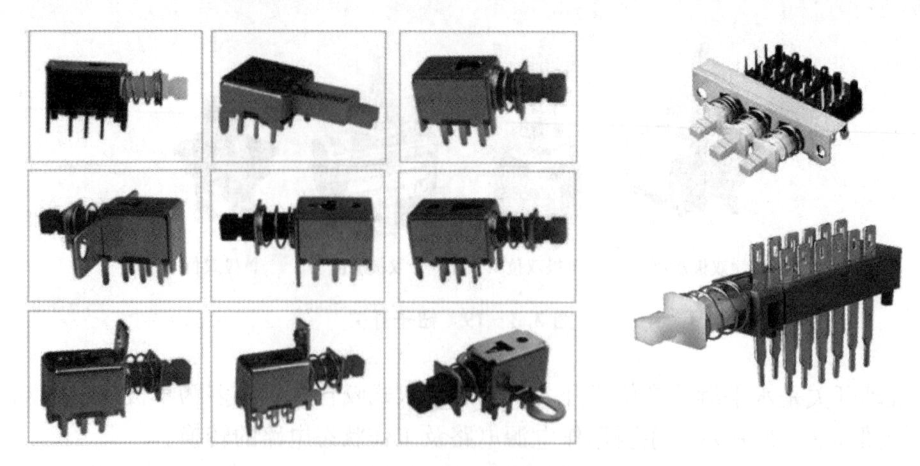

图 3.3-22 直键开关

图 3.3-23 按键开关

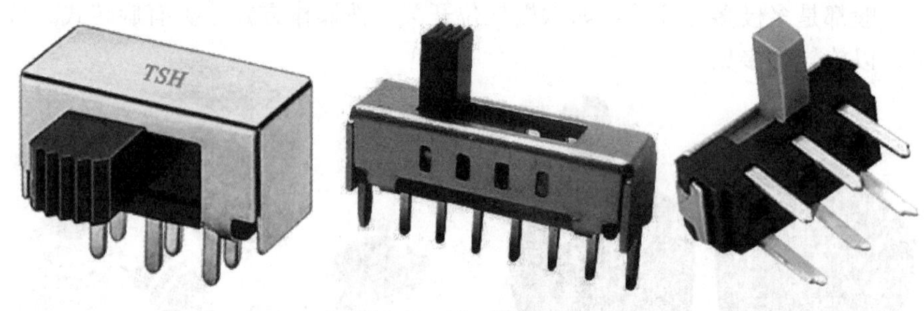

图 3.3-24 滑动开关

(2)薄膜开关。薄膜开关又称平面开关、轻触键盘，如图 3.3-25 所示。薄膜开关具有良好的密封性能，能有效地防尘、防水、防有害气体及防油污浸渍。与传统的机械式开关相比，具有结构简单、外形美观、保险性强、性能稳定、耐环境性优良、便于高密度化等特点，从而大大提高了产品的可靠性和寿命(达 100 万次以上)。

图 3.3-25 薄膜开关

(3)接近开关。接近开关为具有特殊功能的薄膜开关，装有一种对接近它的物体有“感知”能力的元件，即位移传感器，如图 3.3-26 所示。

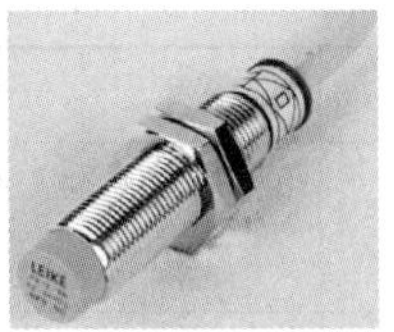

图 3.3－26　接近开关

接近开关利用位移传感器对接近物体的敏感特性，达到控制开关通或断的目的。

接近开关是有源器件，它需要接通电源才能工作。

接近开关使用的工作环境不同，其外形和外壳的材质也不同，一般有圆柱形和立方体形两种。

3. 开关的主要技术参数

(1)额定电压。正常工作状态下所能承受的最大直流电压或交流电压有效值。

(2)额定电流。正常工作状态下所允许通过的最大直流电流或交流电流有效值。

(3)接触电阻。一对接触点连通时的电阻，一般要求不大于 20 mΩ。

(4)绝缘电阻。不连通的各导电部分之间的电阻，一般要求不小于 100 MΩ。

(5)抗电强度(耐压)。不连通的各导电部分之间所能承受的电压，一般开关要求不小于 100 V，电源开关要求不小于 500 V。

4. 开关的检测

1)检测接点通断

拨动开关的检测方法：将万用表置于“$R\times1$”挡，可测量各引脚之间的通断情况。接通时阻值应为 0，断开时阻值应为∞。若不符合上述情况，则说明该开关已损坏。

对于多极或多位开关，应分别检测各对接点间的通断情况。

2)检测绝缘性能

将万用表拨至“$R\times10$K”挡，测量各引脚与铁制外壳之间的电阻值都应该为无穷大。对于非金属外壳开关，测不同极的任意两个接点，电阻值都应该为无穷大；否则说明该开关绝缘性能太差，不能使用。

(三)元件清点及检测

按表 3.3－1 所列清单清点元器件，根据前面的介绍对相关元器件进行检测并将相关数据填入表 3.3－1 中。

表 3.3－1　元器件检测表

元件类型	器件	型号	数量	检测情况
电阻	R_1、R_5	1 kΩ	2	色环： 实测阻值：
	R_2	110 Ω	1	色环： 实测阻值：

续表

元件类型	器件	型号	数量	检测情况
电阻	R_3	5.6 kΩ	1	色环： 实测阻值：
	R_4	15 kΩ	1	色环： 实测阻值：
电容	C_1、C_2	222 pF	2	标识： 漏阻：
	C_3	82 pF	1	标识： 漏阻：
	C_4、C_5、C_6、C_7	22 pF	4	标识： 漏阻：
	C_8	10 pF	1	标识： 漏阻：
电感	L_1、L_2	11 匝	2	直流电阻：
三极管	VT_1、VT_2	9018	2	管型： 引脚排列： β=______
话筒	MIC		1	灵敏度：
SPST(开关)	K	单刀单掷	1	接通时阻值： 断开时阻值：
天线		60 cm 导线		1
直流电源		1.5 V		

所有电容采用 CCX 系列瓷片电容，单位为 pF，电阻用 1/8 W 碳膜电阻，电感用 ϕ=0.51 mm 漆包线在 D=4 mm 圆棒上密绕 11 匝脱胎而成，晶体管用 9018，天线用一根长约 60 cm 导线即可。

四、电路装配图与印制版图

电路装配图与印制版图如图 3.3－27 至图 3.3－30 所示。

由于本电路不是很复杂，学生也可以如实训二一样根据电路原理图在万能板上自行设计布局(见图 3.3－31)。

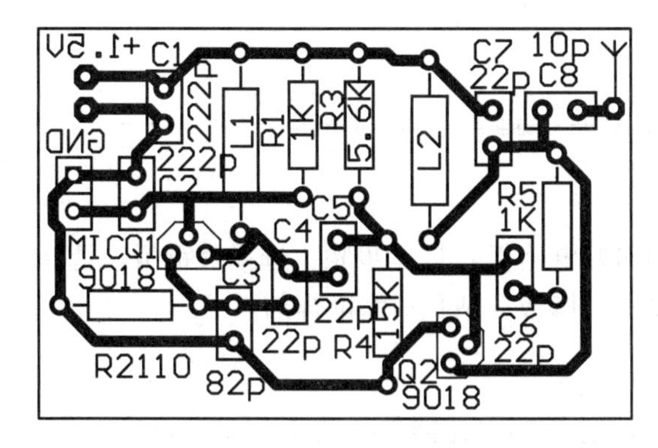

图 3.3－27　装配图

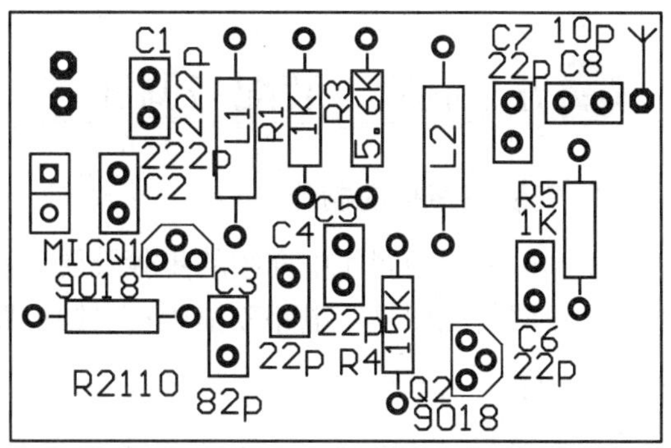

图 3.3－28　元器件分布图

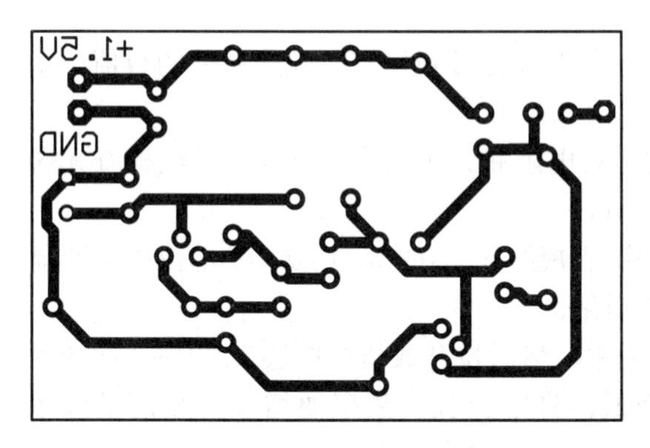

图 3.3－29　印制版图(热转印用)

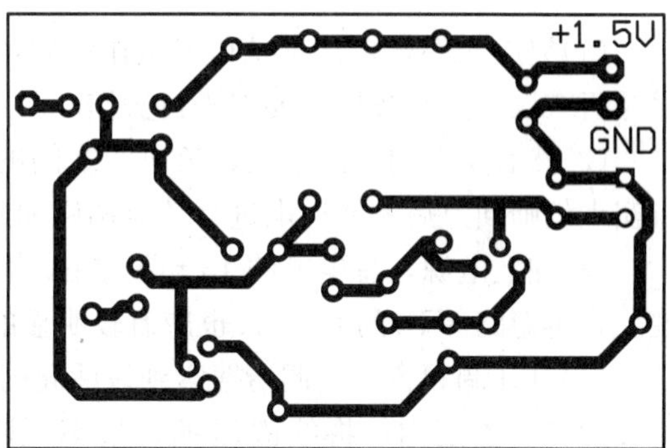

图 3.3－30　印制版图(描图蚀刻法用)

图 3.3－31　设计图纸

五、制版、装配与调试

1. 安装电路板的制作

根据印制板的制作中介绍的步骤及要求制作好电路板，具体步骤：选择敷铜板，清洁板面；按照装配图复印电路和描版；腐蚀电路板；修板；钻孔；涂助焊剂。

2. 装配

根据装配图及原理图，按“电路板手工焊接及拆焊”中元器件插装工艺要求正确安装、焊接元器件。

3. 调试电路

(1)完成元件安装、布线和焊接作业后，应首先进行目测检查，检查元件的数值、型号是否有误，是否按教学要求进行操作。

(2)然后用万用表测量正、负电源之间的静态电阻有无短路或开路现象。经检查无误且实训教师同意后方能通电进行功能调试和测量。

(3)加上电源，总电流约 13 mA 左右。用镊子短路 VT_1 的 b、e 极，其电流应有明显变化，再短路 VT_2 的 b、e 极也应有较明显的变化。

(4)打开调频音响，调谐搜索到该话筒的频率，然后拉开或压紧电感 L_1，使话筒的频率在适当的范围内；将线圈压缩，频率便降低；将之拉长，频率便增加。并记录频率范围。

(5)将话筒与音响拉开适当的距离，至音响开始出现噪声为止，调节 L_2 使音响接收清晰；再拉开距离，重复以上步骤直至最佳音效。同时话筒的负载电阻 R_1 决定灵敏度，可将之加至 10 kΩ 或者其他值，视所需求的灵敏度而定。

(6)振荡器工作于约 88 MHz，除非拥有一部 100 MHz 示波器；否则难以看到其波形，或者天线直接接在频率计的 75 Ω 输入。所以一般用万用表测量直流电压，看振荡管 VT_1 是否有正确的直流电压值。测量基极电压和发射极电压，发射极约有 2 V，基极约有 2.5 V。

(7)整机做好后需用外壳屏蔽，以免外界干扰引起话筒跑频。

检查无误后通电，用万用表测量整机电流及 VT_1、VT_2 各极的直流电压并记录在表 3.3－2 中。

表 3.3－2 无线话筒技训表

测量点	整机电流	直流电压值	
		VT_1	VT_2
V_e	$I=$____		
V_b			
V_c			
调试中出现的故障及排除方法			

实训四　模拟“知了”声电路制作

知识目标：

（1）通过“知了”电路制作理解多谐振荡器的工作原理以及振荡频率的改变方法。

（2）了解音频振荡电路的工作原理。

（3）能熟读并检测色环电阻、电容、二极管、扬声器等元器件。

能力目标：

自主完成整个电路的设计安装，正确使用各种仪器，检测各种元器件，学会用示波器观察、测量多谐振荡电路的输出波形，并具有排除电路简单故障的能力。

实训仪器：

万能板一块，电阻、电容等实训套件一套，焊锡丝，电烙铁，吸锡器，松香，镊子，斜口钳，美工刀一把，万用表，示波器，Proteus 仿真软件等。

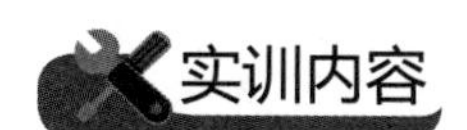

一、电路原理图

电路原理图如图 3.4－1 所示。

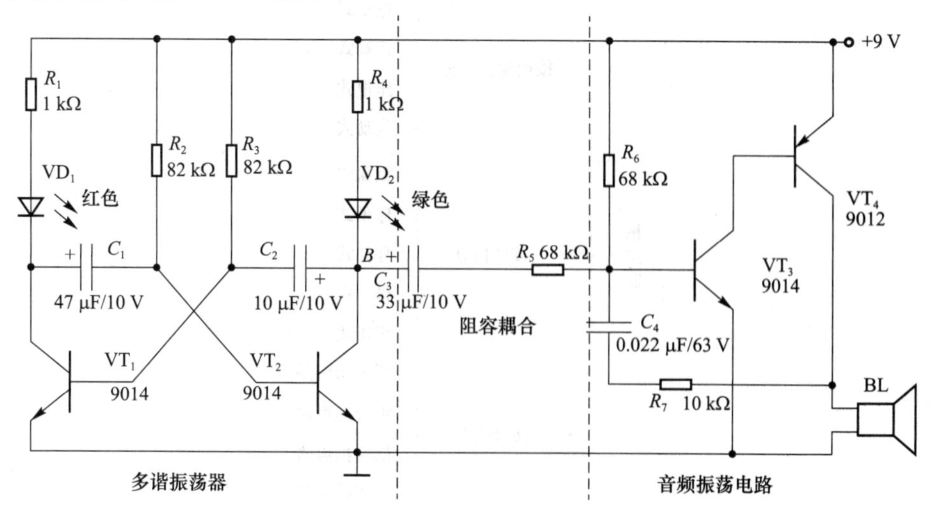

图 3.4－1　电路原理图

二、电路工作原理

本电路由多谐振荡器和音频振荡器组成。VT_1、VT_2 两晶体三极管及 R_1、R_2、R_3、R_4、C_1、C_2、VD_1、VD_2 等阻容元件和发光二极管构成多谐振荡器。输出信号从 B 点通过电容器 C_3、电阻 R_5 送到 VT_3 管的基极。VT_3、VT_4 管以及 R_6、R_7、C_4 和扬声器等组成一音频振荡器，其振荡频率由 R_7、C_4 的数值决定，并受多谐振荡器输出电压的控制。当 VT_2 管由导通变为截止时，B 点电压由低电平迅速变为高电平，这一正跳变脉冲加到 VT_3 管的基极和发射极之间，使 VT_3 管正偏压增大，音频振荡频率增高；反之，当 VT_2 管由截止变为导通时，使 VT_3 管正偏压减小，音频振荡频率变低。于是这一频率高低变化的音频信号经扬声器后，即可发出连续不断的“知了”声音，发光二极管也同时闪烁，增加动态美感。

三、元器件选择、识别与检测

电阻、电位器、电容、发光二极管、三极管等元器件的识别与检测在前面已经介绍过了，这里不再赘述，检测时参考前面内容。这里重点介绍扬声器。

(一)扬声器的识别与检测

扬声器俗称喇叭。作用是将电信号转换成声音信号。扬声器的文字符号是 BL，图形符号如图 3.4－2 所示。

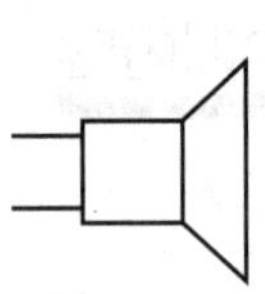

图 3.4－2 扬声器图形符号

1. 扬声器的分类及常见扬声器

扬声器的分类如图 3.4－3 所示。

- 扬声器
  - 按换能方式分
    - 电动式
    - 舌簧式
    - 压电式
    - 气动式
  - 按结构分
    - 纸盆式
    - 球顶式
    - 号筒式
    - 带 式
    - 平板式
  - 按频响分
    - 高音扬声器
    - 中音扬声器
    - 低音扬声器
    - 全频扬声器

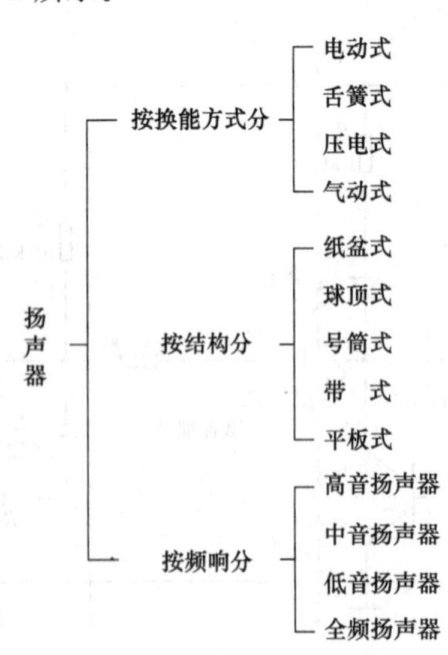

图 3.4－3 扬声器的分类

(1)电动式扬声器。外形如图 3.4－4 所示，其工作原理是：当音频电流流过音圈时，所产生的交变磁场与磁隙中的固定磁场相互作用，使音圈在磁隙中往复运动，并带动与其粘在一起的纸盒运动而发声。

(2)球顶式扬声器。外形如图 3.4－5 所示，其工作原理与电动式扬声器相同，但取消了纸盒，采用球顶式振膜，具有高频响应好、声音清晰明亮的特点。球顶式扬声器主要用在高档分频式组合音箱中。

(3)号筒式扬声器。外形如图 3.4－6 所示，由发音头和号筒两部分组成，号筒起聚集声音的作用，可以使声音有效地传播得更远。

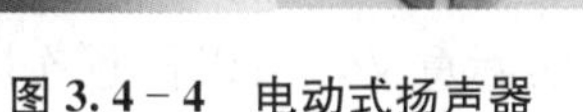

图 3.4－4　电动式扬声器

图 3.4－5　球顶式扬声器

图 3.4－6　号筒式扬声器

2. 扬声器的主要参数

(1)额定功率。它指扬声器在长期正常工作时所能输入的最大电功率。常用扬声器的标称功率有 50 mW、100 mW、250 mW、500 mW、1 W、3 W、5 W、10 W、25 W、50 W 等。一般来讲，扬声器的口径大，标称功率也大。

(2)扬声器的标称阻抗一般为直流电阻值的 1.1～1.2 倍，扬声器的额定功率一般直接标在扬声器上。

(3)频率范围。它指扬声器能有效地重放音频信号的频率范围。按照扬声器工作频率范围的不同，可分为高音、中音、低音、全频扬声器。

3. 扬声器的性能检测

第一步：把万用表的挡位开关拨至“$R\times1$”挡，一支表笔接触扬声器的某一接线柱，另一支表笔断续触碰另一接线柱，若扬声器发出“咯，咯……”声，表明扬声器是好的，或用一节干电池触碰两接线柱进行好坏检测，如图 3.4－7 所示。

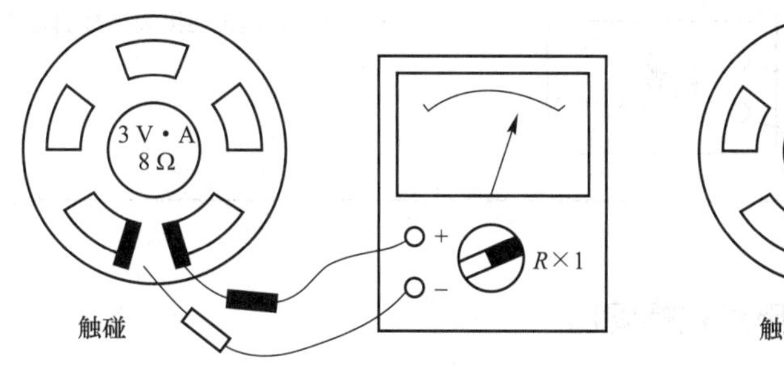

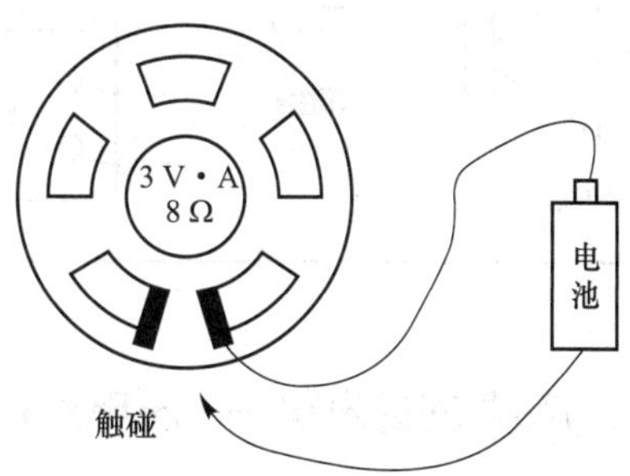

图 3.4－7　扬声器性能检测步骤一

第二步：把万用表的挡位开关拨至“$R\times1$”挡，如图 3.4－8 所示，先调零，再测直流电阻值，扬声器的直流电阻值约为标称阻抗的 0.8 倍。如果扬声器上标称阻抗是 8 Ω，那么用万用表测其阻值约 6.4 Ω。

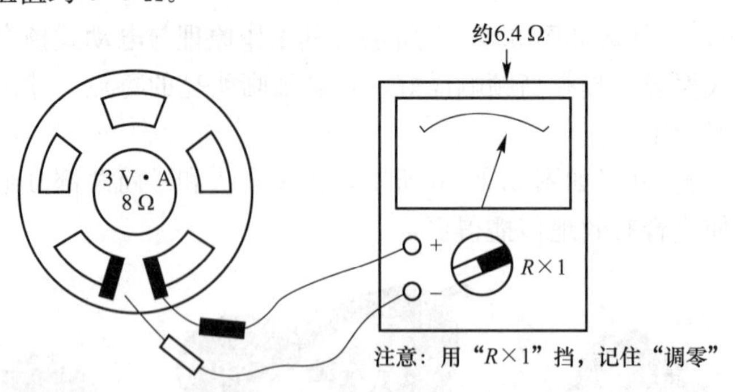

图 3.4－8　扬声器性能检测步骤二

第三步：扬声器相位的鉴别。扬声器上标有正、负极，这种正负极的规定是任意的、相对的、假定的，当使用单只扬声器时，正、负极性就没有实际意义，可以任意连接。但在高保真的音响设备中，使用多只扬声器时，正负极性就必须一致；否则会造成声波在空间相互抵消，就会大大降低放音效果。扬声器相位的鉴别方法见表 3.4－1。

表 3.4－1　扬声器相位的鉴别方法

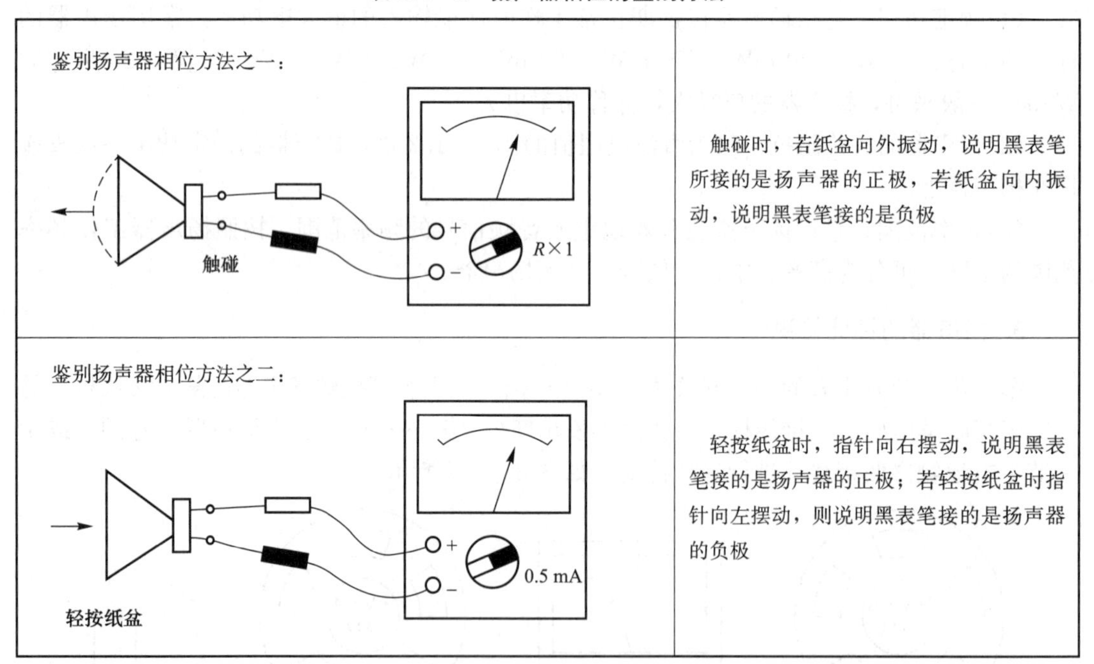

鉴别扬声器相位方法之一：（图：触碰；R×1）	触碰时，若纸盆向外振动，说明黑表笔所接的是扬声器的正极，若纸盆向内振动，说明黑表笔接的是负极
鉴别扬声器相位方法之二：（图：轻按纸盆；0.5 mA）	轻按纸盆时，指针向右摆动，说明黑表笔接的是扬声器的正极；若轻按纸盆时指针向左摆动，则说明黑表笔接的是扬声器的负极

(二)超薄的扬声器——压电陶瓷蜂鸣器

(1)压电陶瓷蜂鸣器(又称压电陶瓷喇叭)的外形及内部结构如图 3.4－9 所示。它是由压电陶瓷片和金属片粘贴成振动片，再与助声腔组合成的一种发声器件。

(2)压电陶瓷蜂鸣器的电路符号如图 3.4－9 所示，文字符号为 HTD。压电陶瓷蜂鸣器常见外形如图 3.4－10 所示。

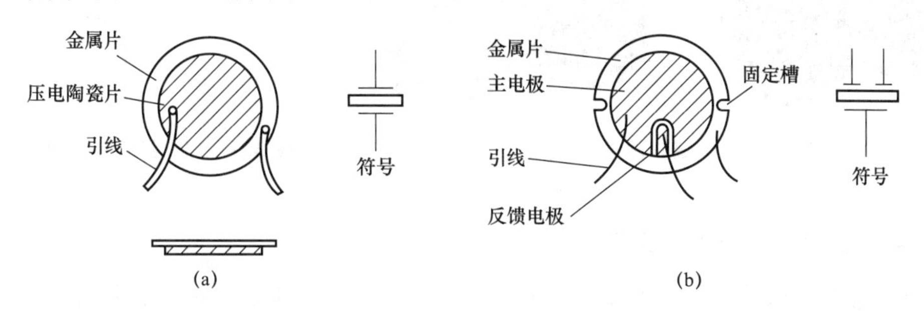

图 3.4－9　压电陶瓷蜂鸣器

(a)无反馈电极的压电陶瓷蜂鸣器；(b)有反馈电极的压电陶瓷蜂鸣器

图 3.4－10　常见的压电陶瓷蜂鸣器

(3)压电陶瓷蜂鸣器的特性。在振荡电路的激励下，交变的电信号使压电陶瓷带动金属片一起产生弯曲振荡，并随此发出清晰的声音。它和一般扬声器相比，具有体积小、重量轻、厚度薄、耗电省、可靠性好、造价低廉、声响可达 120 dB 等特点，广泛应用于玩具、门铃、小型智能化电子装置以及各种报警设施中，其厚度仅 0.4～0.55 mm。

(4)压电陶瓷片的检测。

第一步：选择“$R\times10$K”挡，调零后将两表笔接触压电陶瓷片的两电极，正常时指针应在“∞”处。

第二步：轻敲压电陶瓷片，正常时指针应略微摆动，如图 3.4－11 所示。

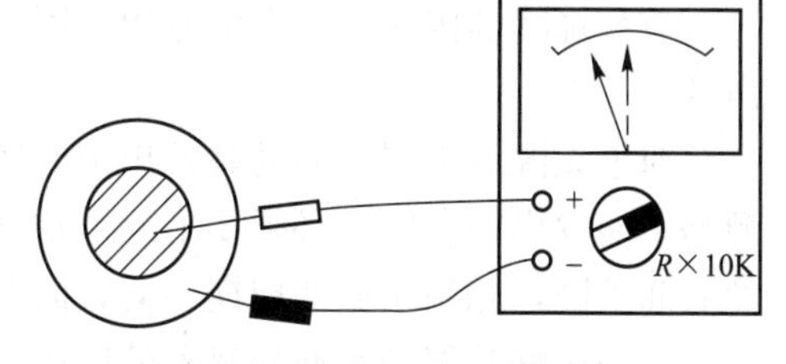

图 3.4－11　压电陶瓷片的检测

(三)蜂鸣器的识别与检测

1. 蜂鸣器简介

(1)蜂鸣器的作用。蜂鸣器是一种一体化结构的电子讯响器，采用直流电压供电。广泛应用于计算机、打印机、复印机、报警器、电子玩具、汽车电子设备、电话机、定时器等电子产品中作发声器件，常见的蜂鸣器如图 3.4－12 所示。

(2)蜂鸣器的分类。蜂鸣器主要分为压电式蜂鸣器和电磁式蜂鸣器两种类型。

(3)蜂鸣器的电路图形符号。蜂鸣器在电路中用字母“H”或“HA”(旧标准用“FM”“LB”“JD”等)表示，符号如图 3.4－13 所示。

图 3.4-12 蜂鸣器常见外形

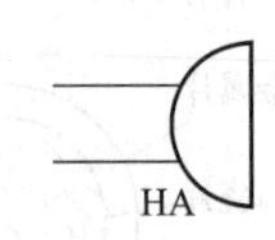

图 3.4-13 蜂鸣器的电路符号

2. 蜂鸣器的结构及工作原理

(1)压电式蜂鸣器。压电式蜂鸣器主要由多谐振荡器、压电蜂鸣片、阻抗匹配器及共鸣箱、外壳等组成。有的压电式蜂鸣器外壳上还装有发光二极管。

压电式蜂鸣器是以压电效应来带动金属片的振动而发声的，当接通电源后(1.5～15 V直流工作电压)多谐振荡器起振，输出 1.5～2.5 kHz 的音频信号，阻抗匹配器推动压电蜂鸣片发声。所以压电式蜂鸣器是以方波来驱动的。

(2)电磁式蜂鸣器。电磁式蜂鸣器由振荡器、电磁线圈、磁铁、振动膜片及外壳等组成的。

接通电源后，振荡器产生的音频信号电流通过电磁线圈，使电磁线圈产生磁场，通电时将金属振动膜吸下，不通电时依振动膜的弹力弹回，从而周期性地振动发声。故电磁式蜂鸣器是以 1/2 方波驱动。

3. 有源蜂鸣器和无源蜂鸣器

蜂鸣器按其是否带有信号源又分为有源蜂鸣器和无源蜂鸣器两种类型。

1)有源蜂鸣器和无源蜂鸣器的区别

有源蜂鸣器只需要在其供电端加上额定直流电压，其内部的振荡器就可以产生固定频率的信号，驱动蜂鸣器发出声音。无源蜂鸣器可以理解成与喇叭一样，需要在其供电端上加高低不断变化的电信号才可以驱动发出声音。

2)有源蜂鸣器和无源蜂鸣器的驱动方式

有源蜂鸣器因为内含有信号源，因此只要加上额定的工作电压就可以发出固定频率的声音。

对于无源蜂鸣器，驱动其发出声音较为复杂，因为它本身不带信号源，因此仅通上电源是不能发出声音的，必须要不断地重复“通电—断电”才能使其发出声音，而通电、断电的时间不同，相当于振荡周期不同，因此又可以得到不同频率的声音。

3)有源蜂鸣器和无源蜂鸣器的应用

要用单片机控制蜂鸣器发出不同频率的声音，最好采用无源蜂鸣器，如果用有源蜂鸣器可能会因为两种不同频率声音(有源蜂鸣器本身固有发音频率与单片机驱动频率)互相叠加，造成效果混乱、发音不清。

4)有源蜂鸣器和无源蜂鸣器的区分

(1)目测。如图 3.4-14、图 3.4-15 所示，从外观上看，两种蜂鸣器好像一样，但仔细看两者的高度略有区别，有源蜂鸣器高度约为 9 mm，而无源蜂鸣器的高度约为 8 mm。如将两种蜂鸣器的引脚都朝上放置时，可以看出有绿色电路板的一种是无源蜂鸣器，没有电路板而用黑胶封闭的一种是有源蜂鸣器。

图 3.4－14　无源蜂鸣器

图 3.4－15　有源蜂鸣器

随着市场不断发展的需要，对品质的要求也越来越高，现在好多厂家为了其性能的稳定和防止磁芯脱落等不良情况出现，对 12 mm 的蜂鸣器底部全部要求封胶，所以目测只是初步的辨别方法。

(2)万用表测试。用万用表电阻“$R\times1$”挡测试：用黑表笔接蜂鸣器“＋”引脚，红表笔在另一引脚上来回碰触，如果发出“咔、咔”声且电阻只有 8 Ω(或 16 Ω)的是无源蜂鸣器；如果能发出持续声音且电阻在几百欧以上的，是有源蜂鸣器。

(3)直流电压测试。一般 12 mm 的无源蜂鸣器的电压是 1.5 V，有源电磁式蜂鸣器的电压一般为 1.5 V、3 V、5 V、9 V、12 V，接上相应的直流电压(可以由小调到大)，可以直接连续发声的就是有源蜂鸣器，不直接响的就是无源蜂鸣器，无源蜂鸣器和电磁扬声器一样，需要接在音频输出电路中才能发声。

(四)元器件清点及检测

按表 3.4－2 所列清单清点元器件，根据前面的介绍对相关元器件进行检测，并将相关数据填入表 3.4－2 中。

表 3.4－2　元器件检测表

元件类型		器件	型号	数量	检测情况
电阻		R_1、R_4	1 kΩ	2	色环： 实测阻值：
		R_7	10 kΩ	1	色环： 实测阻值：
		R_2、R_3	82 kΩ	2	色环： 实测阻值：
		R_5、R_6	68 kΩ	2	色环： 实测阻值：
电容	涤纶电容	C_4	0.022 μF/63 V	1	标识： 漏阻：
	电解电容	C_1	47 μF/10 V	1	标识： 漏阻：
		C_2	10 μF/10 V	1	标识： 漏阻：

续表

元件类型		器件	型号	数量	检测情况
电容	电解电容	C_3	33 μF/10 V	1	标识： 漏阻：
发光二极管		VD_1、VD_2	红色、绿色	各 1	正向阻值： 反向阻值：
三极管		VT_1、VT_2、VT_3	9011 或 9014	3	型号： 引脚排列： 管型：
		VT_4	9012 或 9015	1	型号： 引脚排列： 管型：
扬声器		BL	8 Ω(4 英寸①)	1	直流阻值： 质量：
电源			直流 9 V		
注：①1 英寸＝2.54 厘米。					

四、电路装配图(在万能电路板中设计)

本实训没有提供装配图，要求学生根据原理图按实训二中介绍的方法，在万能电路板上(见图 3.4－16)自行设计布局。图 3.4－17 所示为学生设计的装配接线图及作品。

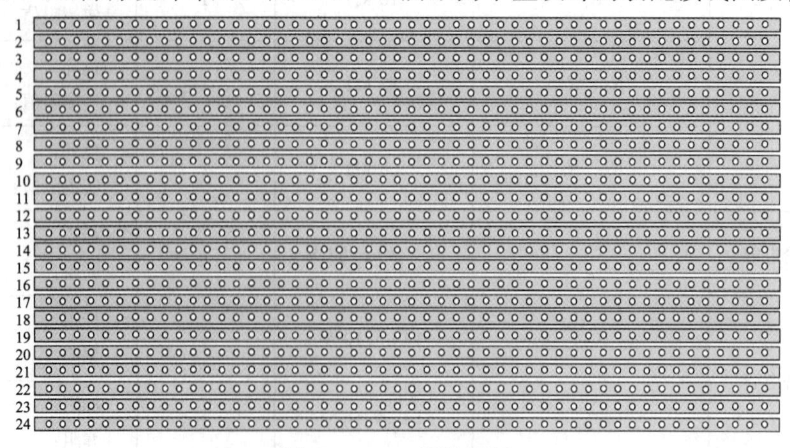

图 3.4－16 设计图纸

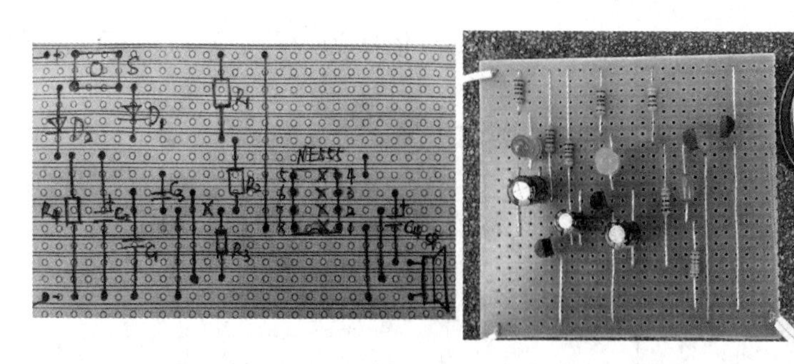

图 3.4－17　学生设计的装配接线图及制作的作品

五、电路装配与调试

(1)由于本实训是在万能电路板上制作的，为了提高制作成功率，根据原理图事先在装配设计图上设计合理的安装图，要求布局合理，不能有交叉线。

(2)学生对元器件识别与检测完毕后，根据原理图、自己设计的装配图及已有的实践经验，在万能电路板上进行元器件的布局、安装、焊接，直至所有元器件及引线焊完为止。

元器件的引线要根据焊盘插孔和安装要求弯折成所需要的形状，均按“电路板手工焊接及拆焊”中二的要求完成。

在电路布局时进行综合考虑，如焊接时不应该有交叉的连接导线，元器件的安装要依据装配工艺要求正确合理、规范一致等。

(3)电路测试，排除故障。经检查电路上所装配的元器件无搭锡、无装错后，方可接通电源。接通电源后，两个发光二极管轮流闪烁，扬声器发出模拟“知了”的声响。用万用表检测 VT_2 的集电极电位，现象是万用表指针来回偏转；用示波器观察 VT_2 的集电极电位，现象是直流电位上下跳动。

电路调试及故障排查几乎是所有学生的弱点，大部分学生都觉得无从下手，而由于条件所限，教师调试时又无法让所有的学生看到。故本实训引入 Proteus 仿真软件，教师在电脑上通过仿真实验与学生同步操作，并通过投影仪使所有学生都能看到。这样在实训过程中不但能及时引导学生操作，还能见缝插针地讲解电路的原理，以加深理解。

仿真实验电路如图 3.4－18 所示。

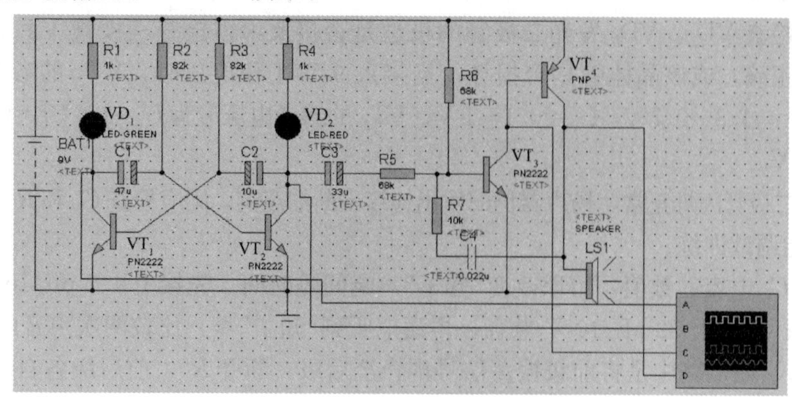

图 3.4－18　仿真实验电路图

仿真实验结果如图 3.4－19 所示，4 个测试点依次为 VT_1、VT_2、VT_3、VT_4 的集电极电位。

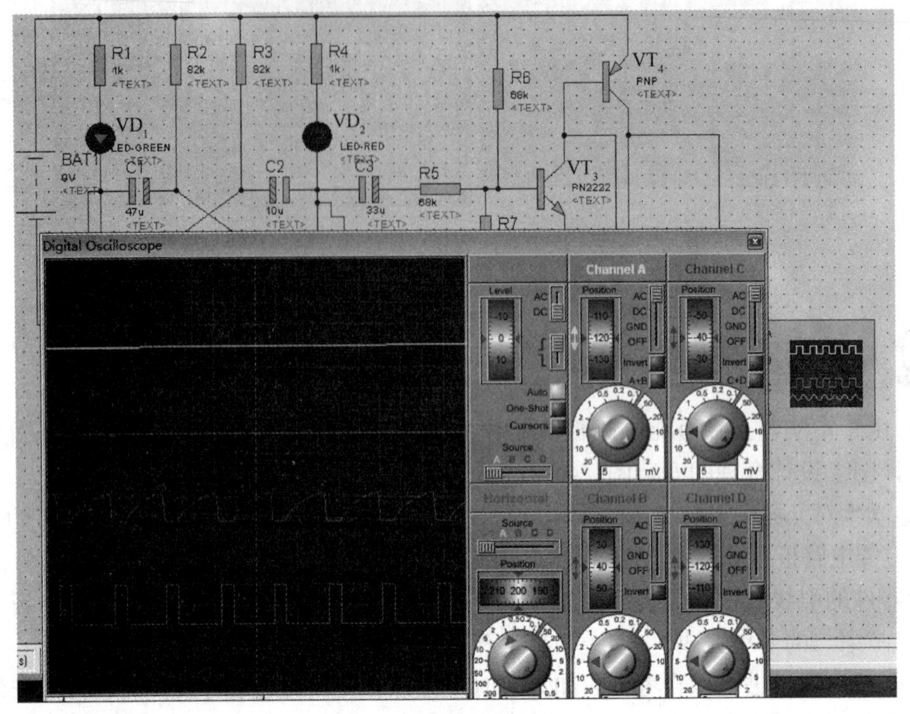

图 3.4－19　仿真实验波形

常见故障如下：

①发光二极管轮流闪烁，而扬声器不响，则应检查扬声器和音频振荡电路工作是否正常。

具体方法：先用万用表的电阻“$R\times10$”挡测量扬声器，测量时注意时间不宜过长。再检查 VT_3、VT_4 三极管是否良好及 C_4、R_7 是否偏离正常值。当输入 9 V 工作电压时，VT_3 的参考电压应为 $U_e=0$、$U_b=0.2$ V，$U_c=5.6$ V；VT_4 的参考电压应为 $U_e=9$ V，$U_b=5.6$ V，$U_c=1$ V。

②扬声器发出连续不断的声响，模拟声音不是“知了”声且发光二极管不闪烁，则是多谐振荡器不工作。

首先应检查 VD_1、VD_2 发光二极管的极性是否接反，再检查三极管 VT_1、VT_2 的极性安装是否正确，或该晶体管是否损坏。当接入 9 V 工作电压时，VT_1 的参考电压应为 $U_e=0$，$U_b=-1.3\sim0.7$ V，$U_c=0.1\sim1$ V；VT_2 的参考电压应为 $U_e=0$，$U_b=0.6\sim2.5$ V，$U_c=0.6\sim1$ V。

③发光二极管闪烁正常，扬声器仍旧发出连续不断的声响，则应检查 C_3 和 R_5 是否良好。

(4)技能调试训练。

①改变 C_2 电容的数值，可以改变“知了”声响间隔时间。先接上 4.7 pF/10 V，通电听到“知了”声；再换上 22 pF/10 V 电容，再通电听到“知了”声，比较两次声音的变化。

②C_3、R_5 在电路中是将前级振荡信号耦合至后级。断开 R_5，前后级各自振荡，VD_1、VD_2 正常闪烁，但扬声器中只发出单一频率的叫声。

③将制作、调试结果填入表 3.4－3 中。

表 3.4－3　模拟“知了”声制作技训表

测量点	电压值		
	VT_1	VT_2	VT_3
U_e			
U_b			
U_c			
调试中出现的故障及排除方法			

实训五　声控开关制作

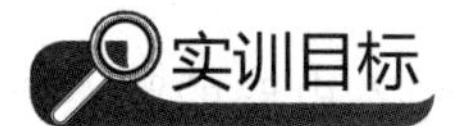

知识目标：

(1)了解双稳态电路的特点、电路形式和工作原理。

(2)了解声控开关的工作原理。

(3)熟读并检测色环电阻、电容、电感、三极管、话筒、继电器等元器件。

能力目标：

能根据电路原理图设计制作简单的印制电路板，并能自主完成整个电路的制作、元器件安装、调试等操作，正确使用各种仪器，检测各种元器件，并具有排除电路简单故障的能力。

实训仪器：

单面敷铜板一块，电容、电感、三极管、话筒、继电器等元器件一套，焊锡丝，电烙铁，吸锡器，松香，镊子，斜口钳，电钻一把，万用表，示波器，复写纸，铅笔，美工刀一把或激光打印机一台，热转印纸，热转印机一台，三氯化铁腐蚀剂等。

一、电路原理图

电路原理图如图 3.5－1 所示。

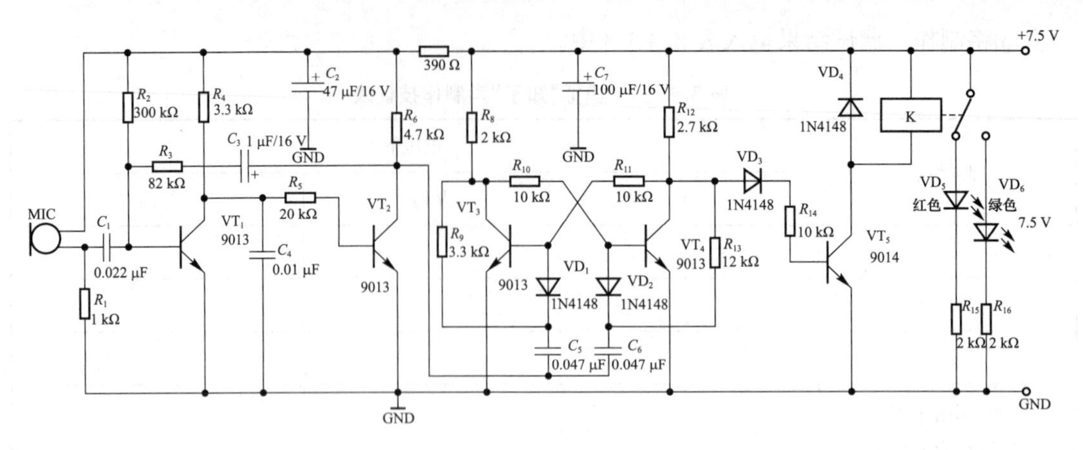

图 3.5－1　电路原理图

二、电路工作原理

本电路主要由声频放大电路、双稳态电路和驱动电路组成。VT_1 和 VT_2 组成二级声频放大电路，由 MIC 接收的声频信号经 C_1 耦合至 VT_1 的基极，放大后由集电极直接馈至 VT_2 的基极，在 VT_2 的集电极得到一负方波，用来触发双稳态电路。R_1、C_1 将电路频响限制在 3 kHz 左右，为高灵敏度范围。

VT_3、VT_4 构成双稳态电路，VT_5 是驱动电路。电源接通时，双稳态电路的状态为 VT_3 截止，VT_4 饱和，VT_5 随之截止，继电器 K 不吸合，红色显示灯亮。当 MIC 接到控制信号，经过两级放大后输出一负方波，经过微分处理后只有负尖脉冲能通过 VD_2 加至饱和管 VT_4 的基极，使 VT_4 退出饱和并进入放大状态，于是它的集电极电位上升，经电阻 R_{11} 送到截止管 VT_3 的基极，使 VT_3 的基极电位上升，如果上升幅度足够时，VT_3 将由截止进入放大状态，VT_3 的集电极电位下降，经电阻 R_{10} 送到三极管 VT_4 的基极，使 VT_4 的基极电位进一步下降，因而产生这样的正反馈：$U_{B4}\downarrow\rightarrow U_{C4}\uparrow\rightarrow$ 通过 $R_{11}\rightarrow U_{B3}\uparrow\rightarrow U_{C3}\downarrow\rightarrow$ 通过 $R_{10}\rightarrow U_{B4}\downarrow$，使 VT_4 迅速由饱和进入截止，而 VT_3 迅速由截止进入饱和，电路翻转，继电器 K 吸合，红灯熄灭，绿灯亮。以后，每来一个触发脉冲，双稳态电路的状态也做相应的翻转。如果将继电器的触点与其他电路连接也可以实现声控。

三、元器件选择、识别与检测

电阻、电容、二极管、发光二极管、三极管、驻极体话筒等元器件的识别与检测在前面已经介绍过了，这里不再赘述，检测时参考前面内容。这里重点介绍继电器。

(一)继电器的识别与检测

继电器是一种控制器件，主要作用是间接控制和隔离控制。它可以用较小的电流来控制较大的电流，用低电压来控制高电压，用直流电来控制交流电等。在自动控制、遥控、保护电路等方面得到广泛的应用。

1. 继电器的符号、结构与外形

继电器的文字符号为“K”，图形符号如图 3.5－2 所示。

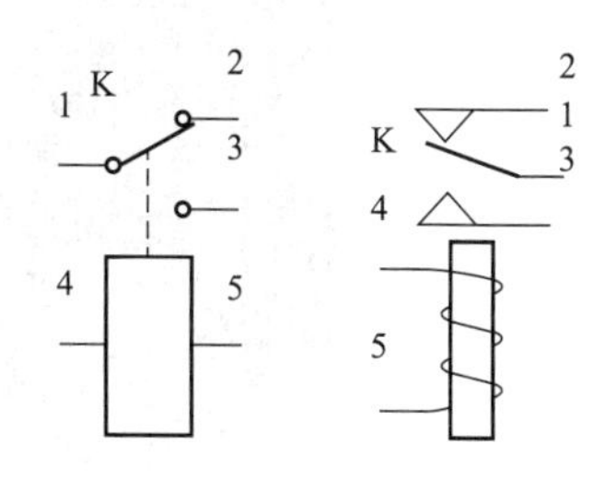

图 3.5－2　继电器的图形符号

继电器的内部结构和电器符号如图 3.5－3 所示。

线圈 4、5 未通电时，动触点 1 与静触点 3 闭合，称之为动断状态；而动触点 1 与静触点 2 断开，则称之为动合状态。

当线圈 4、5 通电后，铁芯线圈具有磁性。衔铁在电磁力的作用下，带动动触点 1 与静触点 3 分离，而与静触点 2 闭合，这一过程称之为继电器吸合。

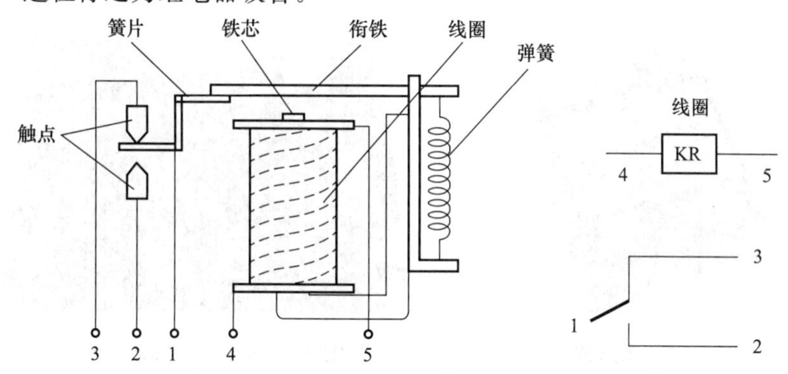

图 3.5－3　继电器的内部结构和电路符号

线圈断电后，衔铁在弹簧拉力的作用下回复到原来的位置，从而使触点复位，这一过程称为继电器释放。

继电器在电路中的符号及表示的状态见表 3.5－1。

表 3.5－1　继电器的电路符号

继电器电路符号	继电器触点符号		说明
KR	KR–1	动合触点（常开触点），称 H 型	无电时断开，有电时接通
	KR–2	动断触点（常闭触点），称 D 型	无电时接通，有电时断开
	KR–3	动断触点（转换触点），称 Z 型	通电时转接

在电路图中，继电器的触点可以画在该继电器线圈的旁边，为了便于图面布局，也可以将触点画在远离该继电器线圈的地方，而用编号表示它们属于同一个继电器。

常见继电器有图 3.5－4 所示的电磁式继电器、图 3.5－5 和图 3.5－6 所示的固态继电器、图 3.5－7 所示的时间继电器及图 3.5－8 所示的干簧式继电器等。

图 3.5-4 电磁式继电器

图 3.5-5 固态继电器

图 3.5-6 三相固态继电器

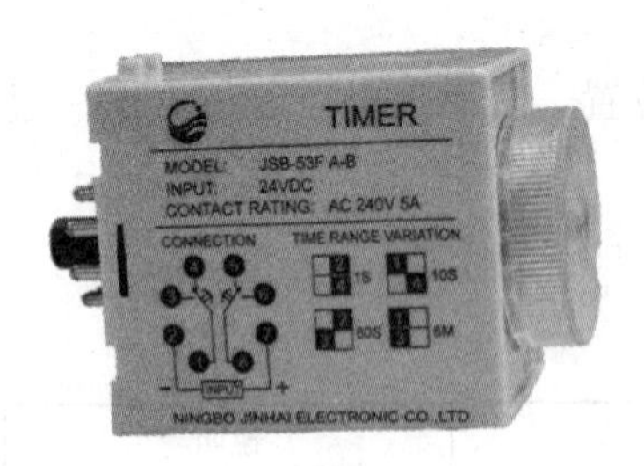

图 3.5-7 时间继电器

图 3.5-8 干簧式继电器

2. 继电器的分类

继电器的分类如图 3.5-9 所示。

继电器
- 电磁式继电器
- 干簧式继电器
- 湿簧式继电器
- 压电式继电器
- 固态继电器
- 磁保持继电器
- 步进继电器
- 时间继电器
- 温度继电器

图 3.5-9 继电器的分类

3. 继电器的型号命名方法

继电器的型号命名一般由 5 部分组成，如图 3.5－10 所示。

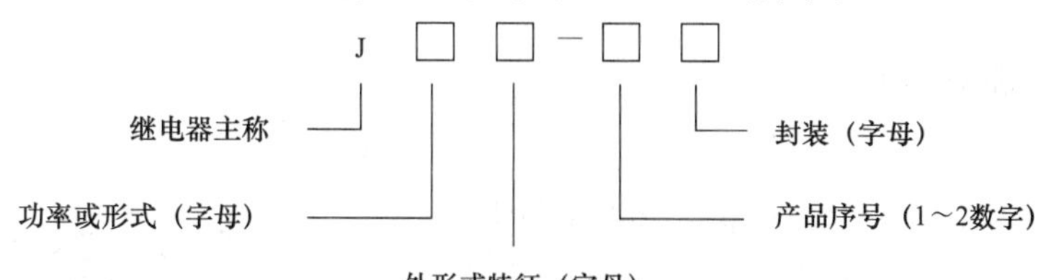

图 3.5－10　继电器的型号命名

继电器中型号字母的意义见表 3.5－2、表 3.5－3。

表 3.5－2　继电器中型号字母的意义

第一部分	第二部分		第三部分	第四部分	第五部分
继电器主称	功率(字母)	形式(字母)	外形或特征(字母)	序号(1～2 数字)	封装(字母)
J	W：微功率 R：弱功率 Z：中功率 Q：大功率	A：舌簧 M：磁保持 H：极化 P：高频 L：交流 S：时间 U：温度	W：微型 C：超小型 X：小型 G：干式 S：湿式	用 1～2 位数字表示产品序号	F：封闭式 M：密封式 (无)：敞开式

表 3.5－3　型号为 JZC－21F/006－1H21 继电器的含义

J	Z	C	21	F	006	1H	2	1
继电器	中功率	超小型	序号	封闭式	额定电压 6 V	一组转换接点	1 表示塑封式； 2 表示防尘罩式	1 表示纯银镀金触点； 2 表示纯银触点

某继电器型号为 JZX－10M，表示这是中功率小型密封式电磁继电器；某继电器型号为 JAG－2，表示这是干簧式继电器。

某继电器上标注型号为 JUC－2，其含义为：J 为继电器，U 为温度，C 为超小型，这是一个超小型温度继电器。

4. 继电器的主要参数

(1)额定工作电压。它指继电器正常工作时线圈需要的电压。

如型号为“JZC－21F/006－1Z”的继电器中的“006”即为规格号，表示额定工作电压为 6 V；“JZC－21F/048－1Z”表示额定工作电压为 48 V。

(2)额定工作电流。它指继电器正常工作时线圈需要的电流值。

(3)线圈电阻。它指线圈的直流电阻值。

(4)触点负荷。它是指触点的负载能力，也称触点容量。具体指继电器的触点在切换时能承受的电压和电流值。

(5)吸合电压或电流。它指继电器能够产生吸合动作的最小电压或电流。

(6)释放电压或电流。继电器线圈两端的电压减小到一定数值时，继电器就从吸合状态转换到释放状态。释放电压或电流是指产生释放动作的最大电压或电流。释放电压比吸合电压小得多。

5. 继电器的简易测试

1)类型判定

电磁式继电器与干簧式继电器外形差异很大，因此从外形上可以进行区分。而电磁式继电器分为交流与直流两种，凡是交流电磁继电器，其铁芯上都嵌有一个铜制的短路环，如图 3.5－11 所示，由此可区分出是交流还是直流继电器。

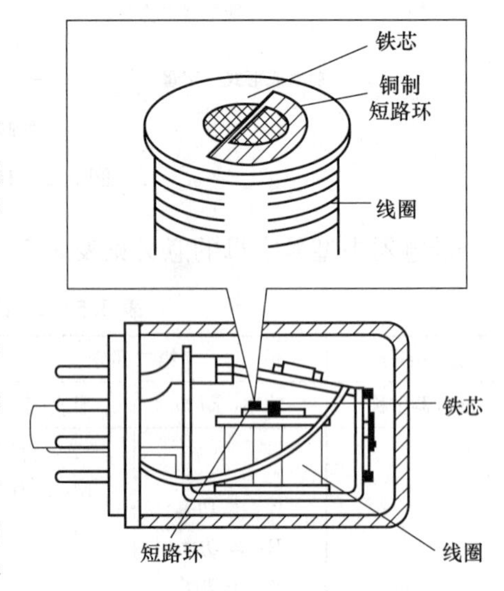

图 3.5－11　交流电磁继电器

2)判别触点的数量和类型

看继电器有几对触点，每对触点的类别，并分别看一下哪几个簧片构成一组触点，对应的是哪几个引出端。

3)衔铁工作情况

看衔铁活动是否灵活，有无“轧死”现象。如果活动受阻，应找出原因并排除。再用手按下衔铁，放开后衔铁是否能在返回弹簧的作用下返回原位。返回弹簧容易锈蚀，检查时应注意。

4)测触点电阻

用“$R\times1$”挡测动断触点，阻值应为 0 Ω。用“$R\times10$K”挡测动合触点，阻值应为“∞”。如果动静触点切换不正常，可以轻轻拨动相应的簧片，使其充分闭合或打开。

5)测线圈电阻

用万用表检测线圈的电阻值。如果线圈有开路现象，可检查线圈的引出端，看线头是否脱落。

(二)元器件清点及检测

按表 3.5－4 所列清单清点元器件，根据前面的介绍对相关元器件进行检测，并将相关数据填入表 3.5－4 中。

表 3.5－4　元器件检测表

元件类型	器件	型号	数量	检测情况
电阻	R_1	1 kΩ	1	色环： 实测阻值：
	R_2	300 kΩ	1	色环： 实测阻值：
	R_3	82 kΩ	1	色环： 实测阻值：

续表

元件类型		器件	型号	数量	检测情况
电阻		R_4、R_9	3.3 kΩ	2	色环： 实测阻值：
		R_5	20 kΩ	1	色环： 实测阻值：
		R_6	4.7 kΩ	1	色环： 实测阻值：
		R_7	390 Ω	1	色环： 实测阻值：
		R_8、R_{15}、R_{16}	2 kΩ	3	色环： 实测阻值：
		R_{10}、R_{11}、R_{14}	10 kΩ	3	色环： 实测阻值：
		R_{12}	2.7 kΩ	1	色环： 实测阻值：
		R_{13}	12 kΩ	1	色环： 实测阻值：
电容	普通电容	C_1	0.022 μF	1	标识：　　容量： 漏阻：
		C_4	0.01 μF	1	标识：　　容量： 漏阻：
		C_5、C_6	0.047 μF	2	标识：　　容量： 漏阻：
	电解电容	C_2	47 μF/16 V	1	标识：　　容量： 漏阻：
		C_3	1 μF/16 V	1	标识：　　容量： 漏阻：
		C_7	100 μF/16 V	1	标识：　　容量： 漏阻：
二极管	二极管	VD_1、VD_2、VD_3、VD_4	1N4148	4	正向电阻： 反向电阻：
	发光二极管	VD_5	红色	1	正向电阻： 反向电阻：
		VD_6	绿色	1	
三极管		VT_1、VT_2、VT_3、VT_4	9013	4	管型： 引脚排列：

续表

元件类型	器件	型号	数量	检测情况
三极管	VT_5	9014	1	管型： 引脚排列：
继电器	K	4098(6 V)	1	结构图：
驻极体话筒	MIC		1	灵敏度：
电源		直流 7.5 V		

四、电路装配图与印制版图

电路装配图与印制版图如图 3.5－12 至图 3.5－15 所示。

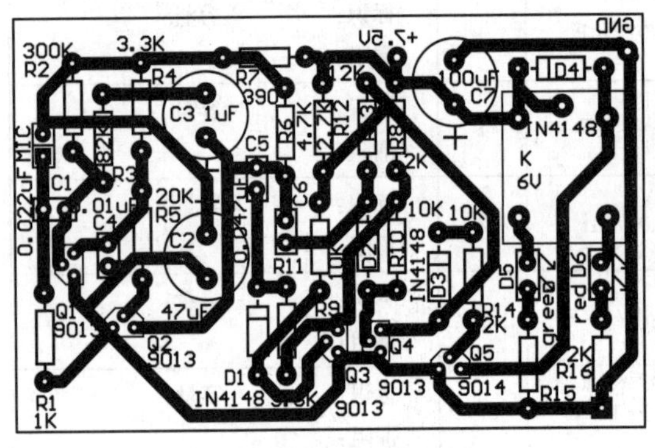

图 3.5－12　装配图

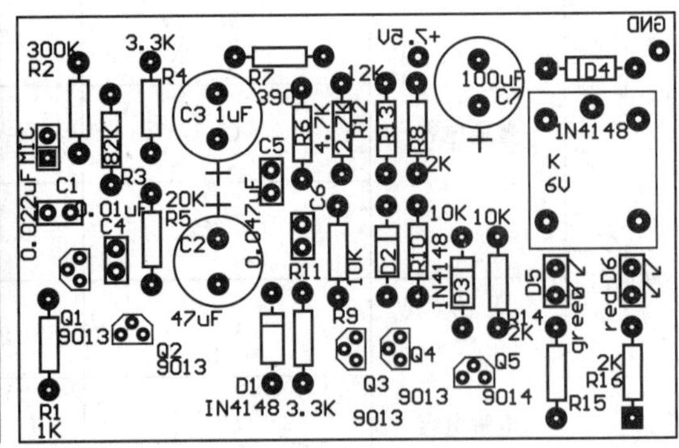

图 3.5－13　元器件分布

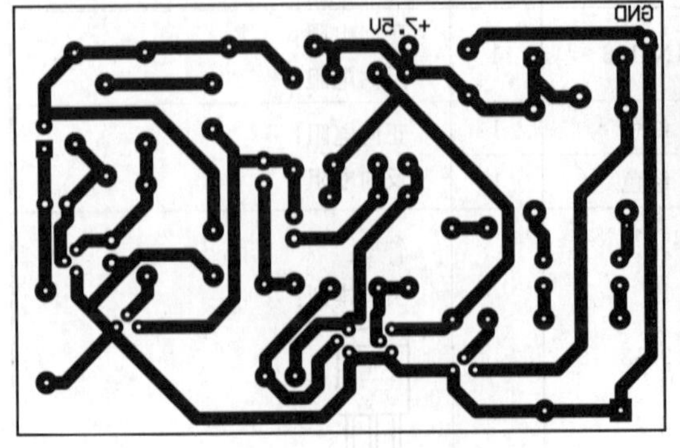

图 3.5－14　印制版图（热转印用）

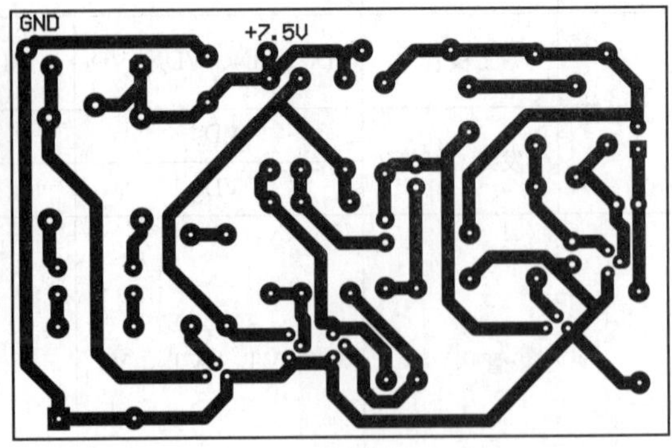

图 3.5－15　印制版图（描图蚀刻法用）

五、制版、装配与调试

1. 安装电路板的制作

根据印制板的制作内容中介绍的步骤及要求制作好电路板，具体步骤：选择敷铜板，清洁板面；按照装配图复印电路和描版；腐蚀电路板；修板；钻孔；涂助焊剂。

2. 装配

根据装配图及原理图，按“电路板手工焊接及拆焊”中元器件插装工艺要求正确安装、焊接元器件。元器件的引线要根据焊盘插孔和安装要求弯折成所需要的形状，均按“电路板手工焊接及拆焊”中二的要求完成。

3. 调试电路

(1)按装配图正确安装元器件，核对、检查，确认安装、焊接无误后，即可通电调试。

(2)调试。该机所接电源为直流 7.5 V。接通电源后，当无指令信号时，整机电流为 6 mA。断开 VT_2 的负载，测量 VT_2 的集电极电压为 6.4 V。当 MIC 接收到声控信号时，电压很快下降到 0.5 V，并又回复到原来 6.4 V 即为正常。调整 R_2 的阻值可以改变 VT_1、VT_2 的工作点，一般选在 200～500 kΩ 范围内，阻值太大，对声频信号反应迟钝，太小则输出波形变坏。VT_3 的集电极电压为 6 V，而 VT_4 的集电极电压为 0.2 V，这时双稳态电路正常，当接上 C_5、C_6 后，音频放大电路有信号送来，电路便会翻转。末级调试时在 VT_5 集电极串入直流电流表，调整 R_{14} 使吸合电流达到继电器的额定值。

(3)调试训练。

①断开 VT_2 集电极，调整和检查声频放大器的工作状态。当 MIC 输入音频信号时，VT_2 的集电极电压会有一个突变，说明电路正常。

②连上 VT_2 集电极的缺口，负脉冲就加到双稳态电路的输入端口，双稳态电路翻转，用万用表的电压挡可以测出 VT_3、VT_4 集电极电压的变化。

③如果 VD_3 接反，双稳态电路的输出信号就无法送到 VT_5 的基极，VT_5 截止，继电器不动作。

④测试电路中各管的工作电压，并填入记录表 3.5－5 中。

表 3.5－5　声控开关制作技训表

测量点	电压值/V								
	VT_1	VT_2		VT_3		VT_4		VT_5	
		绿灯亮	绿灯灭	绿灯亮	绿灯灭	绿灯亮	绿灯灭	绿灯亮	绿灯灭
U_e									
U_b									
U_c									
调试中出现的故障及排除方法									

实训六　声控延时开关制作

实训目标

知识目标：

(1)了解单稳态电路的特点、电路形式和工作原理。

(2)了解声控延时开关的工作原理。

(3)熟读并检测色环电阻、电容、电感、三极管、话筒、继电器等元器件。

能力目标：

能根据电路原理图设计制作简单的印制电路板，并能自主完成整个电路制作、元器件安装、调试等操作，正确使用各种仪器，检测各种元器件，并具有排除电路简单故障的能力。

实训仪器：

单面敷铜板一块，电容、电感、三极管、话筒、继电器等元器件一套，焊锡丝，电烙铁，吸锡器，松香，镊子，斜口钳，电钻一把，万用表，示波器，复写纸，铅笔，美工刀一把或激光打印机一台，热转印纸，热转印机一台，三氯化铁腐蚀剂等。

实训内容

一、电路原理图

电路原理如图 3.6－1 所示。

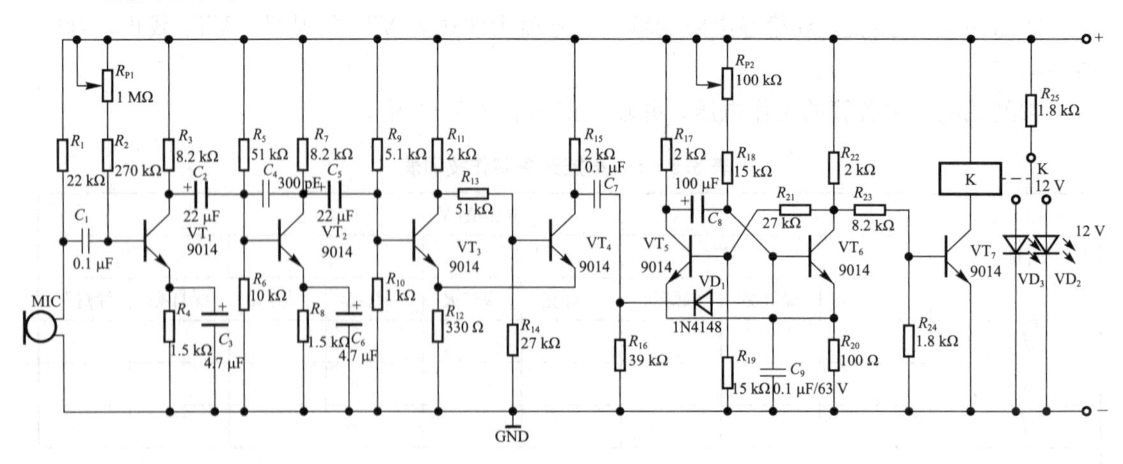

图 3.6－1　电路原理图

二、电路工作原理

本电路由两级音频放大器、施密特触发器、单稳态电路和驱动电路等组成。

两级音频放大器对接收的音频信号进行放大，被放大的信号经施密特触发器整形成脉冲，触发单稳态电路从稳态变为暂稳态，经过一段时间后回到稳态完成延时。

当接通电源后，稳压电源输出 12 V 直流电压，此时单稳态电路中 VT_5 截止、VT_6 饱和，VT_7 反相器截止，继电器 K 不吸合，VD_3 红色发光二极管亮。

音响信号由话筒 MIC 或耳机 B 接收后，经 VT_1、VT_2 构成的两级音频放大器放大，由 VT_3、VT_4 及周围元件组成的施密特触发器整形，触发单稳态电路。VD_1 导通，导致 VT_6 截止，VT_6 的集电极高电位使 VT_7 导通，控制继电器 K 吸合，发光二极管 VD_3 熄灭，VD_2 点亮。经过延时，单稳态电路翻转回原始状态，继电器 K 释放，再转变为 VD_3 亮，VD_2 灭。

单稳态电路延时时间的长短由 R_{P2}、R_{18}、C_8 决定，调节 R_{P2} 可改变单稳态翻转的快慢。

三、元器件选择、识别与检测

1. 元器件的识别

电阻、电容、二极管、发光二极管、三极管、驻极体话筒等元器件的识别与检测在前面已经介绍过了，这里不再赘述，检测时参考前面内容。

2. 元器件清点及检测

按表 3.6－1 所列清单清点元器件，根据前面的介绍对相关元器件进行检测，并将相关数据填入表 3.6－1 中。

表 3.6－1　元器件检测表

元件类型		器件	规格	数量	检测结果
电容	电解电容	C_2	22 μF/16 V	2	标识： 漏阻：
		C_3、C_6	4.7 μF/16 V	2	标识： 漏阻：
		C_5	22 μF/16 V	1	标识： 漏阻：
		C_8	100 μF/16 V	1	标识： 漏阻：
	涤纶电容	C_1、C_7、C_9	0.1 μF/63 V	2	标识：
	圆片电容	C_4	300 pF	1	标识：
二极管	开关二极管	VD_1	1N4148	1	正向阻值： 反向阻值：
	发光二极管	VD_2（绿色）	LED	1	正向阻值： 反向阻值：
		VD_3（红色）		1	

续表

元件类型	器件	规格	数量	检测结果
继电器	K	12 V	1	线圈直流电阻： 结构图：
驻极体话筒	MIC	SIP2	1	灵敏度：
三极管	VT_1、VT_2、VT_3、VT_4、VT_5、VT_6、VT_7	9014	7	管型： β=______ 引脚排列：
电阻	R_1	22 kΩ	1	色环： 实测阻值：
	R_2	270 kΩ	1	色环： 实测阻值：
	R_3、R_7、R_{23}	8.2 kΩ	3	色环： 实测阻值：
	R_4、R_8	1.5 kΩ	2	色环： 实测阻值：
	R_5、R_{13}	51 kΩ	2	色环： 实测阻值：
	R_6	10 kΩ	1	色环： 实测阻值：
	R_9	5.1 kΩ	1	色环： 实测阻值：
	R_{10}	1 kΩ	1	色环： 实测阻值：
	R_{11}、R_{15}、R_{17}、R_{22}	2 kΩ	4	色环： 实测阻值：
	R_{12}	330 Ω	1	色环： 实测阻值：
	R_{14}	27 kΩ	1	色环： 实测阻值：
	R_{16}	39 kΩ	1	色环： 实测阻值：
	R_{18}、R_{19}	15 kΩ	2	色环： 实测阻值：
	R_{20}	100 Ω	1	色环： 实测阻值：
	R_{21}	27 k	1	色环： 实测阻值：

续表

元件类型	器件	规格	数量	检测结果
电阻	R_{24}、R_{25}	1.8 kΩ	2	色环： 实测阻值：
电位器	R_{P1}	1 MΩ	1	标识： 实测阻值：
	R_{P2}	100 kΩ	1	标识： 实测阻值：
直流电源		12 V		

四、电路装配图与印制版图

电路装配图与印制版图如图 3.6－2 至图 3.6－5 所示。

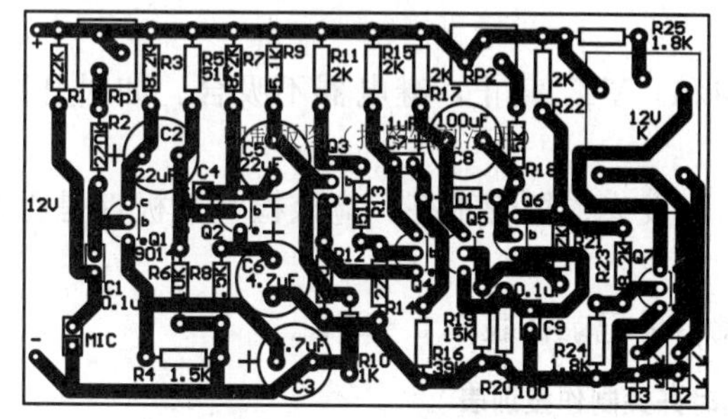

图 3.6－2　电路装配图

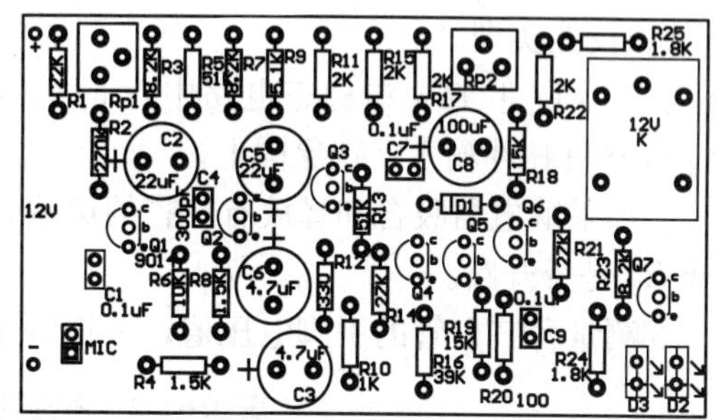

图 3.6－3　元器件分布图

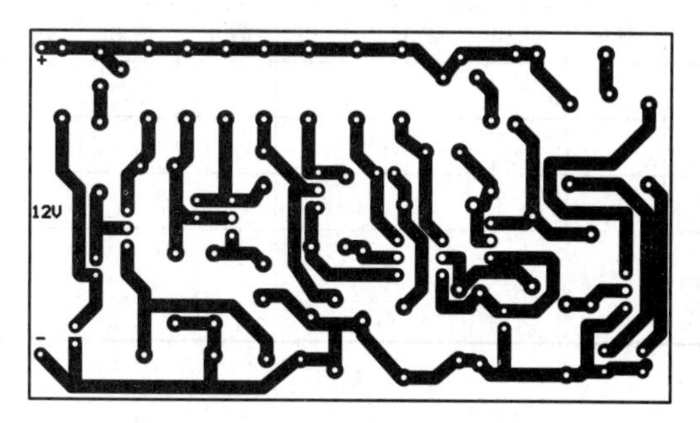

图 3.6－4　印制版图(热转印用)

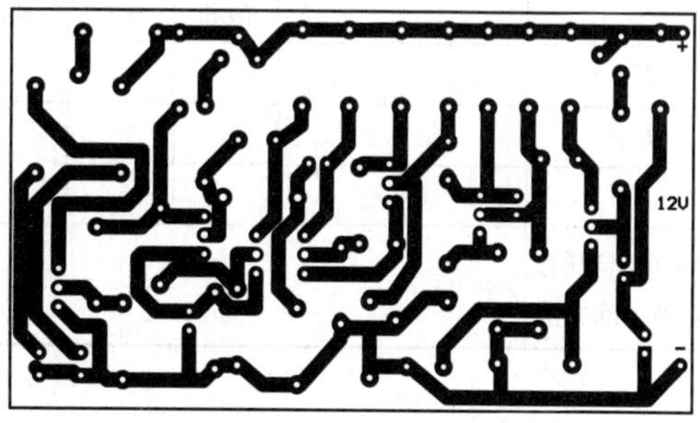

图 3.6－5　印制版图(描图蚀刻法用)

五、制版、装配与调试

1. 安装电路板的制作

根据印制板的制作内容中介绍的步骤及要求制作好电路板，具体步骤：选择敷铜板，清洁板面；按照装配图复印电路和描版；腐蚀电路板；修板；钻孔；涂助焊剂。

2. 装配

根据装配图及原理图，按“电路板手工焊接及拆焊”中元器件插装工艺要求正确安装、焊接元器件。元器件的引线要根据焊盘插孔和安装要求弯折成所需要的形状，均按第二部分实训一“电路板手工焊接及拆焊”中二的要求完成。

3. 调试电路

(1)按装配图正确安装元器件，核对、检查，确认安装、焊接无误，无短路或缺线后即可通电调试。

(2)调试。接通电源后，红灯亮，用手指轻弹耳机(话筒)应能使继电器吸动，转为绿灯亮、红灯灭。若电路不能动作，则为电路故障。这时需用万用表欧姆挡在无电的条件下检查三极管是否良好、引脚有无插错，用观察法检查阻容元件安装有无错误。特别是线路板中的放大部分之间的连接线是否准确安装；或者在通电情况下用电压表测量有关点的电压，判断故障部位。绿灯亮后经延时电路能自动恢复，继电器释放，红灯亮、绿灯灭。调节 R_{P2} 可改变延时时间，要求调到(4±1)s。

(3)技能实训。

①若 VD_1 反接，单稳态电路中 VT_6 常饱和，VT_7 截止，继电器不吸合。如果开路，VT_6 没有负脉冲输入，现象同上。

②如果继电器吸合和释放有“嗒”的声响，而发光二极管不亮，应该检查其极性是否装错或 R_{25} 是否开路。

③测量各三极管的引脚电压值，并将测量结果记录在表 3.6-2 中。

表 3.6-2　声控延时开关制作技训表

测量点	电压值/V											
	VT_1	VT_2	VT_3		VT_4		VT_5		VT_6		VT_7	
			饱和	截止	饱和	截止	饱和	截止	饱和	截止	饱和	截止
U_e												
U_b												
U_c												
测试中出现的故障及排除方法												

实训七　双声道音频放大器制作

知识目标：

(1)了解音频功率放大器 LM386 的结构特点。

(2)了解音频功率放大器 LM386 的几种常用电路及其工作原理。

(3)掌握色环电阻、电容、双联电位器等元器件的识读和检测方法。

能力目标：

(1)学会集成功率放大电路的应用。

(2)熟练掌握各种常用元器件的检测和判别。

(3)掌握印制电路板的制作及焊接技术，并具有排除电路简单故障的能力。

实训仪器：

敷铜板一块，电阻、电容、LM386 集成电路等实训套件一套，焊锡丝，电烙铁，吸锡器，松香，镊子，斜口钳，万用表，示波器，电钻一把，复写纸，铅笔，美工刀一把或激光打印机一台，热转印纸，热转印机一台，三氯化铁腐蚀剂等。

实训内容

一、电路原理图

电路原理图如图 3.7－1 所示。

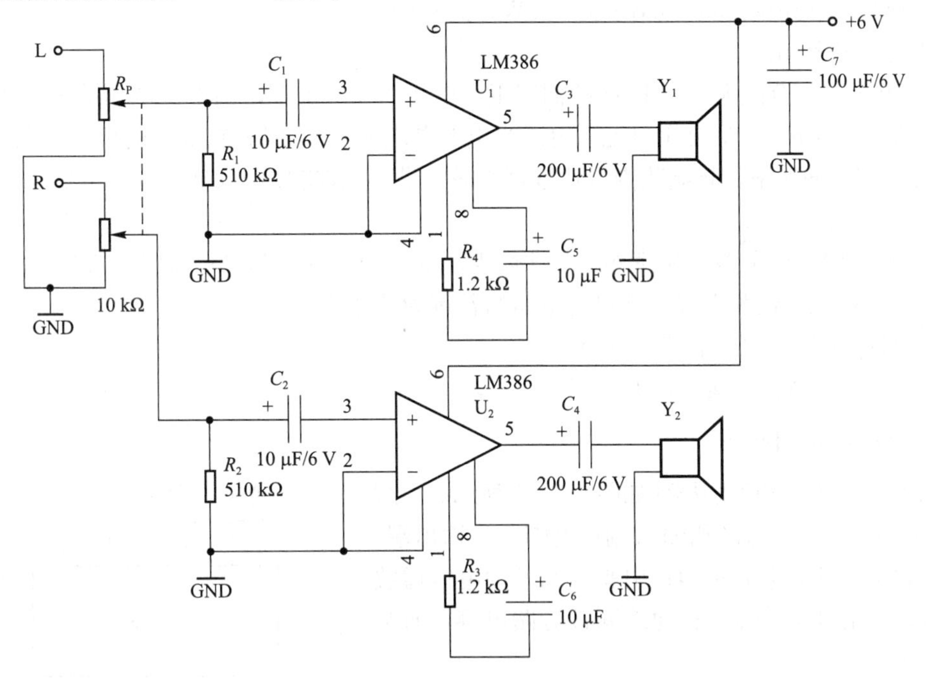

图 3.7－1　电路原理图

二、电路工作原理

这是一个用 LM386 组成的 OTL 应用电路，4 脚接“地”，6 脚接电源(6 V)。2 脚接地，信号从同相输入端 3 脚输入，5 脚通过 200 μF 电容向扬声器 Y_1 提供信号功率。1、8

脚之间接 10 μF 电容和 1.2 kΩ 电阻，用来调节增益，放大增益为 50。同相输入端 3 脚接的电位器可用于调节输入信号，从而控制音量。本电路采用两块功放集成电路 LM386，可以同时放大左、右声道的信号，把仅能用耳机收听的微型收音机、小宝贝等的输出信号进一步放大，使大家可以共同欣赏。

为了更好地掌握电路的原理，下面先来了解核心器件 LM386。

1. LM386 的特点

LM386 是小功率音频集成功放。LM386 的封装形式有塑封 8 引线双列直插式和贴片式的塑料封装，如图 3.7－2 所示。

图 3.7－2 LM386 实物

它主要应用于低电压消费类产品，广泛应用于调幅一调频无线电放大器、便携式磁带重放设备、内部通信电路、电视音频系统、线性驱动器、超声波驱动器和功率变换电路。它主要有以下优点。

(1)自身功耗低。工作电压为 4 V、负载电阻为 4 Ω 时，输出功率(失真为 10%)为 300 mW。工作电压为 6 V、负载电阻为 4 Ω、8 Ω、16 Ω 时，输出功率分别为 340 mW、325 mW、180 mW，而它的静态功耗仅为 24 mW。

(2)电源电压范围大。LM386 的额定工作电压为 4～16 V，当电源电压为 6 V 时，静态工作电流为 4 mA，适合用电池供电。当电源电压为 12 V 时，在 8 Ω 的负载情况下，可提供几百 mW 的功率。频响范围可达数百千赫。最大允许功耗为 660 mW(25 ℃)，不需散热片。

(3)电压增益可调整。为使外围组件最少，电压增益内置为 20。但在 1 脚和 8 脚之间增加一只外接电位器和电容，便可将电压增益调为任意值，直至 200。

(4)外接组件少和总谐波失真小。

它的典型输入阻抗为 50 kΩ。

2. LM386 的引脚图

LM386 的外形和引脚排列如图 3.7－3 所示。引脚 2 为反相输入端，3 为同相输入端；引脚 5 为输出端；引脚 6 和 4 分别为电源和地；引脚 1 和 8 为电压增益设定端；使用时在引脚 7 和地之间接旁路电容，通常取 10 μF。

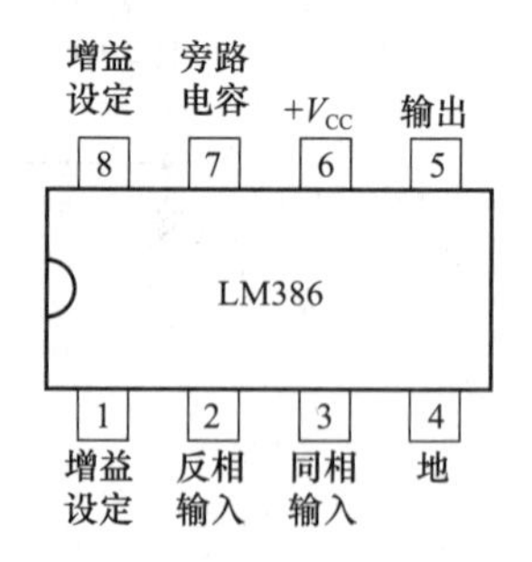

图 3.7－3 LM386 的外形及引脚排列

3. LM386 的典型应用电路

LM386 的典型应用电路如图 3.7－4 所示。本制作中电路采用的是放大增益为 50 的电路接法。

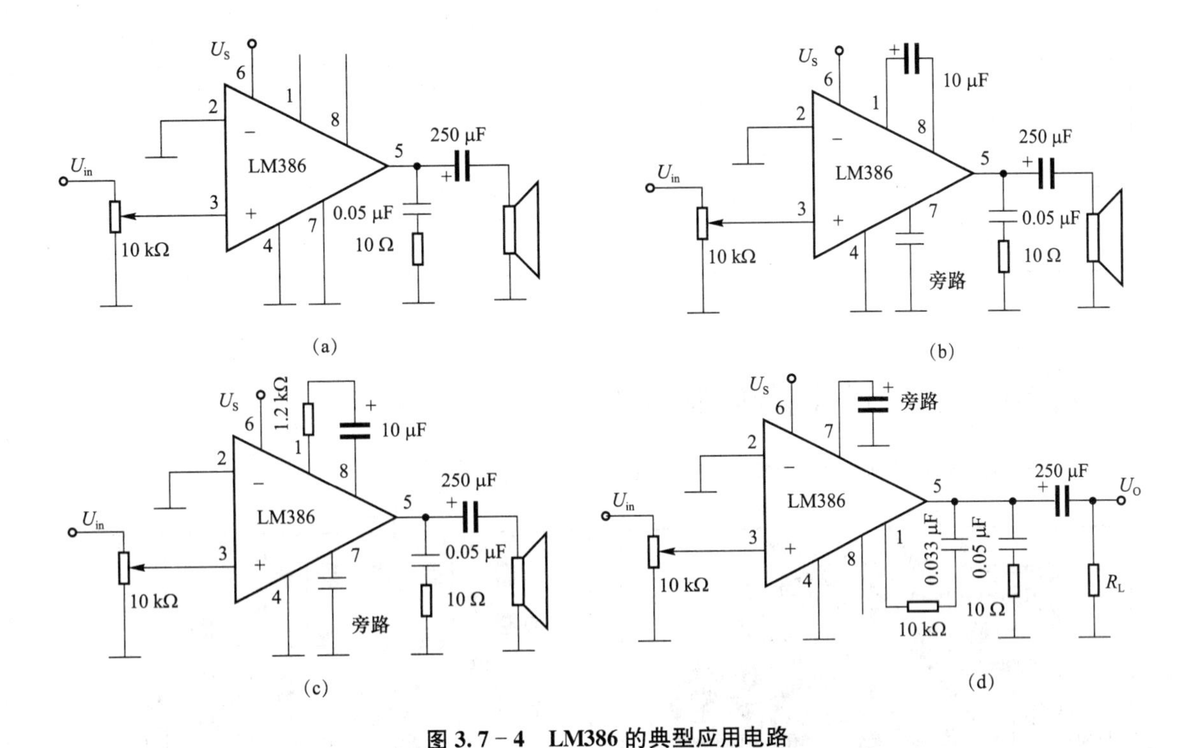

图 3.7－4 LM386 的典型应用电路

(a)放大器增益＝20(器件最少)；(b)放大器增益＝200；(c)放大器增益＝50；(d)低频提升放大器

三、元器件选择、识别与检测

按表 3.7－1 所列清单清点元器件，根据前面的介绍对相关元器件进行检测并将相关数据填入表 3.7－1 中。

表 3.7－1 元器件检测表

组件类型		器件	规格	数量	检测情况
电解电容		C_1、C_2、C_5、C_6	10 μF/6 V	4	标识： 漏阻：
		C_3、C_4	200 μF/6 V	2	标识： 漏阻：
		C_7	100 μF/6 V	1	标识： 漏阻：
电阻	电阻	R_1、R_2	510 kΩ	2	色环： 实测阻值：
		R_3、R_4	1.2 kΩ	2	色环： 实测阻值：
	双连电位器	R_P	10 kΩ	1	标识： 实测阻值：

续表

组件类型	器件	规格	数量	检测情况
集成功放	U_1、U_2	LM386	2	
集成块脚座		8 脚	2	
扬声器	Y_1、Y_2	8 Ω	2	直流阻值：
电源		6 V	1	

四、电路装配图与印制版图

电路装配图与印制版图如图 3.7－5 至图 3.7－8 所示。

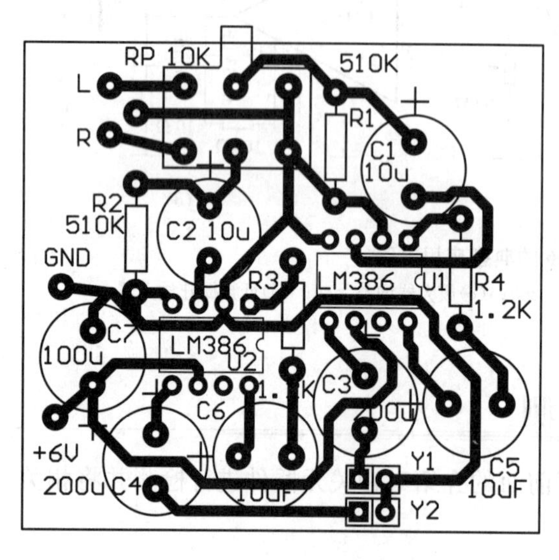

图 3.7－5 装配图

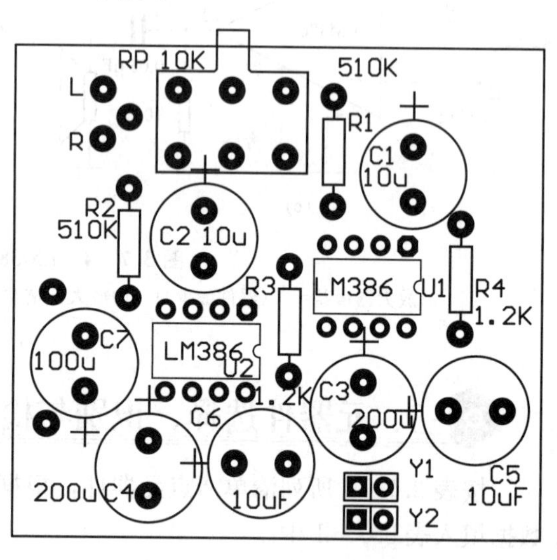

图 3.7－6 元器件分布图

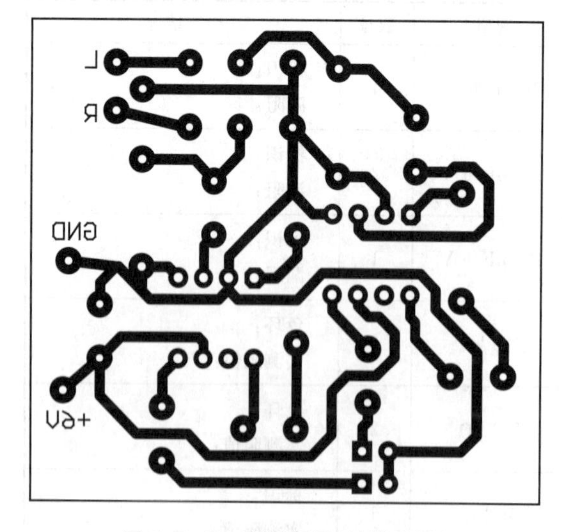

图 3.7－7 印制版图(热转印用)

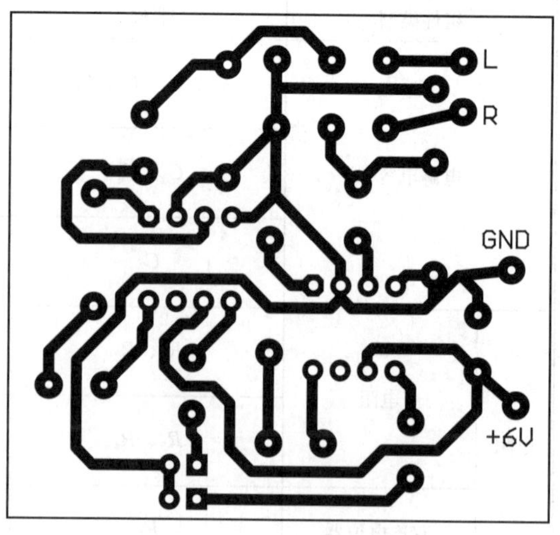

图 3.7－8 印制版图(描图蚀刻法用)

五、制版、装配与调试

1. 安装电路板的制作

根据印制板的制作内容中介绍的步骤及要求制作好电路板，具体步骤：选择敷铜板，清洁板面；按照装配图复印电路和描版；腐蚀电路板；修板；钻孔；涂助焊剂。

2. 装配

元器件预加工处理主要包括引线的校直、表面清洁及搪锡 3 个步骤(视元器件引脚的可焊性，也可省略这 3 个步骤)，均按“电路板手工焊接及拆焊”中二的要求完成；焊接前元器件的引线要根据焊盘插孔和安装要求弯折成所需要的形状，均按“电路板手工焊接及拆焊”中二的要求完成。然后根据装配图及原理图，按“电路板手工焊接及拆焊”中元器件插装工艺要求正确安装、焊接元器件。先焊接电阻、电容，最后焊接集成电路。焊接集成电路时一定要注意集成电路的引脚排列顺序，一旦错焊很难解焊。

该放大器的输入端采用双路插头，分别对应音频的左、右声道，在焊接时要注意不可将声道焊错。

3. 调试

(1)如果音质不好，可将 C_3、C_4 的容量增大到 470 μF。若发现背景噪声较大，可以在集成电路 8 脚与地之间接入一只 10 μF 的电容器。

(2)测试 LM386 各个引脚的电压并填入表 3.7－2 中。

表 3.7－2　双声道音频放大电路技训表

测量点	1	2	3	4	5	6	7	8
电压值/V								

(3)接通电源。从输入端输入正弦信号(f＝1 000 Hz)，用示波器观察输出电压波形。逐渐增大输入信号 u_i，使输出波形为最大不失真电压，记下 U_{ippm}＝________________及 U_{oppm}＝________________。测量音响功率放大电路的电压放大倍数 A_u，输出功率 P_o。

①放大器电压放大倍数 $A_u=\frac{U_{oppm}}{U_{ippm}}=$________________。

式中，U_{oppm} 为输出电压信号峰-峰值；U_{ippm} 为输入电压信号峰-峰值。

②输出功率 $P_o=\frac{U_o^2}{R_L}=$________________。

式中，U_o 为输出正弦电压有效值，$U_o=\frac{U_{oppm}}{2\sqrt{2}}$；$R_L$ 为负载阻值。

实训八　自动抽水机制作

实训目标

知识目标：

(1)理解电路的工作原理并掌握各部分电路的功能。

(2)了解 LM324 四运放放大器的结构特点及其工作原理。

(3)了解常用元器件的结构、参数、特性及主要应用。

能力目标：

(1)能熟练识读并检测各常用元器件。

(2)能熟练掌握印制电路板的制作及焊接技术。

(3)能自主完成整个电路制作、元器件安装、调试等操作，正确使用各种仪器，检测各种元器件，并具有排除电路简单故障的能力。

实训仪器：

敷铜板一块，电阻、电容、继电器、7812、LM324 等实训套件一套，焊锡丝，电烙铁，吸锡器，松香，镊子，斜口钳，万用表，示波器，电钻一把，复写纸，铅笔，美工刀一把或激光打印机一台，热转印纸，热转印机一台，三氯化铁腐蚀剂等。

实训内容

一、电路原理图

电路原理如图 3.8－1 所示。

二、电路工作原理

图 3.8－1 所示为自动抽水电路，当蓄水池内的水位下降到一定程度时，它能根据水池内的水位自动抽水。下面简述本电路的工作原理。220 V 交流电经变压器降压、VD_1～VD_4 桥式整流、电容 C_1 滤波后，再经三端稳压集成电路 7812 稳压，获得稳定的 12 V 直流电压，向控制器提供稳定的直流电源。本电路的抽水控制电路是以 LM324 四运放放大器为核心的比较放大电路构成的。

LM324 是四运放集成电路，它采用 14 脚双列直插塑料封装，外形如图 3.8－2 所示。它的内部包含 4 组形式完全相同的运算放大器，除电源共用外，4 组运放相互独立。

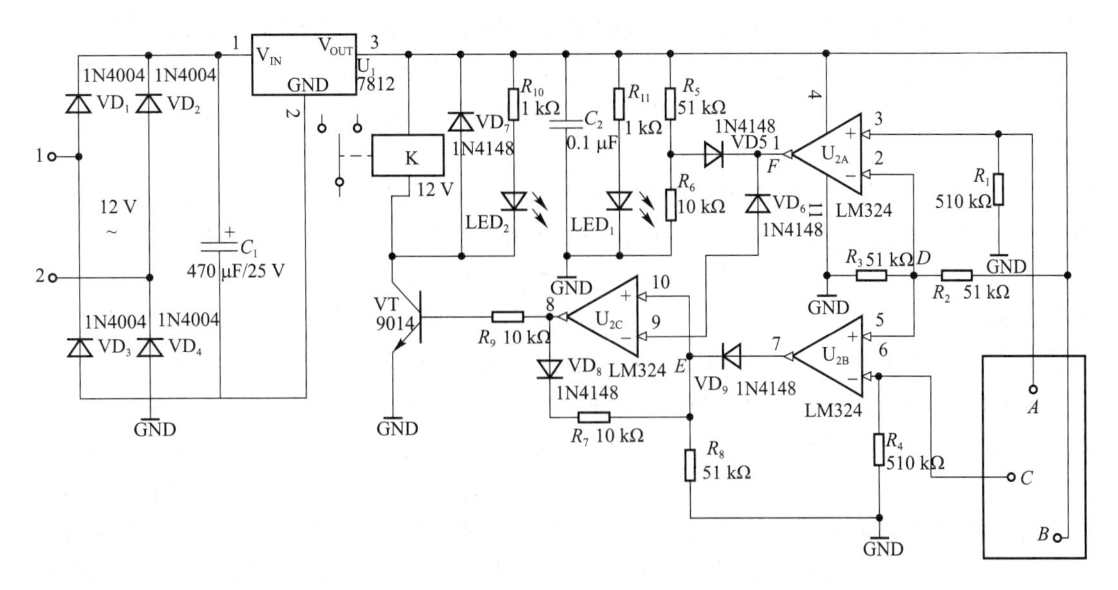

图 3.8－1　电路原理图

图 3.8－2　LM324 实物

每一组运算放大器可用图 3.8－3(a)所示符号来表示，它有 5 个引出脚，其中“+”“−”为两个信号输入端，“U_+”“U_-”为正、负电源端，“U_o”为输出端。两个信号输入端中，$U_{i(-)}$ 为反相输入端，表示运放输出端 U_o 的信号与该输入端的相位相反；$U_{i(+)}$ 为同相输入端，表示运放输出端 U_o 的信号与该输入端的相位相同。LM324 的引脚排列如图 3.8－3(b)所示。

LM324 四运放电路具有电源电压范围宽、静态功耗小、可单电源使用、价格低廉等优点，因此被广泛应用在各种电路中。当去掉运放的反馈电阻时，或者说反馈电阻趋于无穷大时(即开环状态)，理论上认为运放的开环放大倍数也为无穷大(实际上是很大，如 LM324 运放

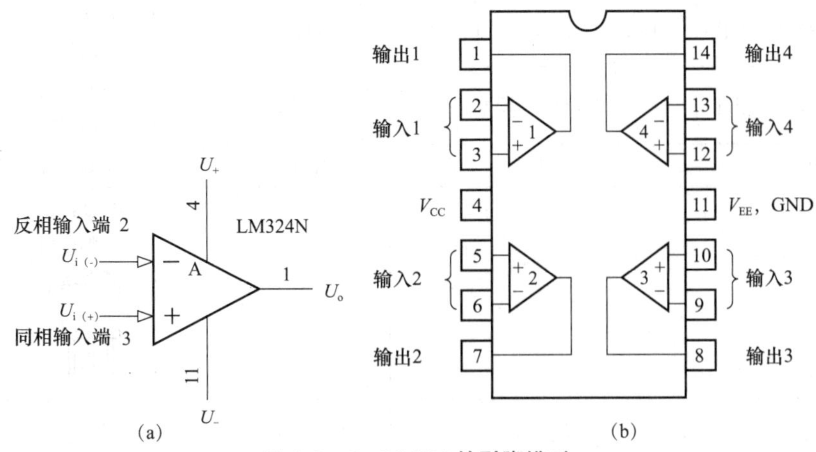

图 3.8－3　LM324 的引脚排列

开环放大倍数为 100 dB，即 10 万倍）。此时运放便形成一个电压比较器，其输出如不是高电平(V_+)，就是低电平(V_-或接地)。当正输入端电压高于负输入端电压时，运放输出高电平。

在本电路中 U_{2A} 和 U_{2B} 组成一个电压上下限比较器，当 $U_D<U_A(U_3)$ 时，运放 U_{2A} 输出高电平；当 $U_D>U_C(U_6)$ 时，运放 U_{2B} 输出高电平。

当水位低至 B 点时，A、C 两点的电位为 0 V，而 D 点电压由电阻 R_2、R_3 分压后约为 1/2 电源电压；F 点电压由电阻 R_5、R_6 分压经二极管 VD_5 后约为 1/6 电源电压；E 点电压约为电源电压，故 U_{2C} 输出高电平，三极管 VT 导通，继电器 K 得电吸合，接通水泵电机电源，水泵工作供水，发光二极管 LED_2 点亮，表示正向水塔上水。当水位上升至 C 点时，C、B 间的水阻与 R_4 分压大于 D 点电压，U_{2B} 输出低电平。此时 U_{2C} 输出端经 VD_8、R_7 与 R_8 分压，则 E 点电压约为 1/2 电源电压，大于 F 点电压，VD_9 截止，U_{2C} 的输出端仍保持高电平。当水位升至 A 点时，B、A 间的水阻与 R_1 分压大于 D 点电压，U_{2A} 输出高电平，二极管 VD_5 截止，F 点电压约为电源电压，大于 E 点电压，U_{2C} 输出低电平，三极管 VT 截止，继电器 K 失电释放，常开触点断开水泵电机电源，水泵停止向水塔供水，发光二极管 LED_2 熄灭。LED_1 为电源指示灯。

另外，探头 C 采用金属裸铜线，探头 A 与探头 B 可用带有绝缘套管的金属线，只在导线端部裸露出 0.5～1 cm 即可，之后将它们固定在水箱中相应位置。

三、元器件选择、识别与检测

按表 3.8－1 所列清单清点元器件，根据前面的介绍对相关元器件进行检测，并将相关数据填入表 3.8－1 中。

表 3.8－1　元器件检测表

元件类型		器件	规格	数量	检测情况
电容	电解电容	C_1	470 μF/25 V	1	标识： 漏阻：
	圆片电容	C_2	0.1 μF	1	标识： 漏阻：
二极管	整流二极管	VD_1、VD_2、VD_3、VD_4	1N4004	4	正向阻值： 反向阻值：
	普通二极管	VD_5、VD_6、VD_7、VD_8、VD_9	1N4148	5	正向阻值： 反向阻值：
	发光二极管	LED_1、LED_2	红、绿	1	正向阻值： 反向阻值：
继电器		K	12 V	1	线圈直流电阻：
三极管		VT	9014	1	管型： 引脚排列：
电阻		R_1、R_4	510 kΩ	2	色环： 实测阻值：

续表

元件类型	器件	规格	数量	检测情况
电阻	R_2、R_3、R_5、R_8	51 kΩ	4	色环： 实测阻值：
电阻	R_6、R_7、R_9	10 kΩ	3	色环： 实测阻值：
	R_{10}、R_{11}	1 kΩ	2	色环： 实测阻值：
三端集成稳压管	U_1	7812	1	
功放	U_2(14 脚)	LM324	1	
集成块脚座		14 脚		

四、电路装配图与印制版图

电路装配图与印制版图如图 3.8－4 至图 3.8－7 所示。

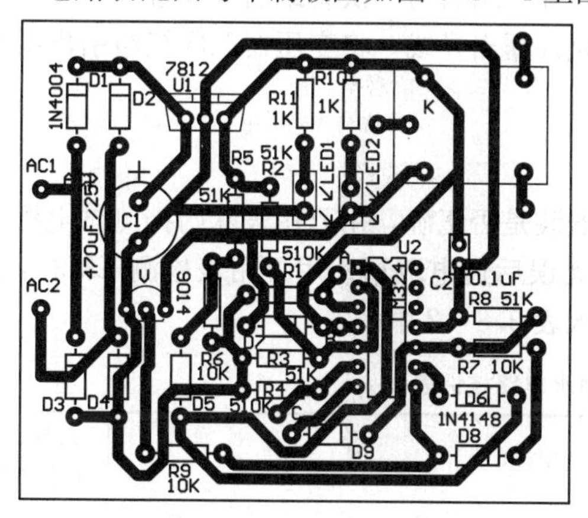

图 3.8－4　装配图

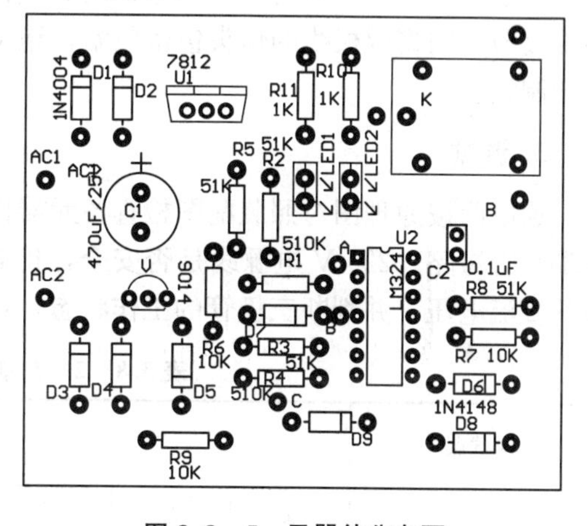

图 3.8－5　元器件分布图

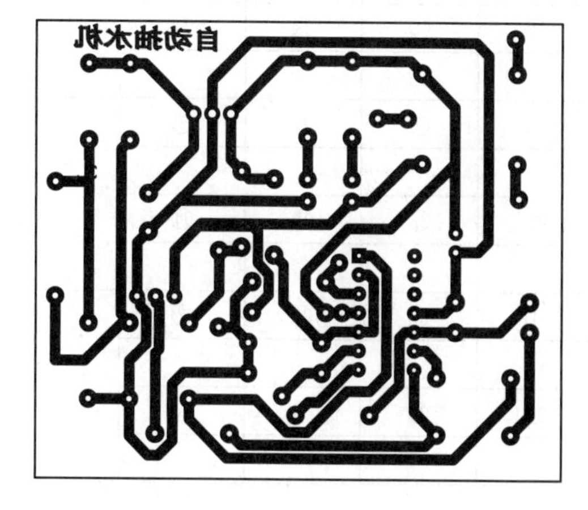

图 3.8－6　印制版图(热转印用)

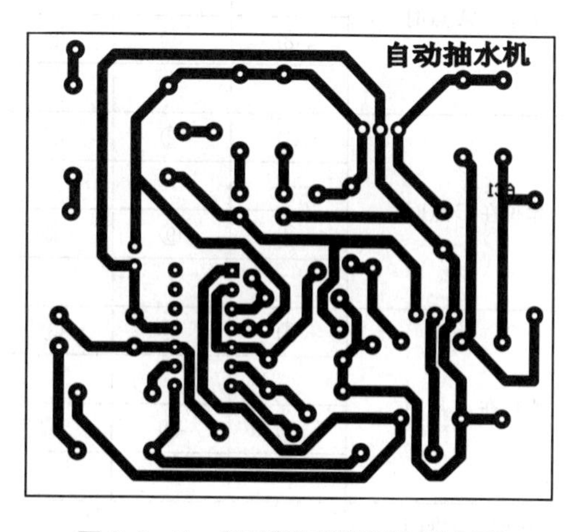

图 3.8－7　印制版图(描图蚀刻法用)

五、制版、装配与调试

1. 安装电路板的制作

根据印制板的制作内容中介绍的步骤及要求制作好电路板，具体步骤：选择敷铜板，清洁板面；按照装配图复印电路和描版；腐蚀电路板；修板；钻孔；涂助焊剂。

2. 装配

根据装配图及原理图，按“电路板手工焊接及拆焊”内容中元器件插装工艺要求正确安装、焊接元器件。但要注意以下几点：

(1)继电器装配时不能倾斜，4只脚均要焊牢。

(2)集成块座应插到底，焊接集成电路时一定要注意集成电路的引脚排列顺序，一旦错焊很难解焊。

(3)电源变压器用螺钉和螺母紧固在印制板上，螺母均放在导线面，变压器一次绕组向外，电源线由印制板的导线面穿过电源线孔，并打结后与一次绕组引线焊接。焊接后用绝缘胶布分别将两根线的焊头包密包紧，绝不允许露出导线。将变压器二次绕组引出线焊在印制板上。

3. 调试

通电前按原理图对照装配图检查各元器件安装是否正确，用万用表欧姆挡测试电源输入端是否短路、220 V电源线是否安全，检查无误后通电测试。用万用表检测LM324各脚的直流电压，并判断三极管的工作状态，填入表3.8－2中。

表3.8－2 自动抽水电路技训表

测试点	LM324							三极管工作状态
水位在*A*点时	①	②	③	④	⑤	⑥	⑦	
	⑧	⑨	⑩	⑪	⑫	⑬	⑭	
水位在*C*点时	①	②	③	④	⑤	⑥	⑦	
	⑧	⑨	⑩	⑪	⑫	⑬	⑭	
水位在*B*点时	①	②	③	④	⑤	⑥	⑦	
	⑧	⑨	⑩	⑪	⑫	⑬	⑭	
调试中出现的故障及排除方法								

实训九　变音门铃制作

实训目标

知识目标：

(1)掌握 NE555 定时器各引脚的功能和输入与输出的逻辑规律及使用方法。

(2)通过变音门铃的制作熟悉 NE555 集成定时器的结构及工作原理，了解 NE555 集成定时器构成多谐振荡器的电路结构及其工作原理。

(3)熟练识读色环电阻、电容、二极管、扬声器等元件的标识，并了解其含义。

能力目标：

(1)学会用示波器观察、检测多谐振荡电路的输出波形。

(2)掌握万能电路板设计电路的方法和技巧。

(3)能熟练使用万用表检测各种元器件，并判别其质量的好坏。

(4)学会对电子产品工作原理的分析和调试，并具有排除电路简单故障的能力。

实训仪器：

万能电路板一块，电阻、电容等变音门铃套件一套，焊锡丝，电烙铁，吸锡器，松香，镊子，美工刀，斜口钳，万用表，示波器等。

一、电路原理图

电路原理图如图 3.9－1 所示。

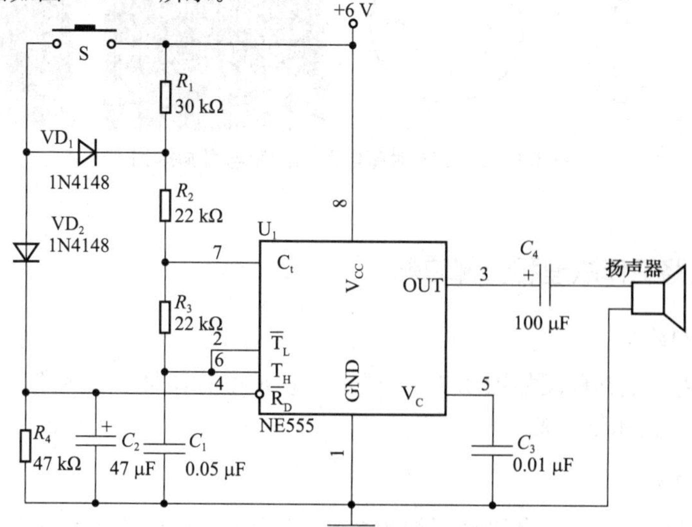

图 3.9－1　电路原理图

二、电路工作原理

本电路是用NE555集成电路接成的多谐振荡器。当按下按钮S时，电源经VD_2对C_2充电，当集成电路4脚(复位端)电压大于1 V时，电路振荡，扬声器中发出“叮”声。松开按钮S，C_2电容储存的电能经R_4电阻放电，但集成电路4脚继续维持高电平而保持振荡，这时因R_1电阻也接入振荡电路，振荡频率变低，使扬声器发出“咚”声。当C_2电容器上的电能释放一定时间后，集成电路4脚电压低于1 V，此时电路停止振荡。再按一次按钮S，电路将重复上述过程。

NE555集成电路是本电路的核心器件，是由模拟电路和数字电路组合而成的，应用非常广泛。下面来了解一下NE555的结构和特点。

(一)555时基电路的特点

(1)555集成块在电路结构上是由模拟电路和数字电路组合而成的，它将模拟功能与逻辑功能兼容为一体，能够产生精确的时间延迟和振荡。

(2)555时基电路可以采用4.5～15 V的单独电源，也可以与其他运算放大器和TTL电路共享电源。

(3)一个单独的555时基电路，可以提供近15 min的较准确的定时时间。

(4)555时基电路具有一定的输出功率，最大输出电流达200 mA，带负载能力强，可直接驱动继电器、小电动机、指示灯及喇叭等负载。

(二)555时基电路的两种结构

一种为金属圆壳封装，另一种为陶瓷双列封装，常见外形与引脚排列如图3.9－2所示。

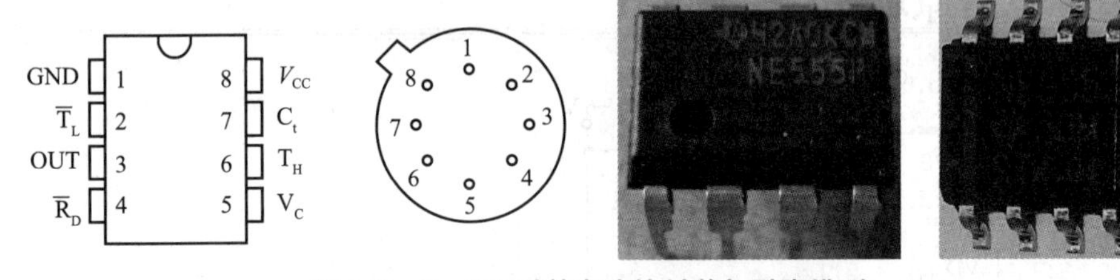

图3.9－2 555时基电路的封装与引脚排列

(三)555电路工作原理和引脚功能

1. 555电路的结构

555电路的内部电路框图如图3.9－3所示，它是由分压器、比较器、RS触发器、输出级、放电开关等五部分组成。

2. 引脚的功能

555集成块共有8个脚，各脚排列如图3.9－4所示，各脚的功能依次如下。

1 脚(V_{SS})：电源负端。

2 脚($\overline{T}_L$)：低触发端，简称触发端。

3 脚(OUT)：输出端。

4 脚($\overline{R}_D$)：强制复位端，又称"0"端，如果不需要强制复位，可与电源正极相连。

5 脚(V_C)：可用来调节比较器的基准电压，简称控制端，如果不需调节，可悬空或通过 0.01 μF 电容接地。

6 脚(T_H)：高触发端，也称阈值端(门限端)。

7 脚(C_t)：放电端。

8 脚(V_{CC})：电源正端。

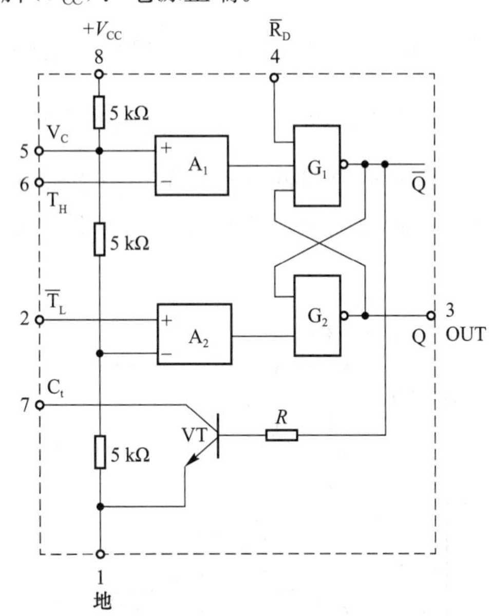

图 3.9－3　555 电路的内部结构框图

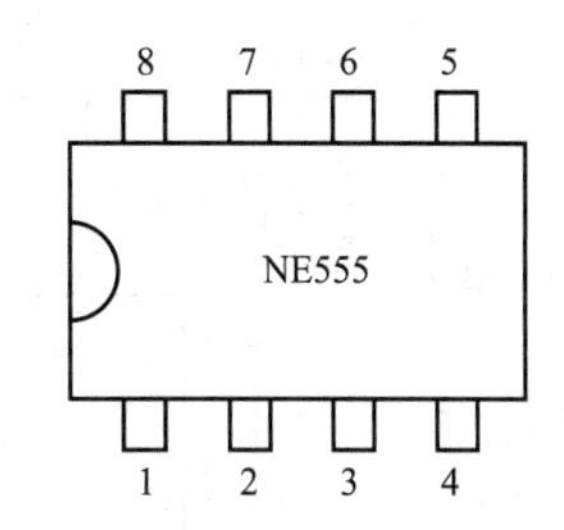

图 3.9－4　555 电路的引脚排列

3. 555 定时器的功能表

555 定时器功能表见表 3.9－1。

表 3.9－1　555 定时器的功能表

4 脚($\overline{R}_D$)复位端	6(T_H)高触发端	2 脚($\overline{T}_L$)低触发端	Q	3 脚(OUT)输出端	放电管 VT
0	×	×	0	0	导通
1	$U_{T_H}>\frac{2}{3}V_{CC}$	$U_{\overline{T}_L}>\frac{1}{3}V_{CC}$	0	0	导通
1	$U_{T_H}<\frac{2}{3}V_{CC}$	$U_{\overline{T}_L}>\frac{1}{3}V_{CC}$	保持	保持原态	保持不变
1	$U_{T_H}<\frac{2}{3}V_{CC}$	$U_{\overline{T}_L}<\frac{1}{3}V_{CC}$	1	1	截止
1	$U_{T_H}>\frac{2}{3}V_{CC}$	$U_{\overline{T}_L}<\frac{1}{3}V_{CC}$	1	1	截止

(四)555 集成电路的几种应用

时基集成电路 555 并不是一种通用型的集成电路，但它可以组成上百种实用的电路，可谓变化无穷，故深受人们的欢迎。

555 时基电路可用作脉冲发生器、方波发生器、单稳态多谐振荡器、双稳态多谐振荡器、自由振荡器、内振荡器、定时电路、延时电路、脉冲调制电路、仪器仪表的各种控制电路及民用电子产品、电子琴、电子玩具等。

555 定时器的典型应用

1)构成单稳态触发器

由 555 定时器和外接定时组件 R、C 构成的单稳态触发器如图 3.9－5 所示。触发电路由 C_1、R_1、VD 构成，其中 VD 为钳位二极管，稳态时 555 电路输入端处于电源电平，内部放电开关管 VT 导通，输出端 F 输出低电平，当有一个外部负脉冲触发信号经 C_1 加到 2 端，并使 2 端电位瞬时低于$\frac{1}{3}V_{CC}$时，低电平比较器动作，单稳态电路即开始一个瞬时过程，电容 C 开始充电，电压 u_C 按指数规律增长。当 u_C 充电到$\frac{2}{3}V_{CC}$时，高电平比较器动作，比较器 A_1 翻转，输出 u_o 从高电平返回低电平，放电开关管 VT 重新导通，电容 C 上的电荷很快经放电开关管放电，瞬时结束，恢复稳态，为下个触发脉冲的来到做好准备。

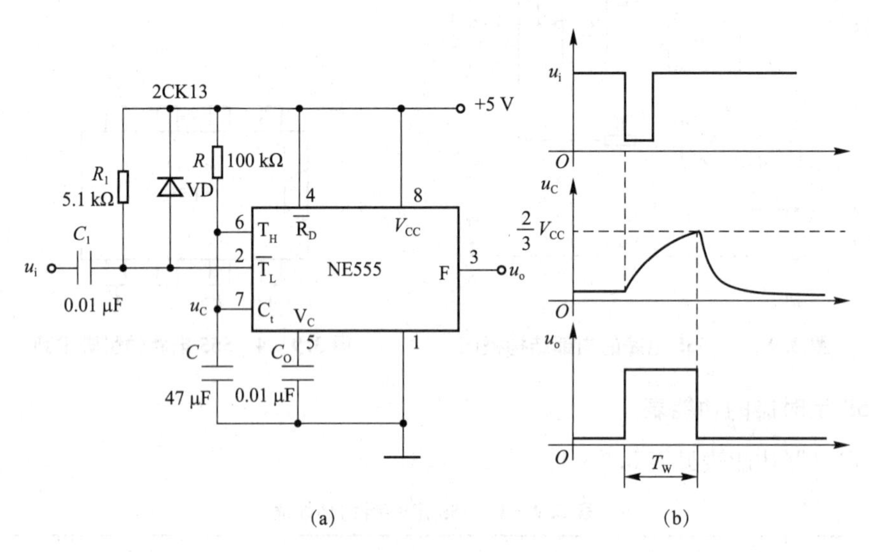

图 3.9－5 单稳态触发器

(a)电路；(b)波形

暂稳态的持续时间 t_W(即为延时时间)决定于外接组件 R、C 值的大小。$t_W=1.1RC$。

2)构成多谐振荡器

由 555 定时器和外接组件 R_1、R_2、C 构成多谐振荡器，如图 3.9－6(a)所示，2 脚与 6 脚直接相连。电路没有稳态，仅存在两个暂稳态，电路也不需要外加触发信号，利用电源通过 R_1、R_2 向 C 充电，以及 C 通过 R_2 向放电端 C_t 放电，使电路产生振荡。电容 C 在$\frac{1}{3}V_{CC}$和$\frac{2}{3}V_{CC}$之间充电和放电，其波形如图 3.9－6(b)所示。

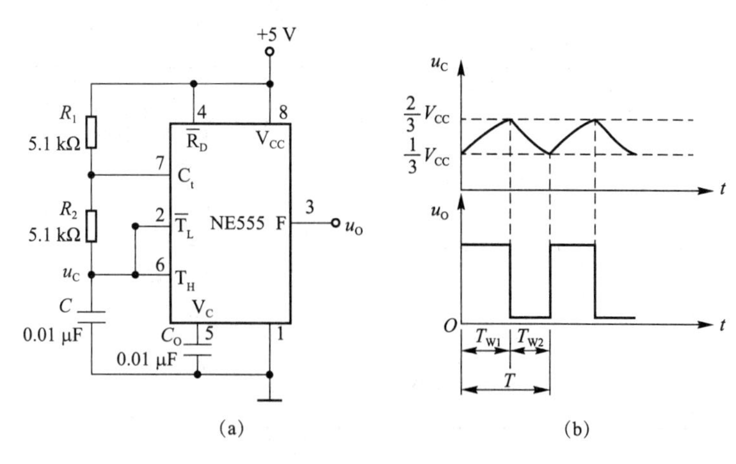

图 3.9－6　多谐振荡器

(a)电路；(b)波形

输出信号的时间参数为：

$$T=t_{W1}+t_{W2}$$

$$t_{W1}=0.7(R_1+R_2)C$$

$$t_{W2}=0.7\,R_2\,C$$

555 电路要求 R_1 与 R_2 均应不小于 1 kΩ，但 R_1+R_2 应不大于 3.3 MΩ。

三、元器件选择、识别与检测

按表 3.9－2 所列清单清点元器件，根据前面的介绍对相关元器件进行检测，并将相关数据填入表 3.9－2 中。

表 3.9－2　元器件检测表

元件类型	器件	规格	数量	检测情况
电阻	R_1	30 kΩ	1	色环： 实测阻值：
	R_2、R_3	22 kΩ	2	色环： 实测阻值：
	R_4	47 kΩ	1	色环： 实测阻值：
涤纶电容	C_1	0.05 μF	1	标称容量： 质量：
	C_3	0.01 μF	1	标称容量： 质量：
电解电容	C_2	47 μF	1	正负极性判别： 质量：

续表

元件类型	器件	规格	数量	检测情况
电解电容	C_4	100 μF	1	正负极性判别： 质量：
按钮开关	S		1	质量：
二极管	VD_1、VD_2	1N4148	2	正向电阻： 反向电阻：
扬声器	Y_1	8 Ω，0.5 W	1	阻值： 质量：
集成电路	U_1	NE555	1	引脚识别： 引脚排列：
集成电路脚座		8 脚	1	
排线			若干	
直流电源		6 V	1	

四、电路装配图

本实训没有提供装配图，要求学生根据原理图按实训二中介绍的方法，在图 3.9－7 所示的图纸上设计好后在万能电路板上自行布局焊接。设计时要求布局合理，不能有交叉线。图 3.9－8 是学生设计的装配接线图，图 3.9－9 是学生按图 3.9－8 装配制作的实物电路。

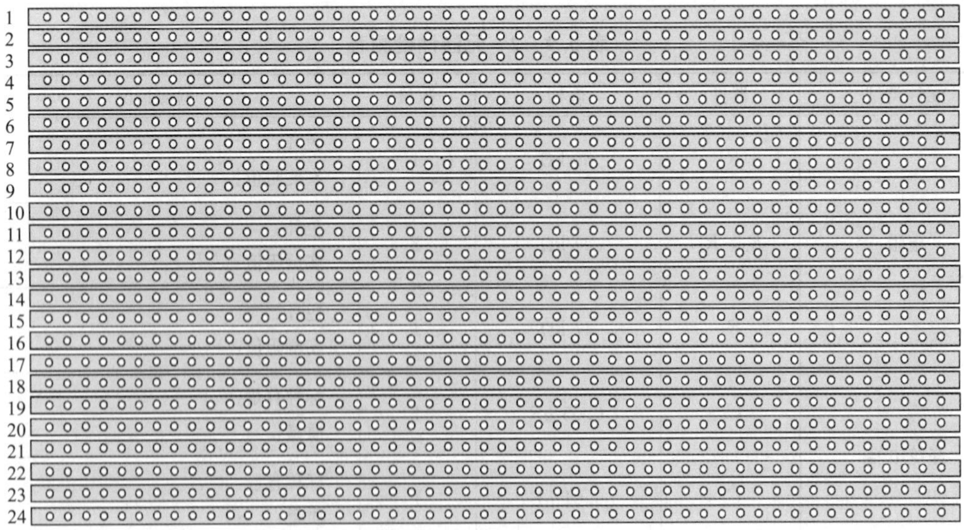

图 3.9－7　设计图纸

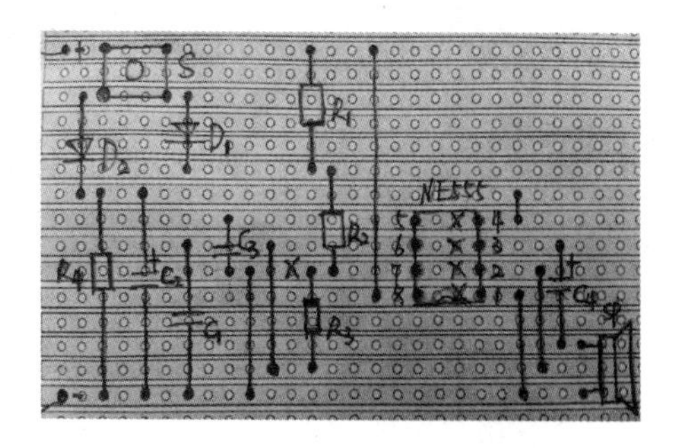

图 3.9－8　学生设计装配接线图

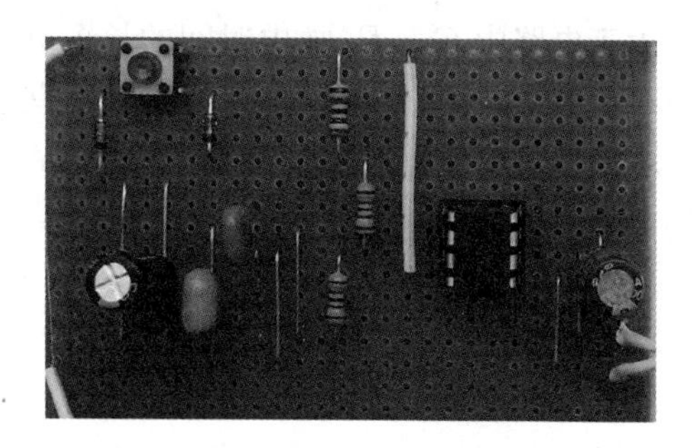

图 3.9－9　学生制作的作品

五、电路装配与调试

1. 元器件的插装、焊接

将各元器件按图纸的指定位置、孔距进行插装、焊接，电阻、电容、二极管、三极管、集成电路插座、电位器等均按“电路板手工焊接及拆焊”中二的要求完成。

2. 元器件成形的工艺要求

元器件的引线要根据焊盘插孔和安装要求弯折成所需要的形状，均按“电路板手工焊接及拆焊”中二的要求完成。

3. 元器件成形加工

元器件预加工处理主要包括引线的校直、表面清洁及搪锡 3 个步骤(视元器件引脚的可焊性也可省略这 3 个步骤)，均按“电路板手工焊接及拆焊”中二的要求完成。

4. 调试(引入仿真实验)

细心将整机装配完成后，必须再仔细检查焊点和连线是否符合要求，元器件到位是否准确，电解电容器的极性是否与图纸一致，经检查无误后方可将集成电路的 8 脚与电源相连，此时扬声器中有声音发出。按下 S 按钮并调整 R_2、R_3 和 C_1 的数值可改变声音的频率，C_1 越小频率越高。断开 S，调整 R_1 电阻的阻值，使扬声器中发出“咚”声。

图 3.9－10 所示为仿真实验电路。

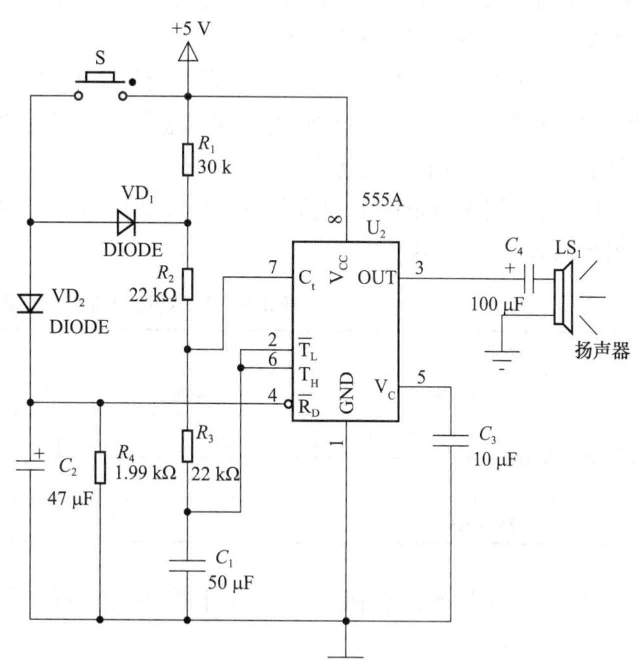

图 3.9－10　仿真实验电路

由于电路中 C_2、R_4 放电时间的长短决定了断开 S 后余音的长短，所以要改变余音的长短可调整 C_2、R_4 的数值，一般余音不宜过长。

本机整机电流、等待电流约为 3.5 mA，鸣叫时电流约为 35 mA。鸣叫时集成电路各脚的电压参考值：

1 脚：0 V；　　5 脚：3.8 V；
2 脚：3.4 V；　　6 脚：3.4 V；
3 脚：3.9 V；　　7 脚：3.6 V；
4 脚：>1 V；　　8 脚：6 V。

此电路一般装配无误即可发出声音，如果发出声音后不能停止，则应检查集成电路 4 脚的电压值。因为 4 脚的电压大于 1 V 时电路便振荡，如果用电压表测 4 脚的电压，振荡器过一段时间会停振，而不接入电压表时振荡器不停振的现象多数原因是 R_4 电阻开路引起的。

不鸣叫时集成电路各脚的电压参考值：

1 脚：0 V；　　5 脚：4 V；
2 脚：0 V；　　6 脚：0 V；
3 脚：0 V；　　7 脚：0 V；
4 脚：0 V；　　8 脚：6 V。

5. 技能训练

(1)如果 VD_2 接反，因为按下 S 按钮，电源不能对 C_2 充电，4 脚不能达到触发电势而不能振荡，门铃电路不工作。

(2)当按下 S 按钮时，电路振荡并发出“叮”声；松开 S 按钮，电路继续振荡并发出“咚”声，余音的长短由 C_2、R_4 放电时间的长短决定，因为 C_2 放电结束后，4 脚的电压小于 1 V，电路不振荡而不能发出声音。

(3)改变 C_1 的数值，变音门铃的音调会发生改变。

(4)根据电路鸣叫时和不鸣叫时的状态不同，测量集成电路有关引脚的电压并记录在技训表中，并且测量整机电流。

(5)用万用表测量按下和松开按钮时 NE555 的 2～4 等脚的电位变化情况，并将测试结果填入表 3.9－3 中。

表 3.9－3　变音门铃制作技训表 1

测试项目		电压值(或电压变化情况)		
NE555 引脚		4 脚	2 脚	3 脚
扬声器鸣叫时	按下按钮时			
	松开按钮时			
扬声器不鸣叫时				

(6)用示波器观察按钮 S 按下和未按下时集成块第 2、6 脚及第 7 脚的波形并填入表 3.9－4和表 3.9－5 中。

①按下按钮 S 时，填表 3.9－4。

②松开按钮 S 时，填表 3.9－5。

表 3.9－4　变音门铃制作技训表 2

第 2、6 脚波形	测量值	第 7 脚波形	测量值
	周期 T=____ 频率 f=____ 变化幅度=____		周期 T=____ 频率 f=____ 变化幅度=____

表 3.9－5　变音门铃制作技训表 3

第 2、6 脚波形	测量值	第 7 脚波形	测量值
	周期 T=____ 频率 f=____ 变化幅度=____		周期 T=____ 频率 f=____ 变化幅度=____

仿真波形如图 3.9－11 所示(分别为 7 脚、2(6)脚、3 脚、4 脚按下时的波形)。

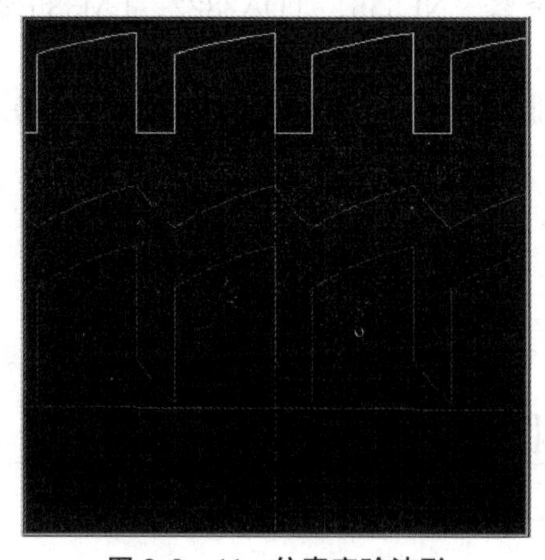

图 3.9－11　仿真实验波形

六、复习与思考

(1)555 集成电路的 8 个引脚如何排列？各引脚名称和功能是什么？

(2)555 集成电路 3 脚输出信号的振荡频率跟哪些参数有关？

(3)余音“咚”的长短跟哪些参数有关？

实训十 对讲门铃制作

实训目标

知识目标：

(1)通过对讲门铃的制作进一步熟悉 555 集成定时器的结构及工作原理，了解 555 集成定时器构成多谐振荡器的电路结构及其工作原理。

(2)了解多谐振荡电路振荡频率的调整方法。

(3)了解音频功率放大器 TDA2822 和 LM386 的引脚功能，掌握功放集成电路的应用常识。

能力目标：

(1)能制作印制电路板并完成整个电路元器件的安装及焊接。

(2)学会用示波器观察功放电路的输入、输出波形，测试其性能参数。

(3)学会用示波器观察、检测多谐振荡电路的输出波形，并能排除电路简单的故障。

实训仪器：

敷铜板一块，电阻、电容、NE555、TDA2822、LM386 集成电路等实训套件一套，焊锡丝，电烙铁，吸锡器，松香，镊子，斜口钳，万用表，示波器，电钻一把，复写纸，铅笔，美工刀一把或激光打印机一台，热转印纸，热转印机一台，三氯化铁腐蚀剂等。

实训内容

一、电路原理图

电路原理图如图 3.10－1 所示。

二、电路工作原理

(一)原理分析

该对讲门铃的电路如图 3.10－1 所示，主要由两部分电路构成。集成块 555 和 TDA2822 及其外围组件构成变音门铃；LM386 及其外围组件构成对讲电路。其工作原理如下。

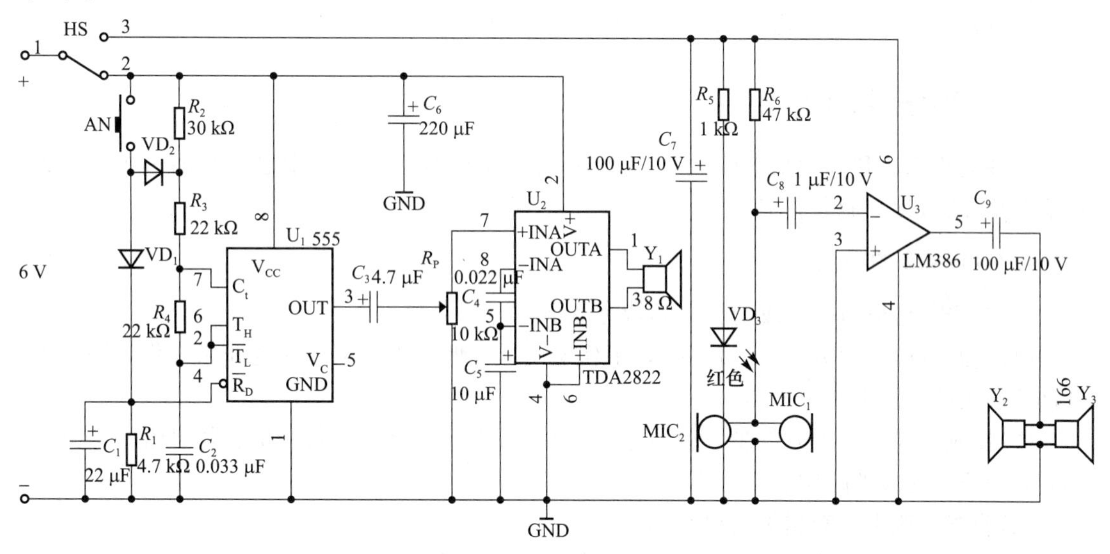

图 3.10－1　电路原理图

1. 变音门铃及其放大电路

555 集成块、按钮 AN、VD_1、VD_2、R_1、R_2、R_3、R_4、C_1、C_2 等组件构成变音门铃电路。

平时挂机时叉簧开关 HS 的 1、2 接点接通，按下按钮 AN(装在门上)，电源经二极管 VD_1 给 C_1 充电，当集成电路 555 的 4 脚(复位端)电压大于 1 V 时，由集成 555、R_3、R_4 及 C_2 构成的多谐振荡器振荡，振荡频率约 700 Hz，扬声器发出“叮”的声音。放开按钮后，C_1 电容存储的电能通过电阻 R_1 放电，但集成电路 555 的 4 脚(复位端)继续维持高电平而保持振荡，但由于 AN 的断开，电阻 R_2 被接入电路，R_2、R_3、R_4、C_2 及集成电路 555 构成多谐振荡电路，使振荡频率变低，大约为 500 Hz，扬声器发出“咚”的声音。当电容器 C_1 上的电能释放一定时间后，集成电路 555 的 4 脚的电压低于 1 V，此时电路将停止振荡，故“咚”声的余音长短可通过改变 C_1 的数值来改变。再按一次按钮，电路将重复上述过程。

555 集成电路 3 脚输出的信号较小，故后面接一音频放大器，本电路将 TDA2822 集成块内部的两块功放级接成桥式电路，即 BTL 方式(单声道使用)，音频信号经 C_3、R_P 从集成电路 TDA2822 的 7 脚输入，经内部 BTL 功放电路放大后，由扬声器发声，声音清晰响亮，并可由电位器 R_P 调节音量大小。外围组件只有两只电容，不用装散热器。由于本功放为直接耦合，所以输入信号不能带直流成分。如果输入信号有直流成分，则必须在输入端串接一只4.7～10 μF的电容隔开；否则将有很大的直流电流流过扬声器，使之发热烧毁。

2. 对讲电路

摘机后，叉簧开关HS的1、3接点接通，通话电路接通电源，这时可进行对讲。

该电路主要由LM386音频功率放大器组成，外界产生的声音信号，由驻极体电容传声器话筒1或话筒2转变为电信号，并经电容C_8耦合至LM386的负输入端，正输入端以地为参考电位，同时输出端被自动偏置到电源电压的一半。电路由单电源供电，故为OTL电路。为使外围组件最少，电压增益内置为20。但在1脚和8脚之间增加一只外接电阻和电容，便可将电压增益调为任意值，直至200。

(二)相关器件介绍

时基电路555和音频功率放大器LM386的性能在前面的实训中已经介绍过了，今天着重介绍TDA2822这块芯片。

1. TDA2822的特点

TDA2822是小功率集成功放，其特点如下。

(1)电源电压范围宽(1.8～12 V)，工作电压低，低于1.8 V时仍能正常工作，因此该电路适合在低电源电压下工作。

(2)集成度高，外围元件少，音质好。TDA2822广泛应用于收音机、随身听、耳机放大器等小功率功放电路中。

(3)静态电流小，交越失真也小。

(4)适用于单声道桥式(BTL)或立体声线路两种工作状态。

封装形式为SOP－8及DIP－8。常见外形如图3.10－2所示。

图3.10－2 TDA2822常见外形

2. 方框图与引出端功能

TDA2822内部结构如图3.10－3所示，其引脚功能见表3.10－1。

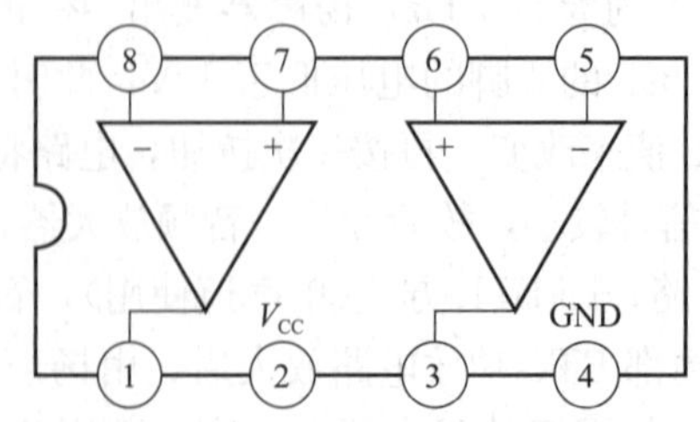

图3.10－3 TDA2822内部结构

表 3.10－1　TDA2822 引脚功能

引脚	符号	功能
①	OUT_1	功放电路 1 信号输出端
②	V_{CC}	电源电压输入端
③	OUT_2	功放电路 2 信号输出端
④	GND	接地
⑤	$IN_{2(-)}$	功放电路 2 负反馈端
⑥	$IN_{2(+)}$	功放电路 2 信号输入端
⑦	$IN_{1(+)}$	功放电路 1 信号输入端
⑧	$IN_{1(-)}$	功放电路 1 负反馈端

3. 应用电路

(1)TDA2822 用于立体声功放的典型应用电路如图 3.10－4 所示：图中，R_1、R_2 是输入偏置电阻，C_1、C_2 是负反馈端的接地电容器，C_6、C_7 是输出耦合电容，R_3、C_4 和 R_4、C_5 是高次谐波抑制电路，用于防止电路振荡。

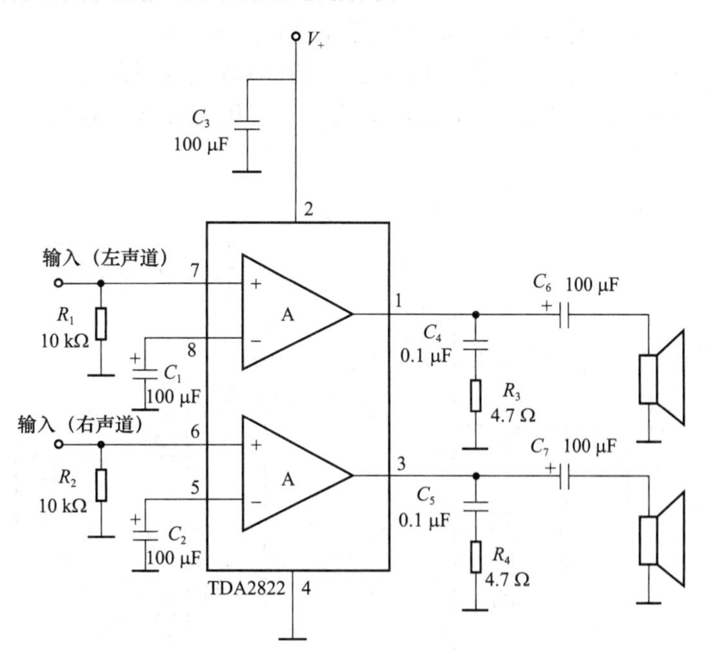

图 3.10－4　TDA2822 立体声功放应用电路

(2)TDA2822 用于立体声耳机的应用电路如图 3.10－5 所示。

信号从 TDA2822M 的 6、7 脚进入 IC 内，经功率放大后从 1、3 脚输出，去推动扬声器或耳机发声。在这部分电路中，C_4、R_3 与 R_4、C_5 组成了左、右声道功放电路的“茹贝尔”网络。

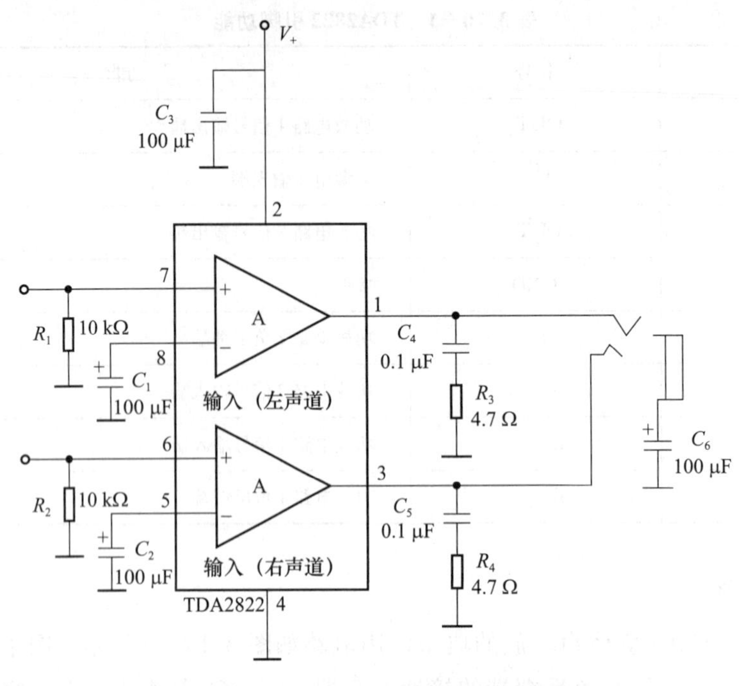

图 3.10－5 TDA2822 立体声耳机应用电路

(3)TDA2822 单声道桥式(BTL)应用电路如图 3.10－6 所示。

TDA2822 的封装与 TDA2822M 相同，它们的区别在于：TDA2822M 从 3 V 到 15 V 均可工作，而 TDA2822 的最高工作电压只有 8 V。因此使用 TDA2822 必须把电压降到 8 V 以下。

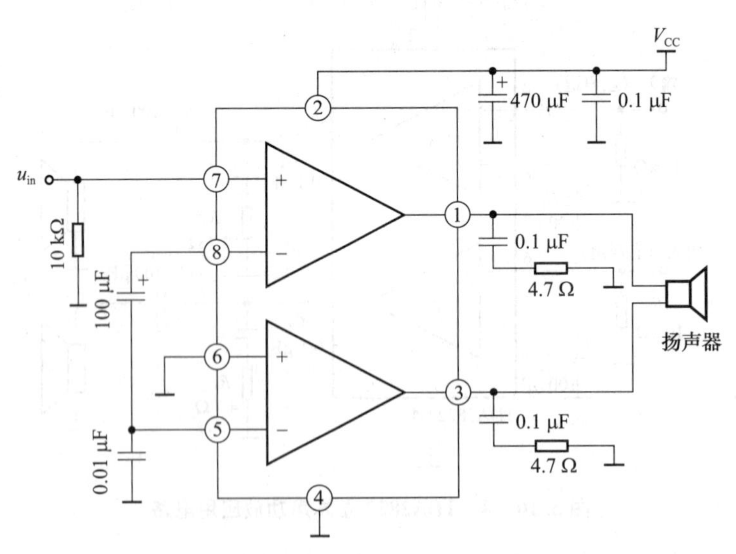

图 3.10－6 TDA2822 单声道桥式应用电路

三、元器件选择、识别与检测

按表 3.10－2 所列清单清点元器件，根据前面的介绍对相关元器件进行检测并将相关数据填入表 3.10－2 中。

表 3.10－2　元器件检测表

元件类型	器件	规格	数量	检测情况
电阻	R_1、R_6	47 kΩ	2	色环： 实测阻值：
	R_2	30 kΩ	1	色环： 实测阻值：
	R_3、R_4	22 kΩ	2	色环： 实测阻值：
	R_5	1 kΩ	1	色环： 实测阻值：
电位器	R_P	10 kΩ	1	标识： 实测阻值：
电容	C_2	0.033 μF	1	漏阻：
	C_4	0.022 μF	1	漏阻：
电解电容	C_1	22 μF	1	漏阻： 极性判别：
	C_3	4.7 μF	1	漏阻： 极性判别：
	C_5	10 μF	1	漏阻： 极性判别：
	C_6	220 μF	1	漏阻： 极性判别：
	C_7	100 μF	1	漏阻： 极性判别：
	C_8	1 μF	1	漏阻： 极性判别：
	C_9	100 μF	1	漏阻： 极性判别：
叉簧开关	HS		1	内部连接图：

续表

元件类型	器件	规格	数量	检测情况
门铃按钮	AN		1	质量判别：
二极管	VD_1、VD_2	1N4148	2	正向阻值： 反向阻值：
发光二极管	VD_3	红色	1	正向阻值： 反向阻值：
扬声器	Y_1、Y_2、Y_3	0.5 W，8 Ω	3	直流电阻：
驻极体话筒	MIC_1、MIC_2		2	灵敏度：
集成电路	U_1	NE555	1	
	U_2	TDA2822	1	
	U_3	LM386	1	
集成电路脚座		8 脚	3	
排插		4 脚	1	
		6 脚	1	
排线			若干	
直流电源		6 V	1	

四、电路装配图与印制版图

电路装配图与印制版图如图 3.10－7 至图 3.10－10 所示。

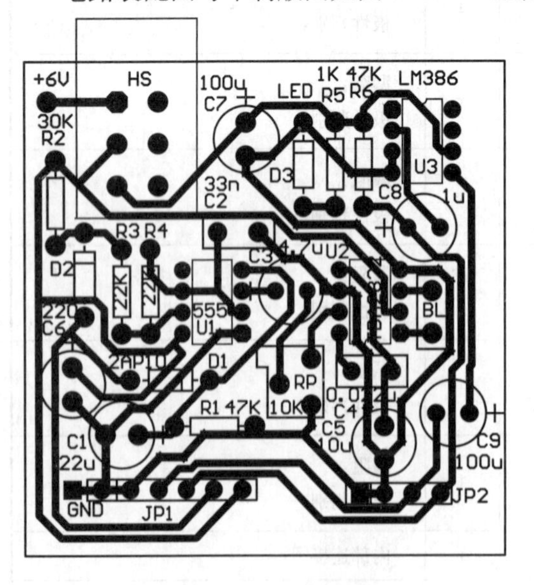

图 3.10－7 装配图

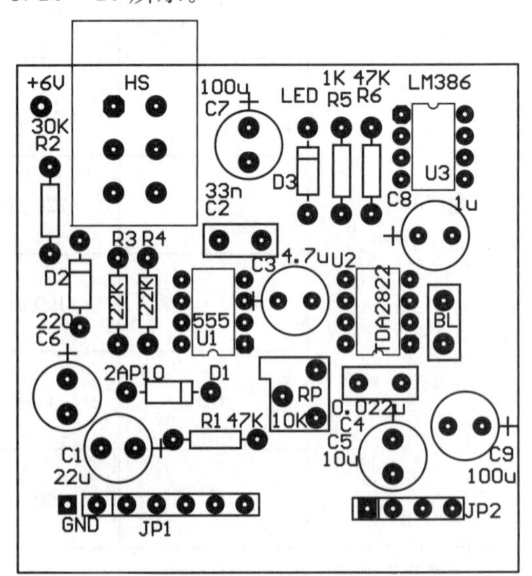

图 3.10－8 元器件分布图

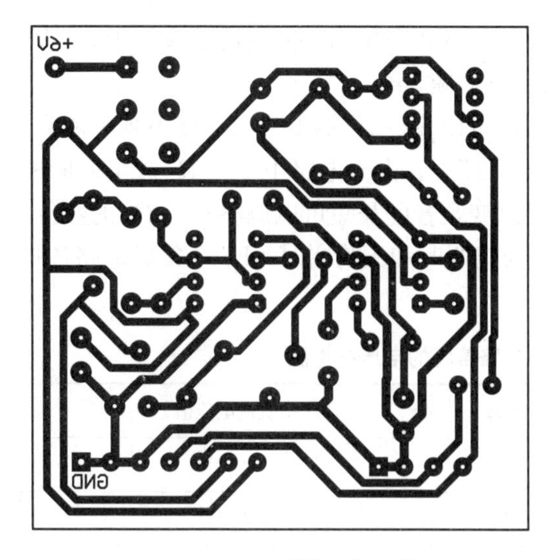

图 3.10－9　印制版图(热转印用)

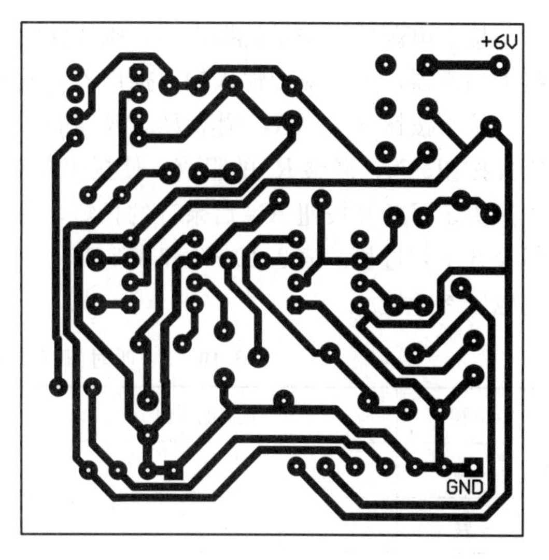

图 3.10－10　印制版图(描图蚀刻法用)

五、制版、装配与调试

1. 安装电路板的制作

根据印制板的制作内容中介绍的步骤及要求制作好电路板，具体步骤：选择敷铜板，清洁板面；按照装配图复印电路和描版；腐蚀电路板；修板；钻孔；涂助焊剂。

2. 装配

根据装配图及原理图，按“电路板手工焊接及拆焊”内容中元器件插装工艺要求正确安装、焊接元器件。

1)元器件的插装、焊接

将各元器件按图纸的指定位置、孔距进行插装、焊接，电阻、电容、二极管、三极管、集成电路插座、电位器等均按“电路板手工焊接及拆焊”中二的要求完成。

2)元器件成形的工艺要求

元器件的引线要根据焊盘插孔和安装要求弯折成所需要的形状，均按“电路板手工焊接及拆焊”中二的要求完成。

3)元器件成形加工

元器件预加工处理主要包括引线的校直、表面清洁及搪锡 3 个步骤(视元器件引脚的可焊性也可省略这 3 个步骤)，均按“电路板手工焊接及拆焊”中二的要求完成。

3. 调试

整机装配完成后，仔细检查焊点和连接线是否符合要求，元器件到位是否准确，电解电容和二极管的极性是否与图纸一致，经检查无误后方可连接电源。

(1)变音门铃及其放大电路的调试。这部分电路中，因为 TDA2822 功放集成电路构成的音频放大电路结构简单(只有两个外接电容)，一般不会出现故障，故主要调试 555 集成定时器构成多谐振荡电路。

接上电源后，先不接扬声器，则 TDA2822 的 1、3 正负输出端之间电压应小于0.1 V。接上扬声器，用手触摸输入端，扬声器应发出较大的“嗡”声。

按下按钮开关 AN，调整 R_3、R_4 和 C_2 的数值可改变声音的频率，C_2 越小频率越高。断开按钮 AN，调整 R_2 的阻值，使扬声器中发出“咚”声。由于电路中 C_1、R_1 放电时间的长短决定了断开按钮 AN 后余音的长短，所以要改变余音的长短可以调整 C_1、R_1 的数值，但余音不宜过长。表 3.10－3 和表 3.10－4 所列为鸣叫时和不鸣叫时 NE555 集成电路各脚的电压参考值。

表 3.10－3　叫时 NE555 集成电路各脚的电压参考值

引脚	直流电压值	引脚	直流电压值
1 脚	0	5 脚	3.8 V
2 脚	3.4 V	6 脚	3.4 V
3 脚	3.9 V	7 脚	3.6 V
4 脚	>1 V	8 脚	6 V

表 3.10－4　不鸣叫时 NE555 集成电路各脚的电压参考值

引脚	直流电压值	引脚	直流电压值
1 脚	0	5 脚	4 V
2 脚	0	6 脚	0
3 脚	0	7 脚	0
4 脚	0	8 脚	6 V

此电路一般若装配无误即可发出声音，如果发出声音后不能停止，则应检查 555 集成电路 4 脚的电压值。因为 4 脚的电压大于 1 V 时，电路便振荡，如果用电压表测 4 脚的电压，振荡器过一段时间会停振，而不接入电压表时振荡器不停振的现象多数原因是 R_1 电阻开路引起的。

(2)对讲电路的调试。这部分电路结构较简单，一般若装配无误是不会出现故障的，只是在装配时要注意驻极体话筒的方向，否则会影响电路的灵敏度。

4. 技能训练

(1)如果 VD_1 接反，因为按下按钮 AN，电源不能对 C_1 充电，4 脚不能达到触发电压而不能振荡，门铃电路不能工作。

(2)如果 R_2 开路，当按下按钮 AN 时，电路振荡并发出“叮”声；松开按钮 AN，因为振荡电路开路而不发出声音。

(3)改变 C_2 的数值，变音门铃的音调会发生改变。

(4)根据电路鸣叫和不鸣叫时的状态不同，测量集成电路 NE555 有关引脚的电压并记录在技训表中，并且测量整机电流。

(5)将测试结果填入表 3.10－5 中。

表 3.10－5　对讲门铃电路技训表

测量点	电压值/V							
NE555 引脚	①	②	③	④	⑤	⑥	⑦	⑧
鸣叫时								
不鸣叫时								
调试中出现的故障及排除方法								

实训十一　八路声光报警电路的安装与调试

实训目标

知识目标：

(1)了解优先编码器 CD4532、锁存/七段译码/驱动器 CD4511 等芯片的特点和工作原理。

(2)掌握常用电子元器件的识读及检测方法。

(3)掌握常用电子仪器仪表的使用方法。

能力目标：

(1)进一步掌握印制电路板的制作及焊接技术。

(2)基本掌握大部分元器件的开路测量方法和安装工艺要求。

(3)掌握一般的调试检测方法和故障查找方法。

实训仪器：

敷铜板一块，电阻、电容、二极管、三极管等实训套件一套，焊锡丝，电烙铁，吸锡器，松香，镊子，斜口钳，万用表，示波器，电钻一把，复写纸，铅笔，美工刀一把或激光打印机一台，热转印纸，热转印机一台，三氯化铁腐蚀剂等。

实训内容

一、电路原理图

电路原理如图 3.11－1 所示。

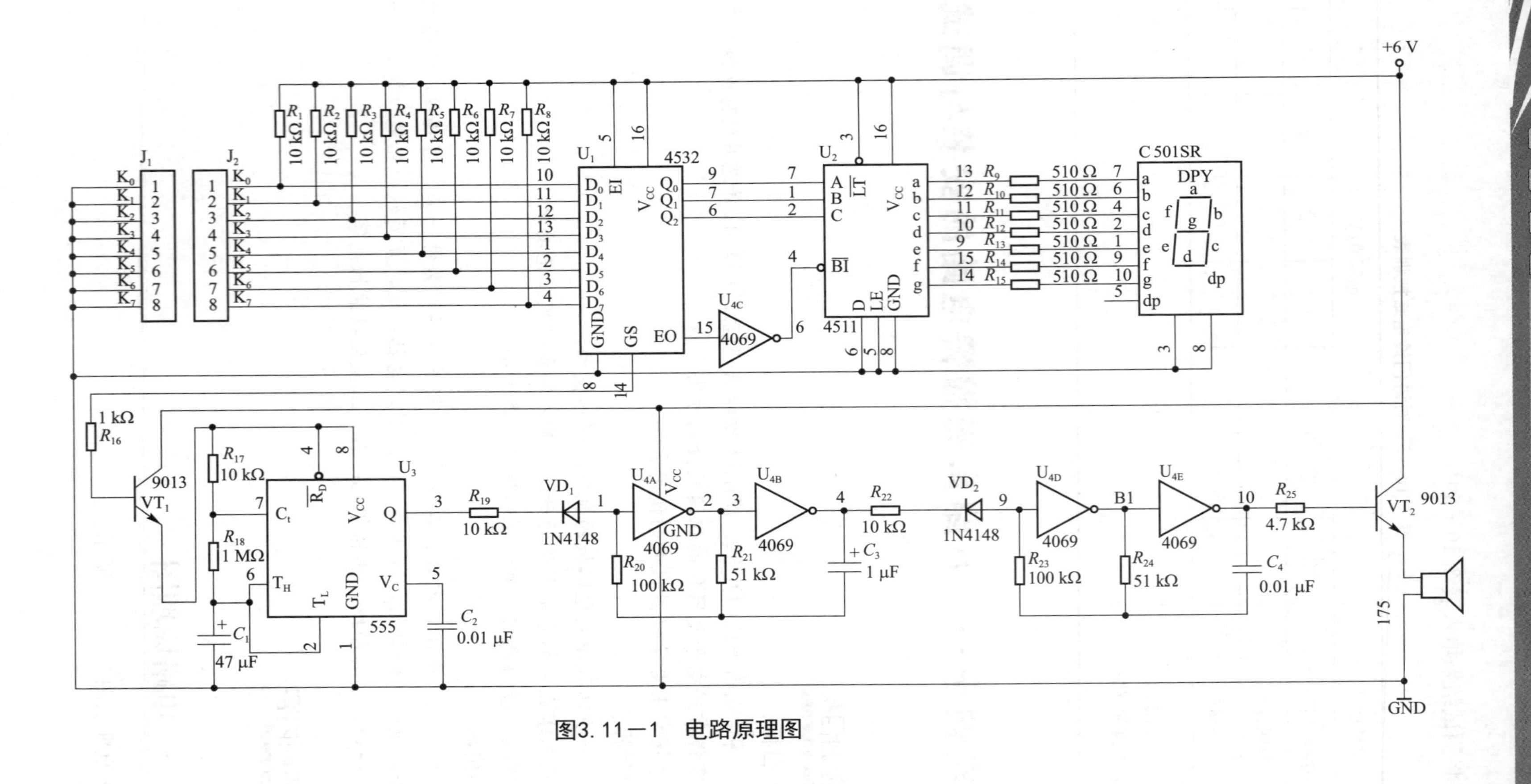
+6 V
GND
J1
J2
U1
4532
U2
4511
U3
555
C 501SR
DPY
U4A
U4B
U4C
U4D
U4E
4069
VD1
VD2
1N4148
VT1
VT2
9013
175
R1 10 kΩ
R2 10 kΩ
R3 10 kΩ
R4 10 kΩ
R5 10 kΩ
R6 10 kΩ
R7 10 kΩ
R8 10 kΩ
R9 510 Ω
R10 510 Ω
R11 510 Ω
R12 510 Ω
R13 510 Ω
R14 510 Ω
R15 510 Ω
R16 1 kΩ
R17 10 kΩ
R18 1 MΩ
R19 10 kΩ
R20 100 kΩ
R21 51 kΩ
R22 10 kΩ
R23 100 kΩ
R24 51 kΩ
R25 4.7 kΩ
C1 47 μF
C2 0.01 μF
C3 1 μF
C4 0.01 μF
B1

图3.11—1 电路原理图

二、电路工作原理

八路声光报警器电路如图 3.11－1 所示。图中 8 位优先编码器 CD4532 将输入 D_0～D_7 的八路开关量译成 3 位 BCD 码，由 Q_0、Q_1、Q_2 输出，经 BCD 锁存/七段译码/驱动器 CD4511 译码，驱动共阴极数码管 C501SR 显示警报路号 0～7。八路输入开关中的任一路开路，显示器即显示该路号，发出数码光报警；同时，优先编码器 CD4532 的 GS 端输出高电平，使开关三极管 VT_1 饱和导通，启动声报警电路工作。为了减少功耗或防止误显，将 CD4532 允许输出端 EO 的输出信号反相后加至 CD4511 的消隐端 $\overline{BI}$，使数码管在不报警状态下“熄灭”。当两路以上开路时，优先编码器 CD4532 就优先显示数值最大的路号。

声报警电路由时基集成电路 NE555 和六反相器 CD4069 组成。NE555 和 R_{17}、R_{18}、C_1 构成多谐振荡器，3 脚输出周期为 60 s(即高电平 30 s、低电平 30 s)的方波。3 脚输出低电平期间，CD4069 中的 U_{4A}、U_{4B} 与 R_{20}、R_{21}、C_3 构成的低频多谐振荡器停振；3 脚输出高电平期间，低频多谐振荡器工作。当低频振荡器输出为高电平期间，由 U_{4D}、U_{4E} 与 R_{23}、R_{24}、C_4 构成的高频多谐振荡器工作，输出信号由 VT_2 缓冲放大后推动扬声器，发出类似寻呼机应答声的报警声。

三、元器件选择、识别与检测

电阻、电容、二极管、三极管等元器件的识别与检测在前面已经介绍过了，NE555 集成电路的应用已不止一次，这里不再赘述。下面重点介绍数码管及 CD4069、CD4532、CD4511 等芯片。

(一)数码管

LED 数码管是最常用的一种字符显示器件，它是将若干发光二极管按一定图形组织在一起构成的。LED 数码管的特点是发光亮度高、响应时间快、高频特性好、驱动电路简单等，而且体积小、重量轻、寿命长和耐冲击性能好，广泛应用在各种需要显示字符的场合。

1. LED 数码管的符号与外形

LED 数码管的文字符号为“H”“DS”等，图形符号如图 3.11－2 所示。

常见数码管外形如图 3.11－3 所示。

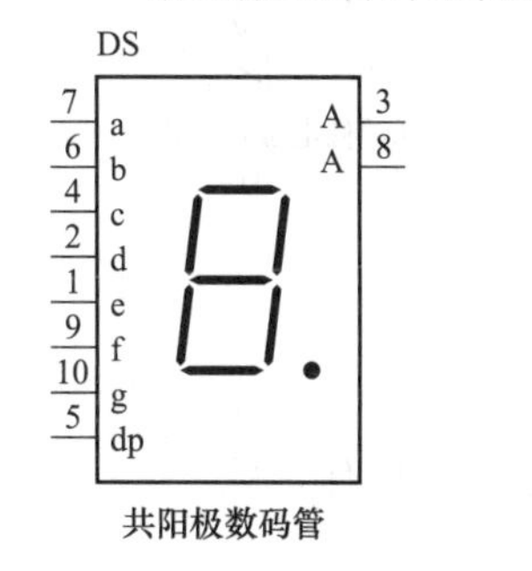

共阳极数码管

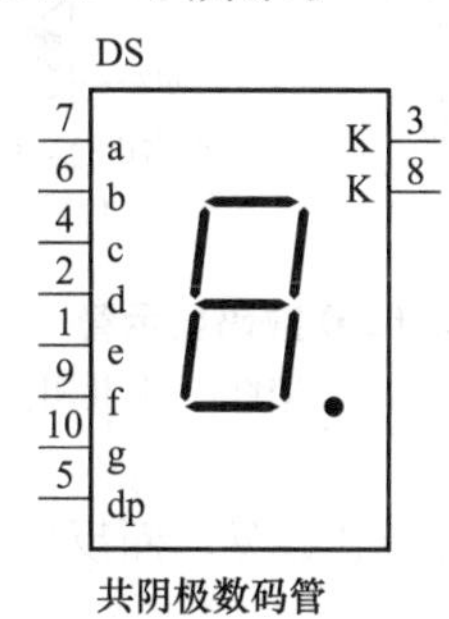

共阴极数码管

图 3.11－2　LED 数码管的图形符号

1位数码管

3位数码管

2位数码管

4位数码管

图 3.11－3　常见 LED 数码管

2. LED数码管的结构与分类

LED数码管的分类如图3.11－4所示。

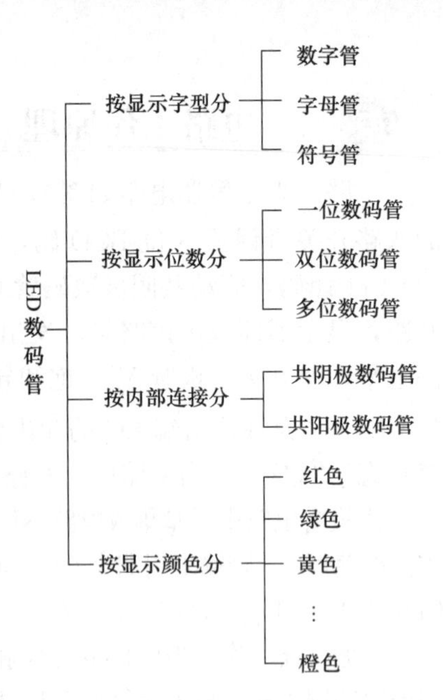

图3.11－4 LED数码管的分类

3. LED数码管的内部结构和工作原理

典型的八段LED数码管如图3.11－5(a)所示。从图中可以看到，数码管是由7个字段和1个小数点按照一定的几何图形排列组成的，每一段对应一个发光二极管，需要显示某种图形(数字、字母或符号)时，点亮相应笔段的发光二极管，便组成一个数字并显示出来。

七段数码管将7个笔画段组成“8”字形，能够显示0～9这10个数字和A～F这6个字母，可以用于二进制、十进制及十六进制数的显示。常见的数码管有共阴极和共阳极两种结构，如图3.11－5(c)、(d)所示。

图3.11－5(b)所示为数码管引脚与对应字段的相互关系。图3.11－5(c)和图3.11－5(d)分别表示数码管内部结构的两种不同形式，即共阳极型和共阴极型。共阳极型数码管：8个发光二极管正极连在一起接正电压，译码电路根据需要使不同笔画的发光二极管负极接地，使相应笔段发光而显示出相应的字符。如要显示“2”，则对应的“abcdefgh”8个发光二极管应分别加“00100101”(0代表低电平，1代表高电平)电平。共阴极数码管：8个发光二极管的负极连在一起接地，译码电路根据需要给不同笔画发光二极管的正极加上正电压，使相应笔段发光而显示出相应的字符。如要显示“2”，则对应的“abcdefgh”8个发光二极管应分别加“11011010”(0代表低电平，1代表高电平)电平。

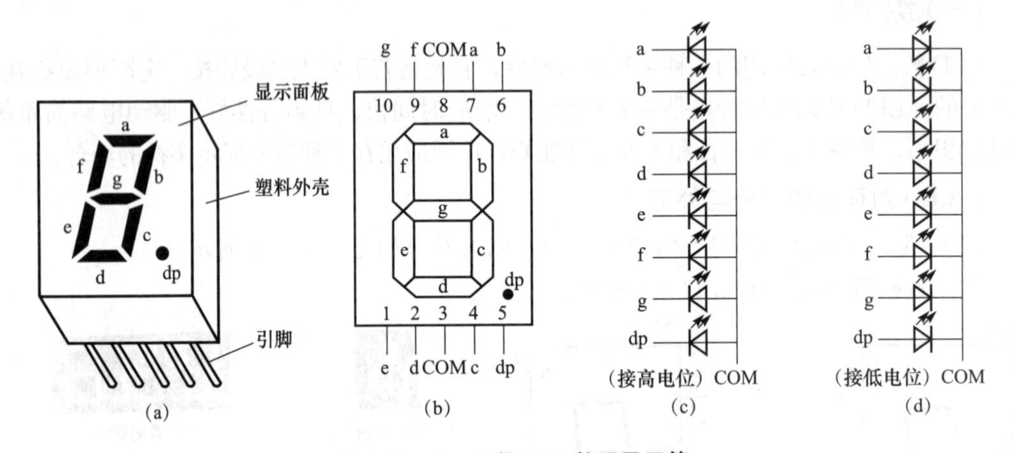

图3.11－5 八段LED数码显示管

(a)结构；(b)引脚排列；(c)共阳极；(d)共阴极

发光二极管的正向导通(点亮)电压为1.2～2.5 V，而反向击穿电压只有5 V。

4. LED数码管主要参数

表征LED数码管各项性能指标的参数主要有光学参数和电参数两大类，它们均取决于内部发光二极管。此外，还有“字高”这一衡量 LED 数码管显示字符大小的重要参数。“字高”具体所指为显示字符的高度，如图 3.11－6 所示。

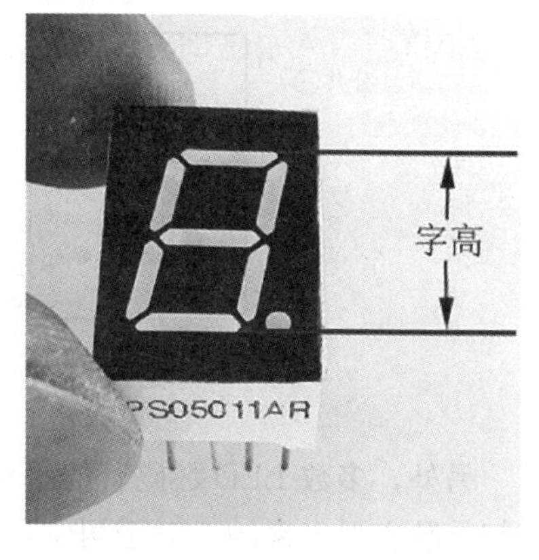

图 3.11－6　LED 数码管的字高

5. LED 数码管引脚的识别与检测

(1)LED 数码管引脚排序规则。小型 LED 数码管的引脚排序规则如图 3.11－7 所示。即：正对着产品的显示面，将引脚面朝下，从左上角(左、右双排列引脚)或左下角(上、下双排列引脚)开始，按逆时针(即图中箭头)方向计数，依次为 1、2、3、4 脚……。可见，这跟普通集成电路是一致的。常用 LED 数码管的引脚排列均为双列 10 脚、12 脚、14 脚、16 脚、18 脚等。

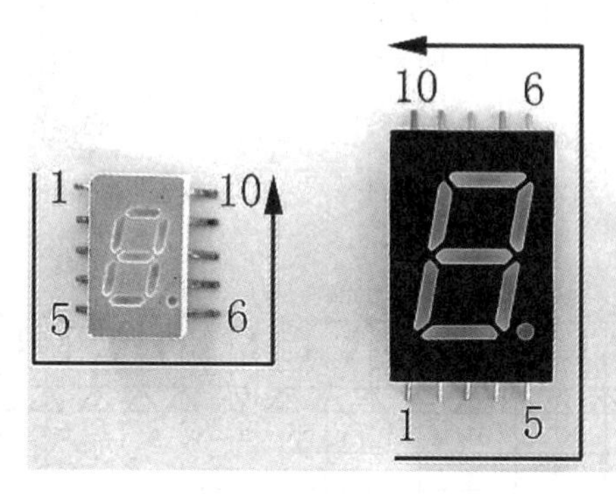

图 3.11－7　常用 LED 数码管的引脚排列

(2)识别引脚排列时大致有这样的规律：对于单个数码管来说，最常见的引脚为上、下双排列，通常它的第 3 脚和第 8 脚是连通的，为公共脚，如图 3.11－8 所示。

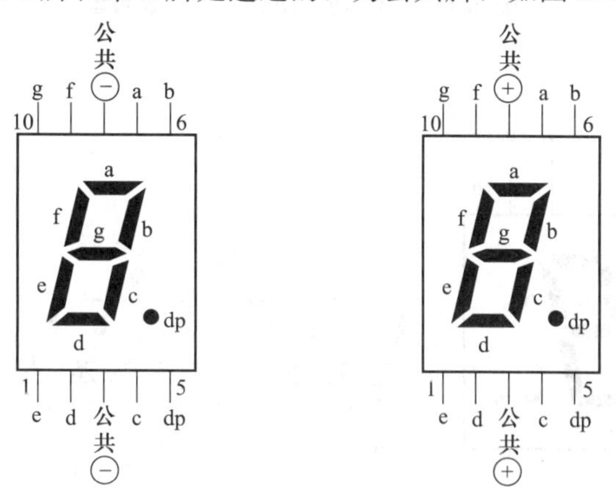

图 3.11－8　常见 LED 数码管的引脚排列特点一

如果引脚为左、右双排列，则它的第 1 脚和第 6 脚是连通的，为公共脚，如图 3.11－9 所示。但也有例外，必须具体型号具体对待。

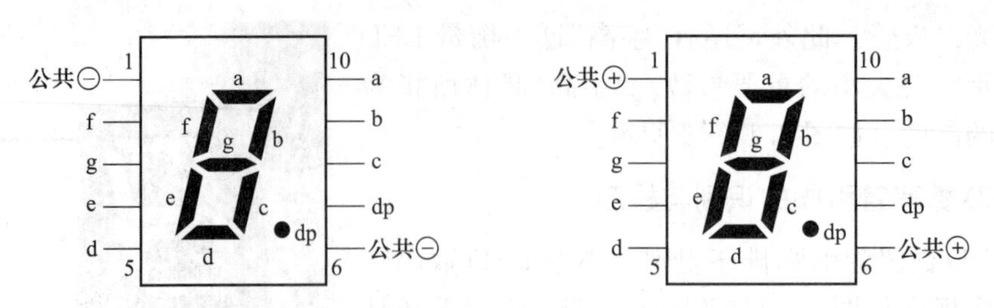

图 3.11－9 常见 LED 数码管的引脚排列特点二

另外，多数 LED 数码管的小数点在内部是与公共脚接通的，但有些产品的小数点引脚却是独立引出来的。对于两位及以上的数码管，一般多是将内部各“8”字形字符的 a～dp 这 8 根数据线对应连接在一起，而各字符的公共脚单独引出，如图 3.11－10 所示，这种接法的数码管称为动态数码管，既减少了引脚数量，又为使用提供了方便。例如，两位动态数码管有两个公共端，加上 a～dp 引脚，只有 10 个引脚。如果制成各“8”字形字符独立的静态数码管，则引脚可达到 18 脚，如图 3.11－11 所示。

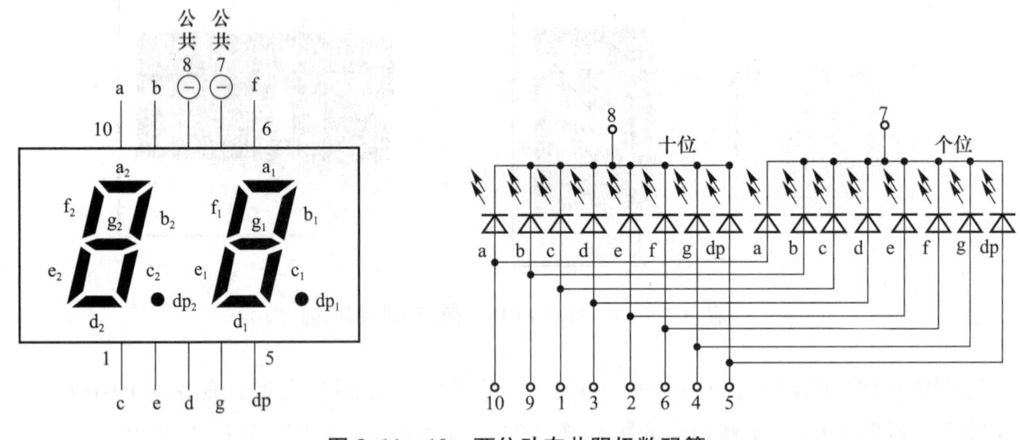

图 3.11－10 两位动态共阴极数码管

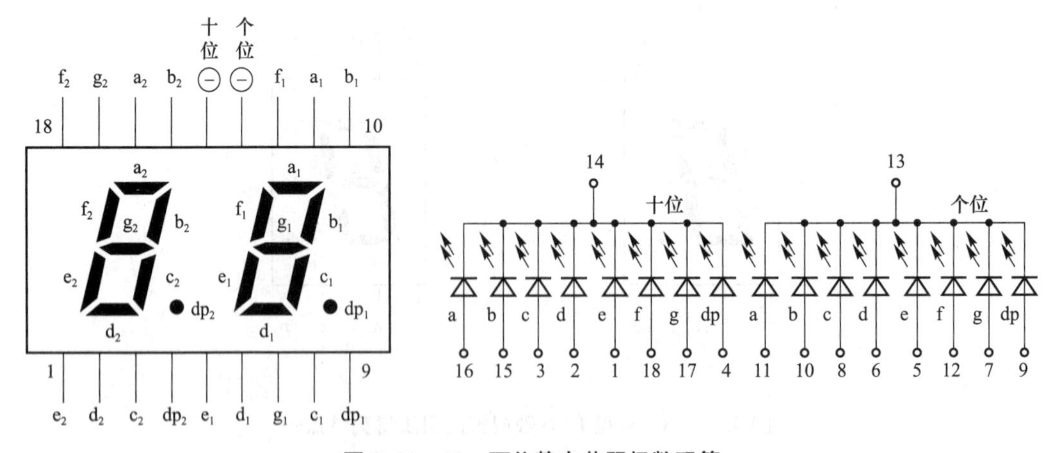

图 3.11－11 两位静态共阴极数码管

(3)LED 数码管的简易测试方法。一个质量保证的 LED 数码管，其外观应该是做工精细、发光颜色均匀、无局部变色及无漏光等。

①干电池检测法。

a. 已知管型及引脚排列，判别质量。如图 3.11 - 12 所示，取两节普通 1.5 V 干电池串联(3 V)起来，并串联一个 100 Ω、1/8 W 的限流电阻器，以防止过电流烧坏被测 LED 数码管。将 3 V 干电池的负极引线(两根引线均可接上小号鳄鱼夹)接在被测数码管的公共阴极上，正极引线依次移动接触各笔段电极(a～dp 脚)，如图 3.11 - 12 所示。当正极引线接触到某一笔段电极时，对应笔段就发光显示。用这种方法可以快速测出数码管是否有断笔(某一笔段不能显示)或连笔(某些笔段连在一起)，并且可相对比较出不同的笔段发光强弱是否一致。若检测共阳极数码管，只需将电池的正、负极引线对调一下，方法同上。

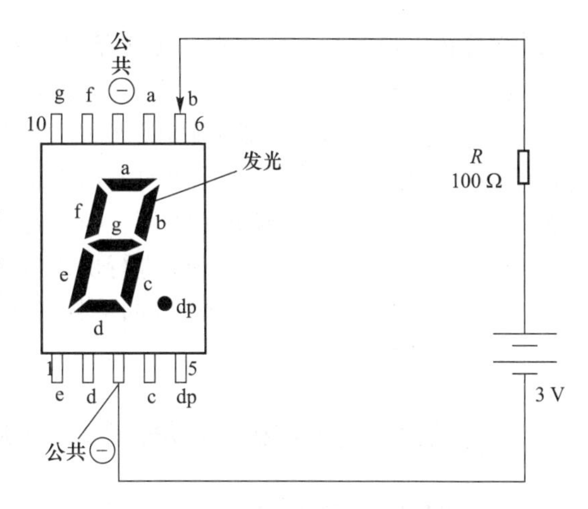

图 3.11 - 12　数码管的干电池检测法

如果将图中被测数码管的各笔段电极(a～dp 脚)全部短接起来，再接通测试用干电池，则可使被测数码管实现全笔段发光。对于质量有保证的数码管，其发光颜色应该均匀，并且无笔段残缺及局部变色等。

b. 判别管型及引脚排列。如果不清楚被测数码管的结构类型(是共阳极还是共阴极)和引脚排序，可从被测数码管的左边第 1 脚开始，逆时针方向依次逐脚测试各引脚，使各笔段分别发光，即可测绘出该数码管的引脚排列和内部接线。测试时注意，只要某一笔段发光，就说明被测的两个引脚中有一个是公共脚，假定某一脚是公共脚不动，变动另一测试脚，如果另一个笔段发光，说明假定正确。这样根据公共脚所接电源的极性，可判断出被测数码管是共阳极还是共阴极。显然，公共脚如果接电池正极，则被测数码管为共阳极；公共脚如果接电池负极，则被测数码管应为共阴极。接下来测试剩余各引脚，即可很快确定出所对应的笔段来。

②万用表检测法。以指针式万用表为例说明具体检测方法。首先，如图 3.11 - 13 所示，将指针式万用表拨至“$R\times10$K”电阻挡。由于 LED 数码管内部的发光二极管正向导通电压一般不小于 1.8 V，所以万用表的电阻挡应置于内部电池电压是 15 V (或 9 V)的“$R\times10$K”挡，而不应置于内部电池电压是 1.5 V 的“$R\times100$”或“$R\times1$K”挡；否则无法正常测量发光二极管的正、反向电阻。在测图 3.11 - 13 所示的共阴极数码管时，万用表红表笔(注意：红表笔接表内电池负极、黑表笔接表内电池正

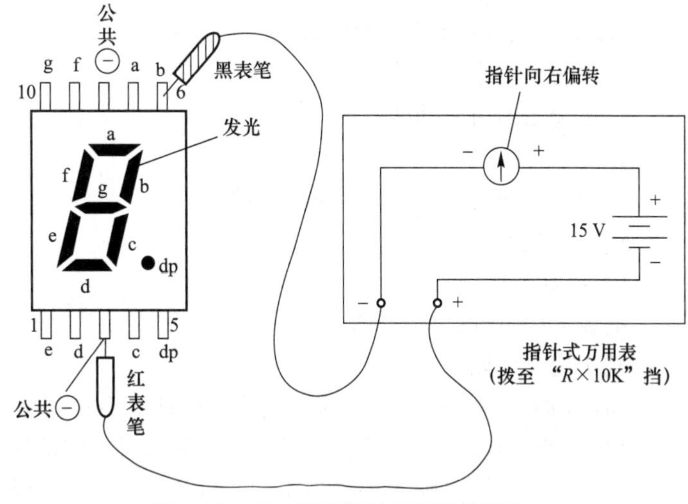

图 3.11 - 13　数码管的万用表检测法

极)应接数码管的“－”公共端，黑表笔则分别去接各笔段电极(a～dp 脚)；对于共阳极的数码管，黑表笔应接数码管的“＋”公共端，红表笔则分别去接 a～dp 脚。正常情况下，万用表的指针应该偏转(一般示数在100 kΩ以内)，说明对应笔段的发光二极管导通，同时对应笔段会发光。若测到某个引脚时万用表指针不偏转，所对应的笔段也不发光，则说明被测笔段的发光二极管已经开路损坏。与干电池检测法一样，采用万用表检测法也可对不清楚结构类型和引脚排序的数码管进行快速检测。

以上所述为一位 LED 数码管的检测方法，至于多位 LED 数码管的检测，方法大同小异，不再赘述。

(二)锁存/七段译码/驱动器 CD4511 芯片

1. CD4511 的特点

CD4511 是一个用于驱动共阴极 LED(数码管)显示器的 BCD 码——七段码译码器，特点是具有 BCD 转换、消隐和锁存控制、七段译码及驱动功能的 CMOS 电路能提供较大的拉电流，可直接驱动 LED 显示器。

2. CD4511 的引脚功能

CD4511 外形及引脚排列如图 3.11－14 所示。

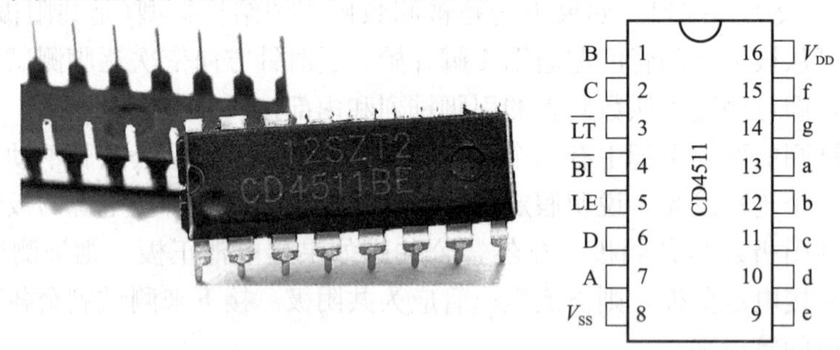

图 3.11－14　CD4511 外形及引脚排列

A、B、C、D：BCD 码输入端。

$\overline{BI}$：输出消隐控制端。

LE：数据锁定控制端。

$\overline{LT}$：灯测试端。

a、b、c、d、e、f、g：数据输出端。

V_{DD}：电源正。

V_{SS}：电源负。

电源电压范围：3～18 V。

其功能介绍如下。

$\overline{BI}$：4 脚是消隐输入控制端，当$\overline{BI}$＝0 时，不管其他输入端状态如何，七段数码管均处于熄灭(消隐)状态，不显示数字。正常显示时，$\overline{BI}$端应加高电平。

$\overline{LT}$：3 脚是测试输入端，当$\overline{BI}$＝1、$\overline{LT}$＝0 时，译码输出全为 1，不管输入 DCBA 状态如何，七段均发亮，显示“8”。它主要用来检测数码管是否损坏。

LE：锁定控制端，当 LE＝0 时，允许译码输出。LE＝1 时译码器是锁定保持状态，译码器输出被保持在 LE＝0 时的数值。

A、B、C、D：为 8421BCD 码输入端，A 为最低位。

a、b、c、d、e、f、g：为译码输出端，输出为高电平 1 有效。

另外，CD4511 有拒绝伪码的特点，当输入数据越过十进制数 9(1001)时，显示字形也自行消隐。LE 是锁存控制端，高电平时锁存，低电平时传输数据。a～g 是 7 段输出，可驱动共阴 LED 数码管。另外，CD4511 显示数“6”时 a 段消隐；显示数“9”时 d 段消隐，所以显示 6.9 这两个数时字形不太美观。

共阴 LED 数码管是指 7 段 LED 的阴极是连在一起的，在应用中应接地。限流电阻要根据电源电压来选取，电源电压为 5 V 时可使用 300 Ω 的限流电阻。

3. CD4511 的真值表

CD4511 的真值表见表 3.11－1。

表 3.11－1　CD4511 的真值表

输入							输出							
LE	$\overline{BI}$	$\overline{LT}$	D	C	B	A	a	b	c	d	e	f	g	显示
×	×	0	×	×	×	×	1	1	1	1	1	1	1	8
×	0	1	×	×	×	×	0	0	0	0	0	0	0	消隐
0	1	1	0	0	0	0	1	1	1	1	1	1	0	0
0	1	1	0	0	0	1	0	1	1	0	0	0	0	1
0	1	1	0	0	1	0	1	1	0	1	1	0	1	2
0	1	1	0	0	1	1	1	1	1	1	0	0	1	3
0	1	1	0	1	0	0	0	1	1	0	0	1	1	4
0	1	1	0	1	0	1	1	0	1	1	0	1	1	5
0	1	1	0	1	1	0	0	0	1	1	1	1	1	6
0	1	1	0	1	1	1	1	1	1	0	0	0	0	7
0	1	1	1	0	0	0	1	1	1	1	1	1	1	8
0	1	1	1	0	0	1	1	1	1	0	0	1	1	9
0	1	1	1	0	1	0	0	0	0	0	0	0	0	消隐
0	1	1	1	0	1	1	0	0	0	0	0	0	0	消隐
0	1	1	1	1	0	0	0	0	0	0	0	0	0	消隐
0	1	1	1	1	0	1	0	0	0	0	0	0	0	消隐
0	1	1	1	1	1	0	0	0	0	0	0	0	0	消隐
0	1	1	1	1	1	1	0	0	0	0	0		0	消隐
1	1	1	×	×	×	×	锁存							锁存

(三)优先编码器 CD4532

1. CD4532 的特点

CMOS 集成电路是 8－3 线的优先编码器，8 端输入 3 端输出优先权编码器，工作电压为 3～18 V。CD4532 提供了 16 引线多层陶瓷双列直插(D)、熔封陶瓷双列直插(J)、塑料双列直插(P)和陶瓷片状载体(C)4 种封装形式。

2. CD4532 的引脚功能

CD4532 外形及引脚排列如图 3.11－15 所示。

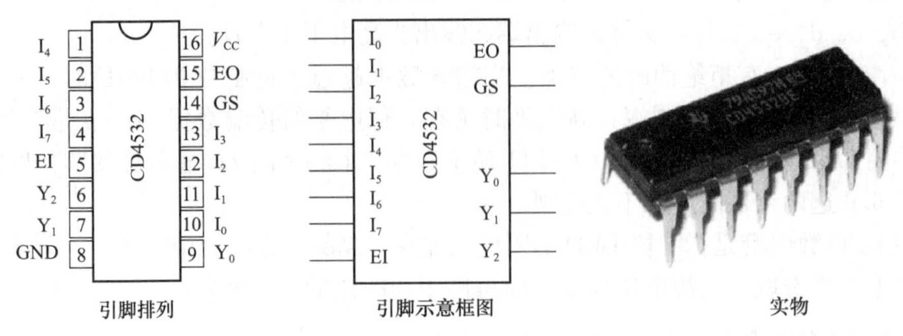

图 3.11－15　CD4532 集成块

$I_0 \sim I_7(D_0 \sim D_7)$：数据输入端(高电平有效)。

EI(ST)：允许输入控制端(高电平有效)。

V_{CC}：正电源。

GND：地。

$Y_0 \sim Y_2(Q_0 \sim Q_2)$：编码输出端。

GS(Y_{GS})：组选通输出端。

EO(Y_S)：选通输出端。

其功能介绍如下。

优先编码器允许同时输入两个以上的有效编码信号，当同时输入几个有效编码信号时，优先编码器能按预先设定的优先级别，只对其中优先权最高的一个进行编码。CD4532 是 8—3 线的优先编码器，8 个输入端为 $I_7 \sim I_0$，I_7 为最高优先权，I_0 为最低位。当包括 I_7 在内同时输入信号同时有效时，CD4532 会对最高级别的 I_7 优先编码。当片选输入 EI 为低电平时，优先译码器无效。当 EI 为高电平时，最高优先输入的二进制编码呈现于输出线 $Y_2 \sim Y_0$，且组选线 GS 为高电平，表明优先输入存在，当无优先输入时允许输出 EO 为高电平。如果一个输入为高电平，则 EO 为低电平且所有级联低电平无效。

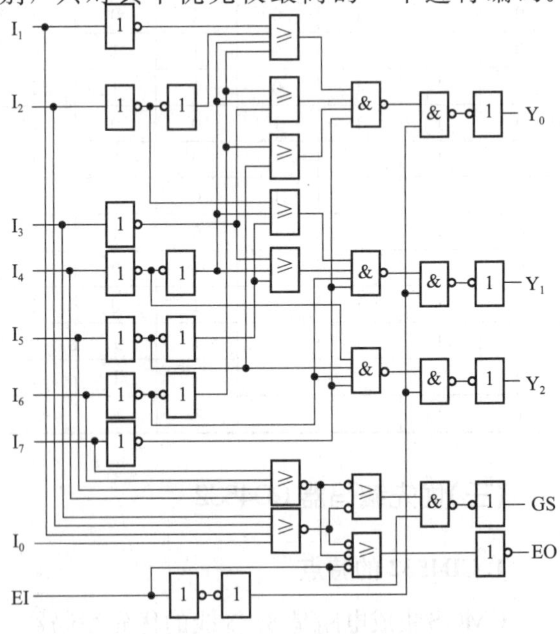

图 3.11－16　优先编码器 CD4532 内部结构框图

3. CD4532 的内部结构框图及真值表

(1) CD4532 内部结构框图如图 3.11－16 所示。

(2)优先编码器 CD4532 功能表(见

表 3.11－2)。

表 3.11－2 优先编码器 CD4532 功能表

输入									输出				
EI	I_7	I_6	I_5	I_4	I_3	I_2	I_1	I_0	Y_2	Y_1	Y_0	GS	EO
L	×	×	×	×	×	×	×	×	L	L	L	L	L
H	L	L	L	L	L	L	L	L	L	L	L	L	H
H	H	×	×	×	×	×	×	×	H	H	H	H	L
H	L	H	×	×	×	×	×	×	H	H	L	H	L
H	L	L	H	×	×	×	×	×	H	L	H	H	L
H	L	L	L	H	×	×	×	×	H	L	L	H	L
H	L	L	L	L	H	×	×	×	L	H	H	H	L
H	L	L	L	L	L	H	×	×	L	H	L	H	L
H	L	L	L	L	L	L	H	×	L	L	H	H	L
H	L	L	L	L	L	L	L	H	L	L	L	H	L

注：H—高电平；L—低电平；×—无效码，可以为任意值。
输入编码信号高电平有效，输出为二进制代码。
输入编码信号优先级从高到低为 I_7～I_0。
输入为编码信号 I_7～I_0，输出为 $Y_2Y_1Y_0$。

(四)六反相器 CD4069

1. CD4069 的特点

CD4069 是由 6 个 COS/MOS 反相器电路组成，每一路反相器都是相对独立的。其正常工作时 V_{DD}接电源，V_{SS}通常接地，V_{DD}范围为 3～15 V。没有使用的输入端必须接电源、地或者其他输入端。

其主要特点如下：全静态工作；提供较宽的电压范围(3～15 V)；标准对称输出特性；提供较宽温度使用范围(－40 ℃～125 ℃)；封装形式为 DIP14/SOP14。

2. CD4069 的引脚排列及功能框图

CD4069(六反相器)常见外形及引脚排列如图 3.11－17 所示，其引脚功能见表 3.11－3。

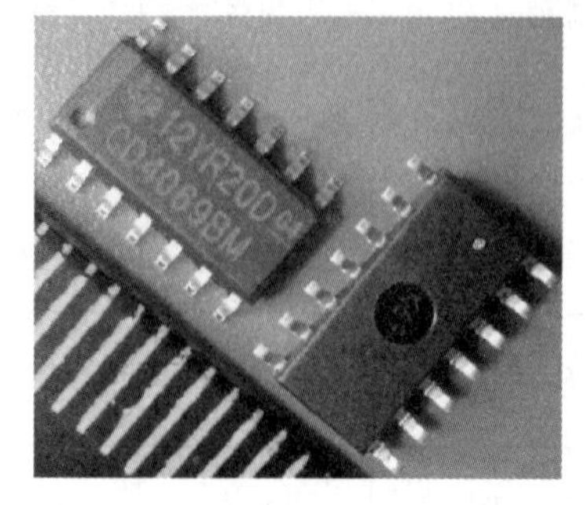

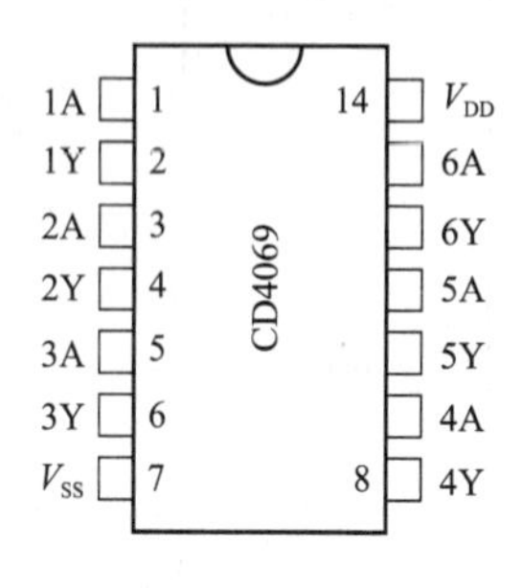

图 3.11－17 CD4069 常见外形及引脚排列

表 3.11-3　CD4069 的引脚功能

引脚	符号	功能	引脚	符号	功能
1	1A	数据输入端	8	4Y	数据输出端
2	1Y	数据输出端	9	4A	数据输入端
3	2 A	数据输入端	10	5Y	数据输出端
4	2Y	数据输出端	11	5A	数据输入端
5	3A	数据输入端	12	6Y	数据输出端
6	3Y	数据输出端	13	6A	数据输入端
7	V_{SS}	地	14	V_{DD}	电源电压

CD4069 内有 6 个非门，每个非门有一个输入端、一个输出端，非门的逻辑功能是：有 0 出 1、有 1 出 0，即输入与输出的状态总是相反的。

3. CD4069 的内部结构框图

CD4069 的内部结构如图 3.11-18 所示。

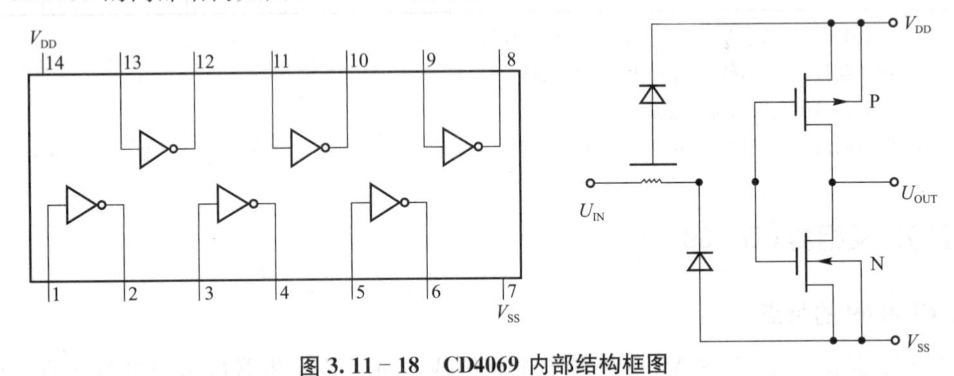

图 3.11-18　CD4069 内部结构框图

(五)元器件清点及检测

按表 3.11-4 所列清单清点元器件，根据前面的介绍对相关元器件进行检测，并将相关数据填入表 3.11-4 中。

表 3.11-4　元器件检测表

元件类型	器件	规格	数量	检测情况
电阻	$R_1 \sim R_8$	10 kΩ	8	色环： 实测阻值：
	$R_9 \sim R_{15}$	510 Ω	7	色环： 实测阻值：
	R_{16}	1 kΩ	1	色环： 实测阻值：
	R_{17}、R_{19}、R_{22}	10 kΩ	3	色环： 实测阻值：

续表

元件类型	器件	规格	数量	检测情况
电阻	R_{18}	1 MΩ	1	色环： 实测阻值：
	R_{20}、R_{23}	100 kΩ	2	色环： 实测阻值：
	R_{21}、R_{24}	51 kΩ	2	色环： 实测阻值：
	R_{25}	4.7 kΩ	1	色环： 实测阻值：
涤纶电容	C_2、C_4	0.01 μF	2	标识： 容量：
电解电容	C_1	47 μF	1	漏阻： 极性判别：
	C_3	1 μF	1	漏阻： 极性判别：
二极管	VD_1、VD_2	1N4148	2	正向阻值： 反向阻值：
三极管	VT_1、VT_2	9013	2	管型： β= 引脚排列：
数码管	C	501SR	1	引脚排列图：
扬声器	Y	0.5 W，8 Ω	1	直流电阻：
集成电路及脚座	U_1（优先编码器）	CD4532	1	
	U_2（七段译码器）	CD4511	1	
	U_3（时基电路）	NE555	1	
	U_4（六反相器）	CD4069	1	
排线			若干	
直流电源		6 V	1	

四、电路装配图与印制版图

电路装配图与印制版图如图 3.11－19 至图 3.11－22 所示。

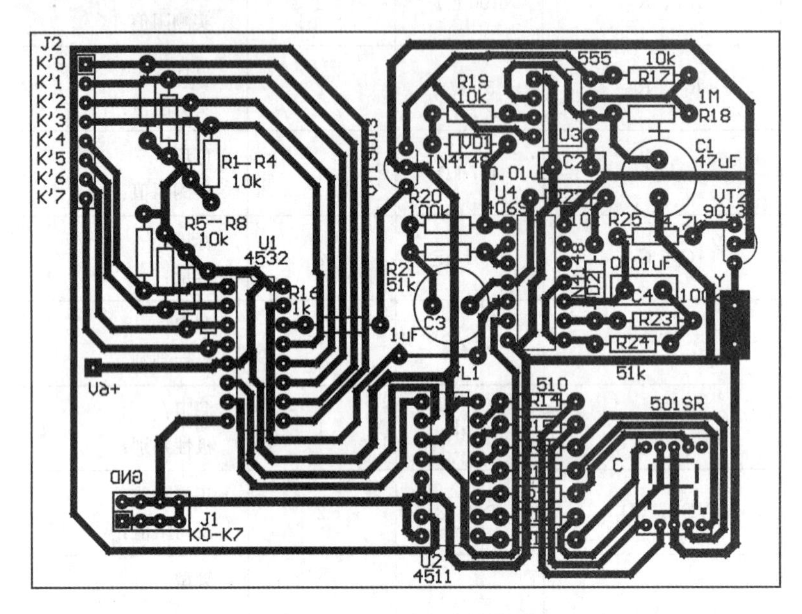

图 3.11－19 电路装配图

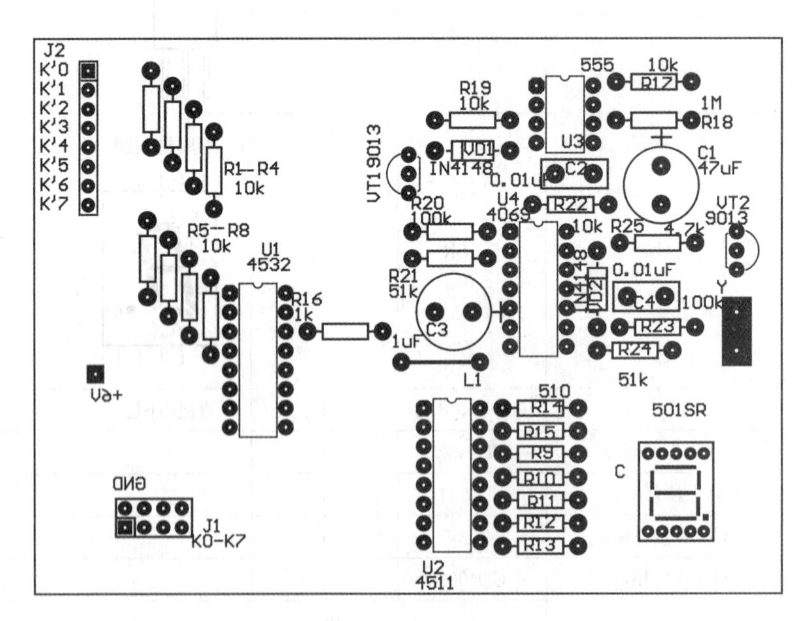

图 3.11－20 元器件分布图

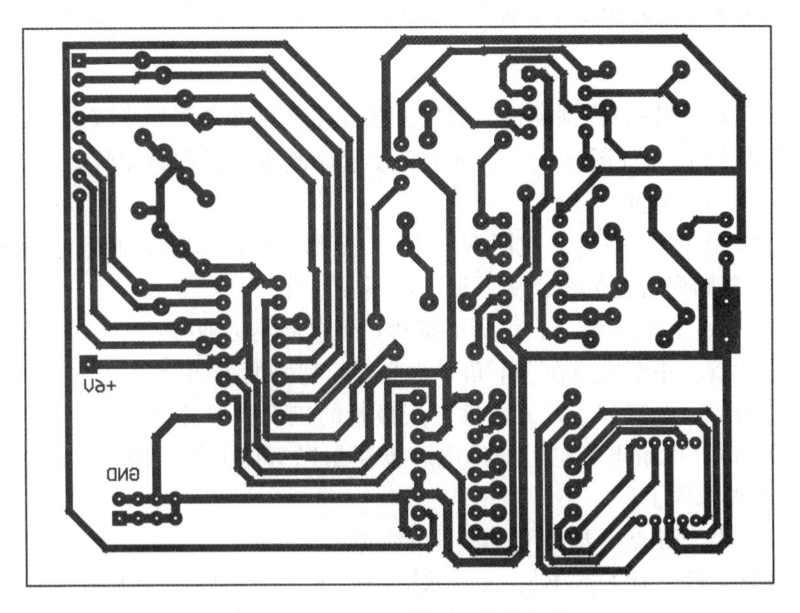

图 3.11－21　印制版图(热转印用)

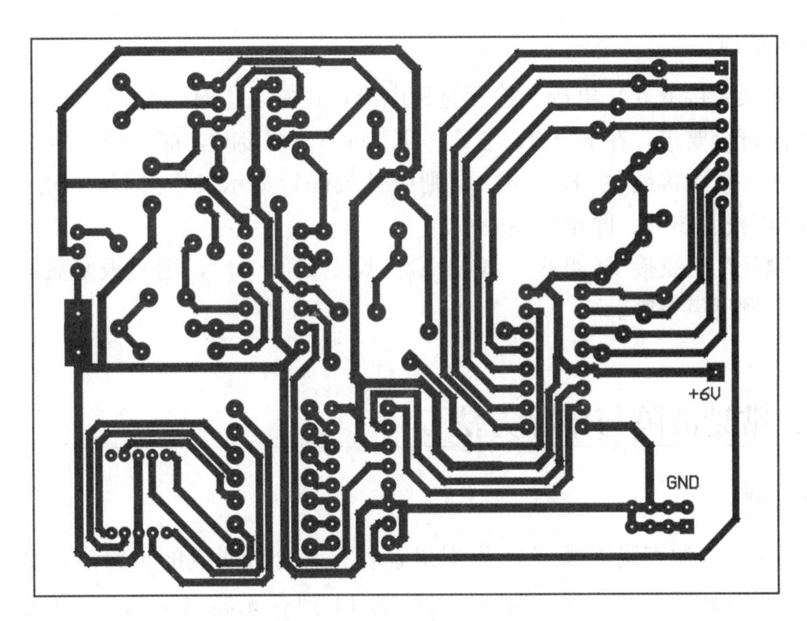

图 3.11－22　印制版图(描图蚀刻法用)

五、制版、装配与调试

1. 安装电路板的制作

根据印制板的制作内容中介绍的步骤及要求制作好电路板，具体步骤：选择敷铜板，清洁板面；按照装配图复印电路和描版；腐蚀电路板；修板；钻孔；涂助焊剂。

2. 装配

根据装配图及原理图，仔细插件、焊接。装配工艺可参考下列步骤进行。

(1)安装短接线 L_1，如图 3.1－20 所示。贴紧印制板，引脚直立焊，引出脚齐平焊点或高出焊点0.5 mm，剪脚。

(2)安装二极管 VD_1、VD_2，电阻 $R_1 \sim R_{25}$。全部卧装，贴紧印制板，引脚直立焊，剪脚要求同上。色环顺序自左至右、从下到上，不要装反。

(3)安装 $U_1 \sim U_4$。切忌装反，引脚不折弯，焊接后不必剪脚。

(4)安装数码管。小数点应在右下角，直立焊，剪脚要求同上。

(5)安装三极管、电容等立式元器件。三极管的三引脚要分开，均匀插入焊接孔，脚长宜留下 5～7 mm。电解电容器、涤纶电容器尽量贴近印制面，圆片电容器引脚宜留下 2～4 mm。焊点要求同上。

(6)安装扬声器。焊点不要共用音圈引出线焊点。

(7)连八路输入线。在 K_0—K_0'、K_1—K_1'、…、K_7—K_7'间用短线桥连，可采用10 cm长的软导线，一端焊在印制板上，另一端则相互绞接。若使用 8 只微动开关替代短接线则使用更方便。

3. 调整与测试

(1)装配无误后接上 6 V 电源。检测整机电流，正常工作时一般不大于 10 mA。

(2)若电流符合要求，在 $K_0' \sim K_7'$与 $K_0 \sim K_7$ 间一一绞接时，应无光、声报警。

(3)脱开任一组绞接线(如 $K_3 - K_3'$)，则应见数码管显示“3”，同时听到 30 s 声报警、停止 30 s，再声报警 30 s、停止 30 s……。

(4)同时脱开几组绞接线(如 $K_3 - K_3'$、$K_0 - K_0'$、$K_5 - K_5'$)，则光报警数码管显示最大路号“5”，同时发出声报警。

六、常见故障与排除方法

1. 无声报警

此时如将 6 V 电源直接碰触 VT_1 发射极，若有半分钟间隔的报警声，则说明报警电路正常。可检测输入开关信号是否正常，U_1 的 14 脚有无高电平输出，VT_1 是否损坏，R_{16}是否开路等。

如 VT_1 发射极接入高电平仍无声，可将高电平直接接到 R_{19}任一端。此时如有报警声，则证明 R_{19}后的振荡器正常；如无报警声，则可检测振荡器、VT_2 及扬声器等。

2. 无光报警数字显示

可首先检测 CD4532 的 $Q_2Q_1Q_0$ 输出的BCD码与输入路号是否对应。例如，输入路号是“K_3'”，则 K_3'为高电平，BCD码输出应为 $Q_2Q_1Q_0 = 011$。如正确，可检测 CD4511；否则应检测输入电路或 CD4532。

3. 无输入时数码管仍不消隐

正常情况下，CD4532 的 15 脚应为低电平，CD4511 的 4 脚应为高电平。若 CD4532 的 15 脚和 CD4511 的 4 脚均为高电平，则可检测 CD4069 的 U_{4C}，5、6 脚间是否击穿损坏；如 CD4511 的 4 脚输入为低电平，但仍不消隐，则表明 CD4511 损坏的可能性较大。

4. 无输入时有声报警

检测 CD4532 的 15 脚，无输入时该脚应为低电平。如出现高电平则 CD4532 损坏；若 CD4532 的 15 脚为低电平，而 VT_1 发射极却为高电平，则表明 VT_1 的 c、e 极间被击穿、短路。

七、技能实训

(1)将 $K_0 \sim K_7$ 分别置位时，用万用表检测 CD4532 的输入端电平和编码输出电平，将测量到的数据填入表 3.11－5 中，并与 CD4532 真值表作比较，以检验其正确性。

表 3.11－5 八路声光报警器电路技训表 1

内容 / 开关状态		CD4532										
		输入								输出		
		D_0	D_1	D_2	D_3	D_4	D_5	D_6	D_7	Q_0	Q_1	Q_2
K_0	×											
K_1	×											
K_2	×											
K_3	×											
K_4	×											
K_5	×											
K_6	×											
K_7	×											

(2)用万用表检测 CD4511 的输入、输出及对应数码管的电平情况，将测量到的数据填入表 3.11－6 中，并与相关真值表对照比较。

表 3.11－6 八路声光报警器电路技训表 2

内容 开关状态		CD4511											
		输入				输出							数码管显示数
		D	C	B	A	a	b	c	d	e	f	g	
K_0	×												
K_1	×												
K_2	×												
K_3	×												
K_4	×												
K_5	×												
K_6	×												
K_7	×												

实训十二　简单按键式密码控制器电路制作

实训目标

知识目标：

(1)了解 CD4017 十进制计数/脉冲分频器的结构特点和工作原理。

(2)熟悉晶闸管的导电特性。

能力目标：

(1)会用万用表判断晶闸管的引脚和质量的优劣。

(2)能制作印制电路板并完成整个电路元器件的安装、焊接及调试。

(3)能理解并分析电路原理，找到正确密码。

实训仪器：

敷铜板一块，电阻、电容、晶闸管等实训套件一套，焊锡丝，电烙铁，吸锡器，松香，镊子，斜口钳，万用表，示波器，电钻一把，复写纸，铅笔，美工刀一把或激光打印机一台，热转印纸，热转印机一台，三氯化铁腐蚀剂等。

实训内容

一、电路原理图

电路原理如图 3.12－1 所示。

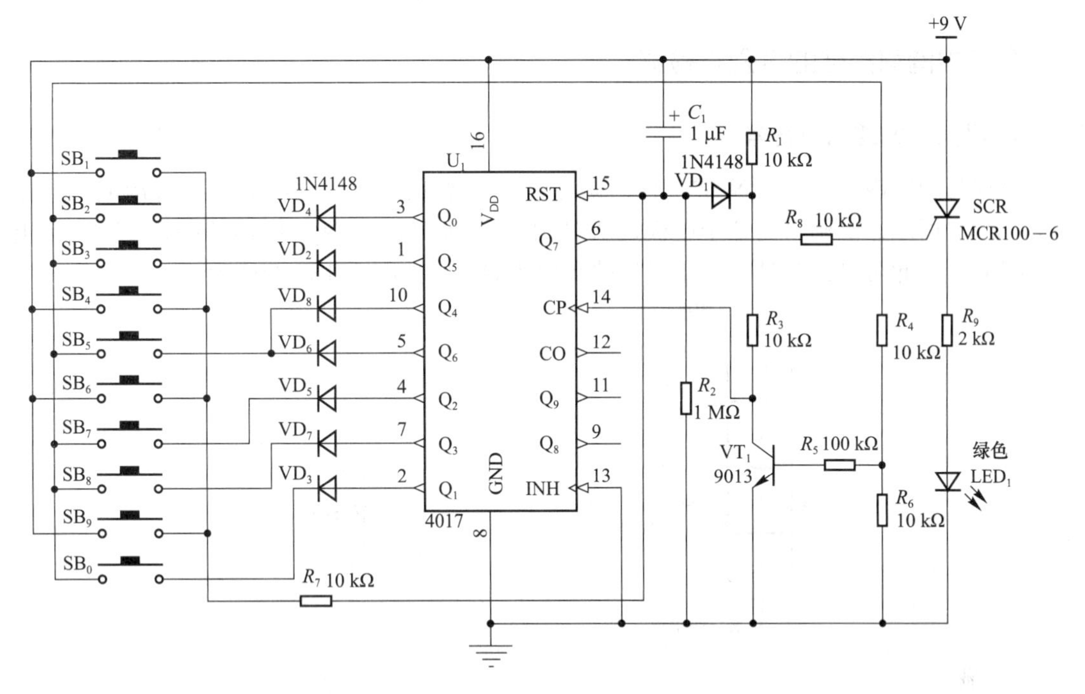

图 3.12－1　电路原理图

二、电路工作原理

本电路是以十进制计数分频器 CD4017 为核心组成的数字密码锁电路，该电路常应用于日常生活的密码系统中。该电路包括密码输入按键、密码控制与输出电路三部分。密码输入按键由 10 位按键 SB_0～SB_9 组成。其中有效按键为 6 位（可重复用），4 位伪码按键。计数器 CD4017 是密码控制与输出电路的核心部分，从电路图中可以看到，该电路预设 7 位密码。接通电源时产生一个正脉冲加至 CD4017 的 RST 清零端，使输出端 Q_0 输出高电平，其他输出端均处于低电平状态。当按照密码顺序按下第一位按键 SB_2 时，Q_0 上的高电平通过按钮开关 SB_2 传输到晶体三极管 VT_1 的基极，使 VT_1 导通。按键 SB_2 被松开时，三极管 VT_1 又截止。在这一过程中，其集电极电压先下降后上升，形成一个上升沿脉冲输送到 CD4017 的 CP 端，使计数器做加计数，输出的高电平移位到 Q_1。依次按下其他密码键时，输出端也依次前移，直至按下 SB_5 时，输出高电平由 Q_6 前移到 Q_7，这样就可以将高电平传输到单向可控硅 SCR 的控制极，SCR 的控制极接收到正触发电压而使可控硅导通，从而使发光二极管点亮，意味着输入密码正确。10 位按键中有 4 位按键起迷惑作用，且具有复位功能。

三、元器件选择、识别与检测

电阻、电容、二极管、三极管等元器件的识别与检测在前面已经介绍过了，这里不再赘述。下面重点介绍可控硅及 CD4017 集成芯片。

(一)单向可控硅的识别与检测

1. 晶闸管的结构及符号

单向晶闸管内有 3 个 PN 结，它们是由相互交叠的 4 层 P 区和 N 区所构成的。如图 3.12－2 所示。晶闸管的 3 个电极是从 P_1 引出阳极 A，从 N_2 引出阴极 K，从 P_2 引出控制极 G，因此可以说它是一个 4 层三端半导体器件，如图 3.12－2 所示。

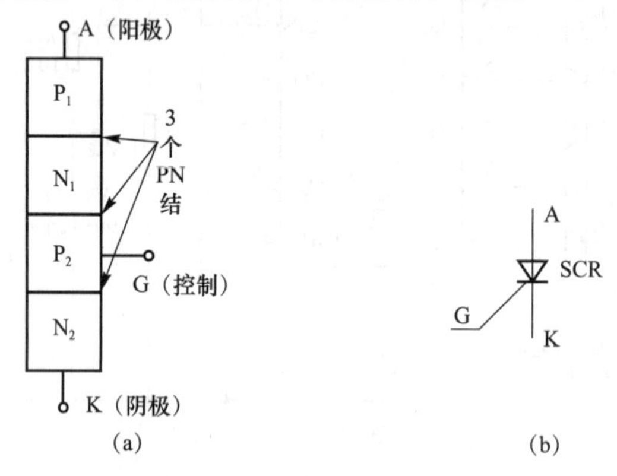

图 3.12－2 晶闸管结构及符号

(a)结构；(b)符号

2. 晶闸管的特性及作用

晶闸管不仅具有硅整流器的特性，更重要的是它的工作过程可以控制，能以小功率信号去控制大功率系统，可作为强电与弱电的接口，属于用途十分广泛的功率电子器件。在电子设备里，晶闸管主要应用于可控整流、交流调压、电子开关和逆变等。

3. 晶闸管的分类

1)分类

(1)按关断、导通及控制方式分类，可分为普通可控硅、双向可控硅、逆导可控硅、门极关断可控硅(GTO)、BTG 可控硅、温控可控硅和光控可控硅等多种。

(2)按引脚和极性分类，可分为二极可控硅、三极可控硅和四极可控硅。

(3)按封装形式分类，可分为金属封装可控硅、塑封可控硅和陶瓷封装可控硅 3 种类型。其中，金属封装可控硅又分为螺栓型、平面型、圆壳型等多种；塑封可控硅又分为带散热片型和不带散热片型两种。

(4)按电流容量分类，可分为大功率可控硅、中功率可控硅和小功率可控硅 3 种。通常，大功率可控硅多采用金属壳封装，而中、小功率可控硅则多采用塑封或陶瓷封装。

(5)按关断速度分类，可分为普通可控硅和高频(快速)可控硅。

2)常见晶闸管的封装及外观

晶闸管的外形有小型塑封型(小功率)、平面型(中功率)和螺栓型(中、大功率)几种，如图 3.12－3 和图 3.12－4 所示。平面型和螺栓型使用时固定在散热器上。

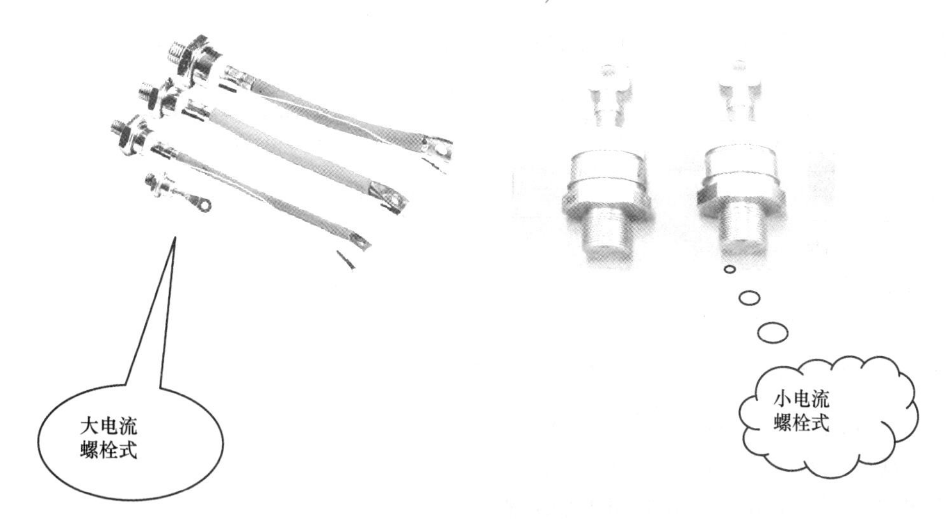

图 3.12－3　螺栓型结构

图 3.12－4　平面型结构

4. 晶闸管的型号命名方法

国产晶闸管的型号命名主要由四部分组成，各部分的含义见表 3.12－1。

表 3.12－1　晶闸管的型号命名含义

部分：主称		第二部分：类别		第三部分：额定通态电流		第四部分：重复峰值电压级数	
字母	含义	字母	含义	数字	含义	数字	含义
K	晶闸管（可控硅）	P	普通反向阻断型	1	1 A	1	100 V
				5	5 A	2	200 V
				10	10 A	3	300 V
				20	20 A	4	400 V
		K	快速反向阻断型	30	30 A	5	500 V
				50	50 A	6	600 V
K	晶闸管（可控硅）	K	快速反向阻断型	100	100 A	7	700 V
				200	200 A	8	800 V
		S	双向型	300	300 A	9	900 V
				400	400 A	10	1 000 V
				500	500 A	12	1 200 V

第一部分用字母“K”表示主称为晶闸管(见表 3.12－2)。

表 3.12－2 晶闸管的型号命名示例

KP1－2(1A 200V 普通反向阻断型晶闸管)	KS5－4(5A 400V 双向晶闸管)
K—晶闸管	K—晶闸管
P—普通反向阻断型	S—双向管
1—额定通态电流 1 A	5—额定通态电流 5 A
2—重复峰值电压 200 V	4—重复峰值电压 400 V

第二部分用字母表示晶闸管的类别。

第三部分用数字表示晶闸管的额定通态电流值。

第四部分用数字表示重复峰值电压级数。

5. 晶闸管的主要特性参数

(1)额定平均电流 I_T。在规定的条件下，晶闸管允许通过的 50 Hz 正弦波电流的平均值。

(2)正向平均压降 U_T。它是指在规定的条件下，当通过的电流为其额定电流时，晶闸管阳极、阴极间电压降的平均值。

(3)控制极触发电压 U_{GT}和触发电流 I_{GT}。在规定的条件下，加在控制极上的可以使晶闸管导通所必需的最小电压和电流。

(4)断态重复峰值电压 U_{PFV}。在控制极断开和正向阻断的条件下，阳极和阴极间可重复施加的正向峰值电压。其数值规定为断态下重复峰值电压 U_{PSM}的 80%。

(5)反向重复峰值电压 U_{PRV}。在控制极断开的条件下，阳极和阴极之间可重复施加的反向峰值电压。其数值规定为反向不重复峰值电压 U_{RSM}的 80%。一般把 U_{PFV}和 U_{PRV}中较小的数值作为元件的额定电压。

(6)维持电流 I_H。在室温和控制极断路时，可控硅从较大的通态电流降至刚好能保持元件处于通态的最小电流，一般为几十到一百多毫安。如果通过的正向电流小于此值，可控硅就不能继续保持导通而自行截止。

6. 晶闸管的测量

1)判别电极

将万用表置于“$R\times1$K”挡或“$R\times100$”挡，用万用表黑表笔接其中一个电极，红表笔分别接另外两个电极 。假如有一次阻值小，而另一次阻值大，就说明黑表笔接的是控制极 G。在所测阻值小的那一次测量中，红表笔接的是阴极 K，而在所测阻值大的那一次，红表笔接的是阳极 A。若两次测量的阻值不符合上述要求，应更换表笔重新测量。

2)触发特性测量

(1)将万用表置于“$R\times1$”挡，红表笔接阴极 K，黑表笔接阳极 A，指针应接近∞，如图 3.12－5(a)所示。

(2)用黑表笔在不断开阳极的同时接触控制极 G，万用表指针向右偏转到低阻值，表明晶闸管能触发导通，如图 3.12－5 (b)所示。

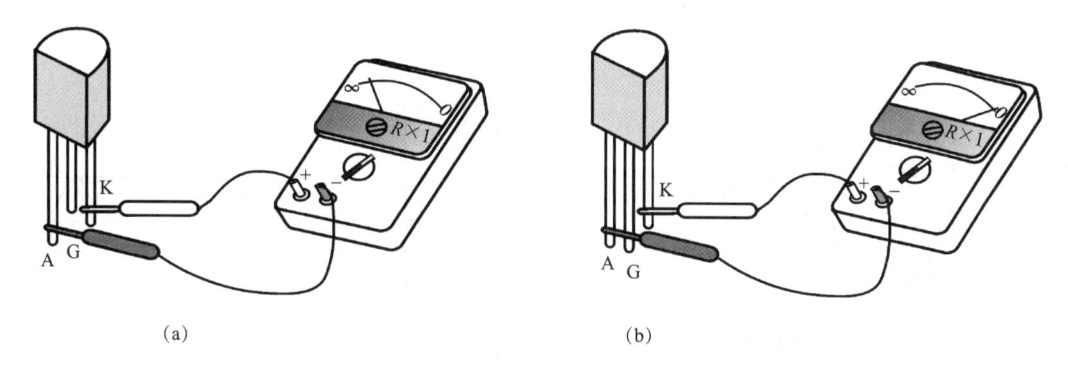

图 3.12－5　用万用表检测晶闸管质量

(a)检测步骤一；(b)检测步骤二

(3)在不断开阳极 A 的情况下，断开黑表笔与控制极 G 的接触，万用表指针应保持在原来的低阻值上，表明晶闸管撤去控制信号后仍将保持导通状态。

3)质量好坏判别

(1)用“$R\times$1K”挡或“$R\times$10K”挡测阴极 K 与阳极 A 之间的正反向电阻(控制极不接电压)，两个阻值均应很大。阻值越大表明正反向漏电电流越小。若测得的阻值很低或接近于无穷大，说明晶闸管已经被击穿短路或已经开路，此晶闸管不能使用了。将测量值记录在实训表中。

(2)用“$R\times$1K”挡或“$R\times$10K”挡测阳极 A 与控制极 G 之间的正反向电阻。阳极 A 与控制极 G 之间为 PN 结反向串联。测量正反向电阻，正常时均应接近无穷大。若测得的阻值很低，表明晶闸管已经损坏。将测量值记录在实训表中。

(3)用“$R\times$10”挡或“$R\times$100”挡测控制极 G 与阴极 K 之间的正反向电阻。如果测得正向阻值接近于零值或为无穷大，表明控制极 G 与阴极 K 之间的 PN 结已经损坏；反向阻值应很大，但不能为无穷大，正常情况是反向阻值(约 80 kΩ)应明显大于正向阻值(约 2 kΩ)。

(二)双向晶闸管的识别与检测

双向晶闸管是在普通晶闸管的基础上发展起来的，相当于两个单向晶闸管的反向并联，但只有一个控制极，而且仅用一个触发电路，是目前比较理想的交流开关器件。其英文名称 TRIAC 即三端双向交流开关之意。

1. 双向晶闸管的结构及符号

双向晶闸管的外形与普通晶闸管类似，如图 3.12－6 所示，但其内部是一种 NPNPN 五层结构，引出 3 个电极，分别是 T_1、T_2、G，其结构示意图和符号如图 3.12－7 所示。

由于双向晶闸管在阳极、阴极间接任何极性的工作电压都可以实现触发控制，因此双向晶闸管的主电极也就没有阳极、阴极之分，通常把这两个主电极称为 T_1 电极和 T_2 电极。将接在 P 型半导体材料上的主电极称为 T_1 电极，将接在 N 型半导体材料上的电极称为 T_2 电极。

双向晶闸管的文字符号用 SCR、KS、V 等表示。

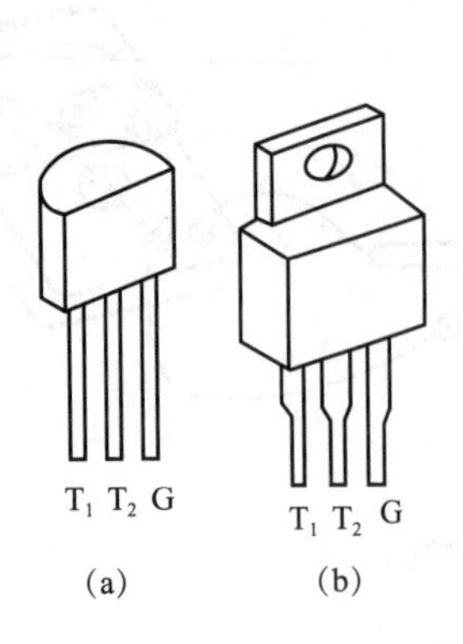

图 3.12-6 小功率双向晶闸管外形

(a)BCM1AM；(b)BCM3AM

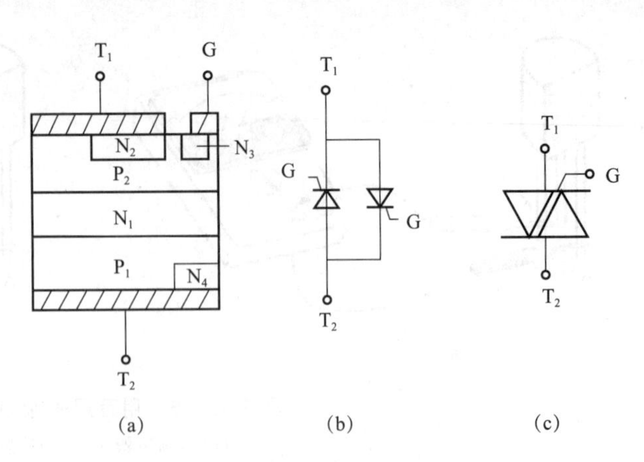

图 3.12-7 双向晶闸管结构及符号

(a)结构；(b)等效电路；(c)符号

2. 双向晶闸管的特性及作用

双向晶闸管与单向晶闸管一样，也具有触发控制特性。不过它的触发控制特性与单向晶闸管有很大的不同，这就是无论在阳极还是阴极间接入何种极性的电压，只要在它的控制极上加一个触发脉冲，也不管这个脉冲是什么极性的，都可以使双向晶闸管导通。

双向晶闸管可广泛用于工业、交通、家用电器等领域，实现交流调压、电机调速、交流开关、路灯自动开启与关闭、温度控制、台灯调光、舞台调光等多种功能。

3. 常见晶闸管的封装及外观

常用可控硅的封装形式有 TO-92、TO-126、TO-202AB、TO-220、TO-220AB、TO-3P、SOT-89、TO-251、TO-252 等。

小功率双向晶闸管一般用塑料封装，有的还带小散热板，常见的双向晶闸管外形如图 3.12-8 至图 3.12-11 所示。

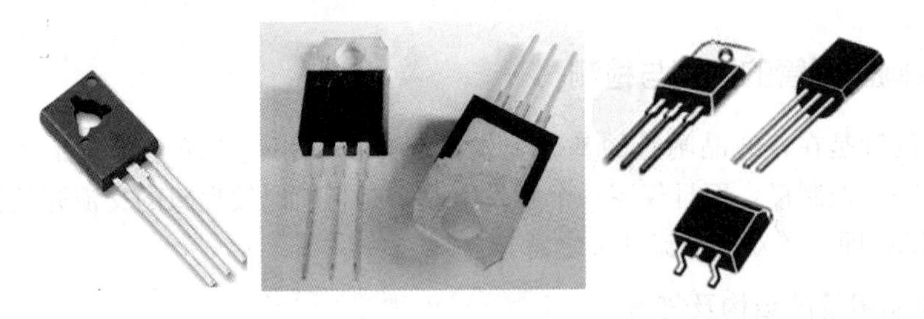

图 3.12-8 塑封式结构

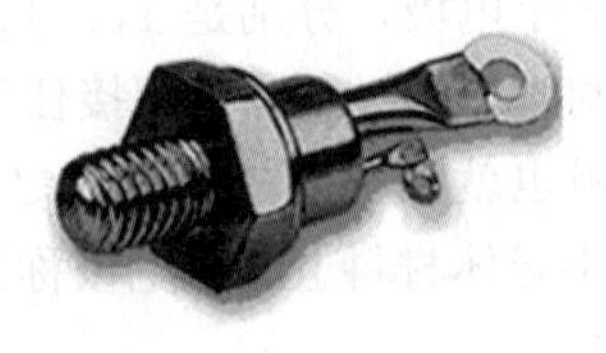

图 3.12-9 螺栓式结构

图 3.12－9　螺栓式结构(续)

图 3.12－10　平面式结构

图 3.12－11　其他形式晶闸管

4. 双向晶闸管的主要特性参数

(1)额定通态电流(有效值)$I_{T(RMS)}$。在规定的条件下，晶闸管允许通过单相工频正弦半波整流电流的平均值。

(2)通态压降$U_{T(RMS)}$。它是指在规定的条件下，元件在通过额定通态电流(有效值)的条件下两端的管压降(有效值)。

(3)断态重复峰值电压U_{DRM}和断态重复峰值电流I_{DRM}。在规定的条件下，双向晶闸管伏安特性急剧弯曲点所对应的电压，称为断态不重复峰值电压。这个电压值的80%称为断态重复峰值电压U_{DRM}。与此电压相对应的电流值，称为断态重复峰值电流I_{DRM}。

(4)门极触发电流 I_{GT} 和门极触发电压 U_{GT}。在室温条件下，双向晶闸管的主端子 T_1 与 T_2 之间加上直流电压，用门极触发，此时能够使元件由断态转为通态所需的最小门极直流电流、电压，称为门极触发电流 I_{GT} 和门极触发电压 U_{GT}。

(5)维持电流 I_H。在室温和门极断路时，元件从较大的通态电流降至刚好能保持元件处于通态所需的最小主电流，称为维持电流。

5. 双向晶闸管的测量

1)引脚判别

(1)目测法。常见几种双向晶闸管引脚排列如图 3.12 - 12 所示。

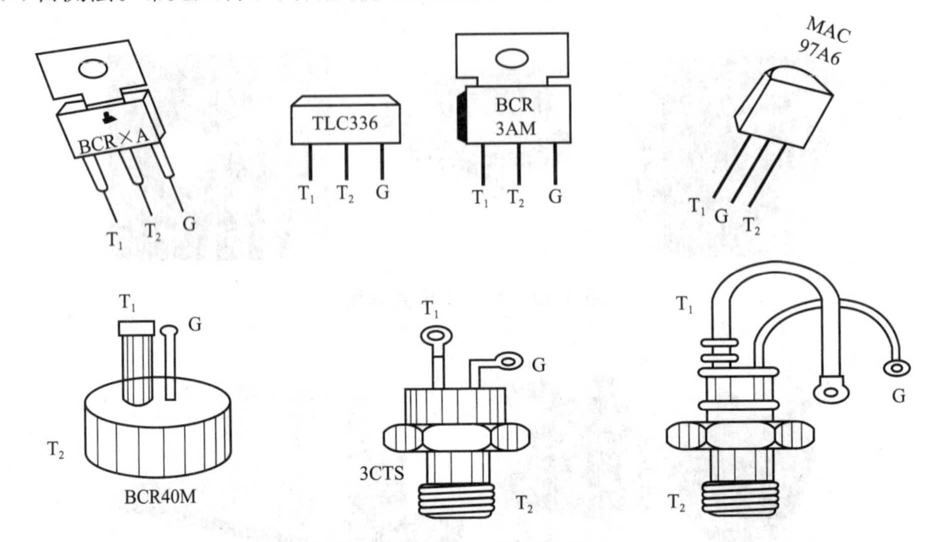

图 3.12 - 12 常见双向晶闸管引脚排列

(2)用指针式万用表检测。

①判别 T_2 极。双向晶闸管内部结构如图 3.12 - 13 所示，由于 G 极与 T_1 极靠近，距 T_2 极较远。因此，G、T_1 之间的正、反向电阻很小。在用"$R\times1$"挡测任意两脚之间的电阻时，只有 G、T_1 之间显现低阻，正、反向电阻仅为几十欧。而 T_2、G 和 T_2、T_1 之间的正、反向电阻均为无穷大。这表明，如果测出某脚和其他两脚都不通，这肯定是 T_2 极。

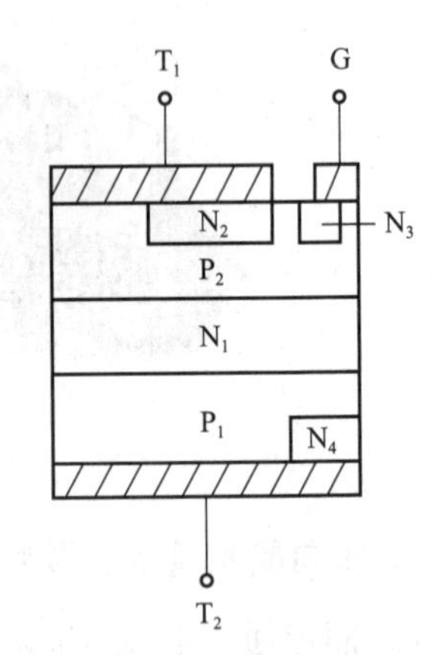

图 3.12 - 13 双向晶闸管结构

②区分 G 极与 T_1 极。

a. 找出 T_2 极之后，首先假定剩下两脚中某一脚为 T_1 极，另一脚为 G 极。

b. 把黑表笔接 T_1 极，红表笔接 T_2 极，电阻为无穷大。接着用红表笔尖把 T_2 与 G 短路即给 G 加上负触发信号，电阻值应为 10 Ω 左右，证明管子已经导通，导通方向为 $T_1 \rightarrow T_2$。再将红表笔尖与 G 极脱开(但仍接 T_2)，如果临时性阻值保持不变，这表明管子在触发之后能维持导通状态。

c. 把红表笔接 T_1 极、黑表笔接 T_2 极，然后使 T_2 与 G 短路，给 G 极加上正触发信号，电阻值仍为 10 Ω 左右，与 G 极脱开后若阻值不变，则说明管子经触发后，在 $T_2 \rightarrow T_1$

方向上也能维持导通状态，因此具有双向触发性质；由此证明，上述 T_1 和 G 脚的假定是正确；否则假定与实际不符，需重新作出假定，重复以上测量。

如果按哪种假定去测量，都不能使双向晶闸管触发导通，证明管子已损坏。对于 1 A 的管子，也可用“$R\times10$”挡检测，对于 3 A及 3 A 以上的管子，应选“$R\times1$”挡；否则难以维持导通状态。

显然，在识别 G、T_1 的过程中，也就检查了双向晶闸管的触发能力。

2)检查双向晶闸管的好坏

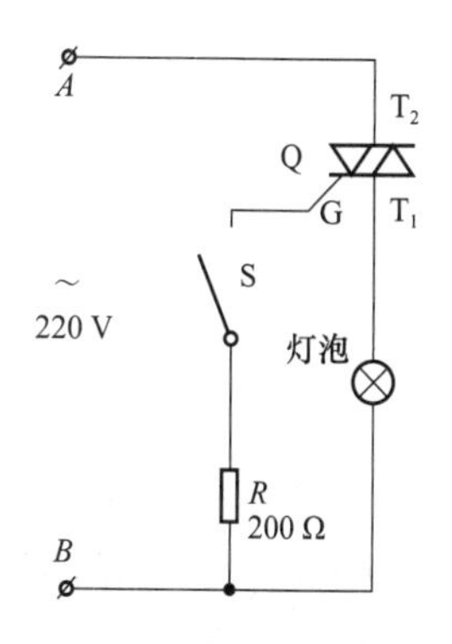

图 3.12－14　双向晶闸管的质量检测

双向晶闸管作电子开关使用，能控制交流负载(如白炽灯)的通断，根据白炽灯的亮灭情况，可判断双向晶闸管的好坏。将 220 V交流电源的任意一端接 T_2，另一端经过白炽灯接 T_1。触发电路由开关 S 和门极限流电阻 R 组成，电路如图 3.12－14 所示。R 的阻值取 100～330 Ω，若 R 值取得过大，会减小导通角。

第一步，先将 S 断开，此时双向晶闸管关断，灯泡应熄灭。若灯泡正常发光，则说明双向晶闸管 T_1—T_2 极间短路，管子报废；如果灯泡轻微发光，表明 T_1—T_2 漏电流太大，管子的性能很差。出现上述两种情况应停止试验。

第二步：闭合 S，因为门极上有触发信号，所以只需经过几微秒的时间双向晶闸管即导通，白炽灯上有交流电流通过而正常发光。

在交流电的正半周，设 $U_A>U_B$，则 T_2 为正，T_1 为负，G 相对于 T_2 也为负，双向晶闸管按照 $T_2\to T_1$ 的方向导通。在交流电的负半周，设 $U_A<U_B$，则 T_2 为负，T_1 为正，G 相对于 T_2 也为正，双向晶闸管沿着 $T_1\to T_2$ 的方向导通。

综上所述，仅当 S 闭合时灯泡才能正常发光，说明双向晶闸管质量良好。如果闭合时灯泡仍不发光，证明门极已损坏。

注意事项如下：

(1)本方法只能检查耐压在 400 V 以下的双向晶闸管。对于耐压值为 100 V、200 V 的双向晶闸管，需借助自耦调压器把 220 V 交流电压降到器件耐压值以下。

(2)T_1 和 T_2 的位置不得接反；否则不能触发双向晶闸管。

(3)具体到 U_A、U_B 中的哪一端接火线(相线)，哪端接零线，可任选。

(4)利用双向晶闸管作电子开关比用机械开关更加优越。因为只需很低的控制功率，就能控制相当大的电流，它不存在触点抖动问题，动作速度极快，在关断时也不会出现电弧现象。

(三)单结晶体管的识别和检测

1. 单结晶体管的符号与结构

(1)符号。

文字符号：V。

图形符号如图 3.12－15 所示。

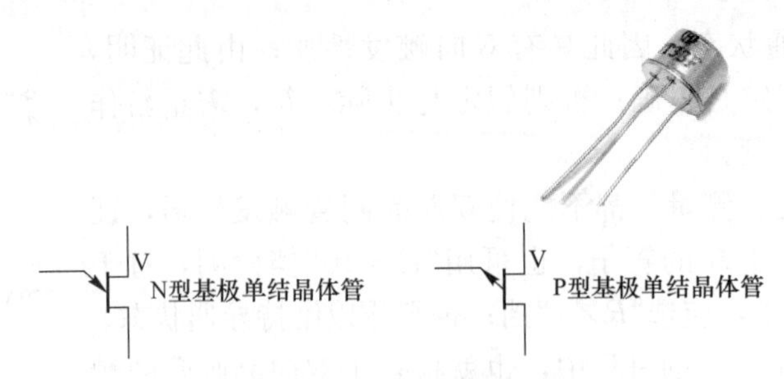

图 3.12－15 单结晶体管的符号

(2)结构。单结晶体管(简称 UJT)又称为双基极二极管，有 3 个电极，但不是三极管，而是具有 3 个电极的二极管，管内只有一个 PN 结，所以称之为单结晶体管。3 个电极中，一个是发射极，两个是基极，所以也称为双基极二极管。其中，有箭头的表示发射极 e；箭头所指方向对应的基极为第一基极 b_1，表示经 PN 结的电流只流向 b_1 极；第二基极用 b_2 表示。其内部结构及等效电路如图 3.12－16 所示。

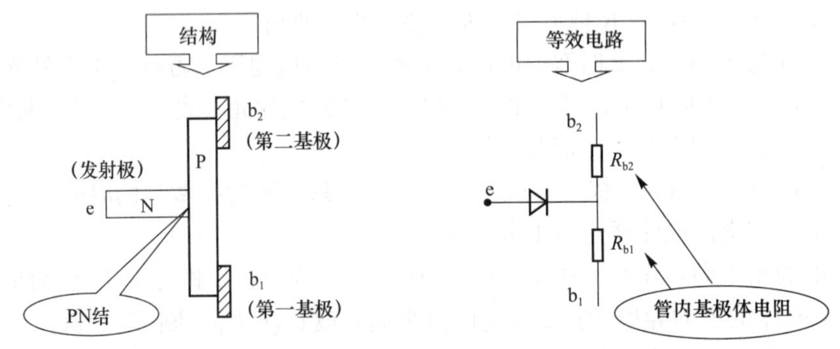

图 3.12－16 单结晶体管内部结构及等效电路

2. 单结晶体管的分类和作用

(1)分类：分为 N 型基极单结晶体管、P 型基极单结晶体管。

(2)重要特点：具有负阻性。

(3)主要作用：组成脉冲产生电路；可用作延时电路和触发电路。

3. 单结晶体管的封装及常见外观

单结晶体管的封装形式有 TO－92、TO－220、TO－18 等，常见的外形如图 3.12－17 所示。

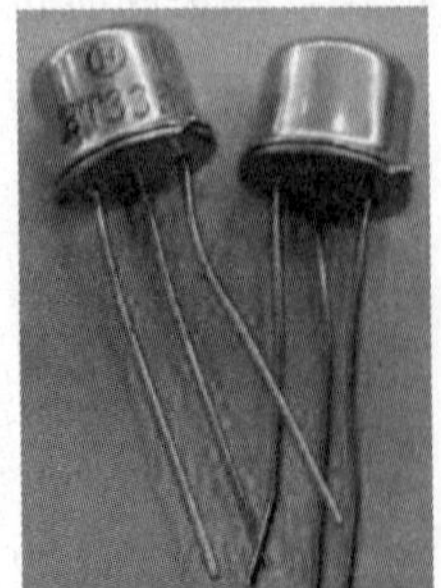
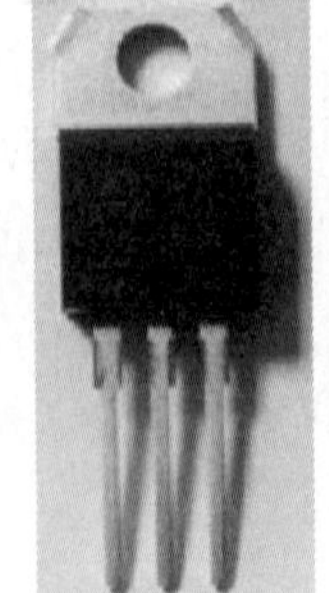

图 3.12－17 单结晶体管的封装及常见外观

4. 单结晶体管的型号命名及其含义

单结晶体管的型号有BT31、BT32、BT33、BT35等，型号组成部分各符号所代表的意义如图3.12－18所示。

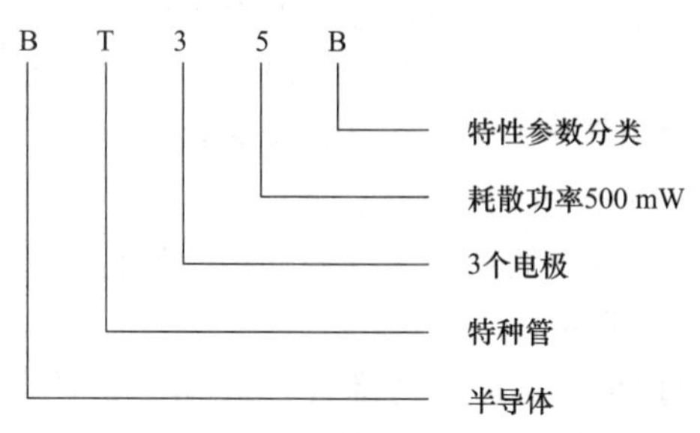

图3.12－18　单结晶体管型号命名及含义

国产单结晶体管的型号命名由5部分组成，即：B　T　3　数字　字母。

第一部分：表示制作材料，用字母“B”表示半导体管，即“半”字第一个汉语拼音字母。

第二部分：表示种类，用字母“T”表示特种管，即“特”字第一个汉语拼音字母。

第三部分：表示电极数目，用数字“3”表示有3个电极。

第四部分：用数字表示耗散功率，通常只标出第一位有效数字，耗散功率的单位为mW。

第五部分：用字母表示特性参数的分类。

5. 单结晶体管的主要参数

(1)基极间电阻R_{bb}。如图3.12－19所示，发射极开路时基极b_1、b_2之间的电阻一般为2～10 kΩ，其数值随温度上升而增大。通常R_{bb}具有纯电阻特性，阻值大小与温度有关。

(2)分压比η。分压比是指R_{b1}上产生的电压U_{b1}与两基极电压U_{bb}的比值，公式为：$\eta=U_{b1}/U_{bb}=R_{b1}/R_{bb}$。分压比是由管子内部结构决定的常数，一般为0.3～0.9。

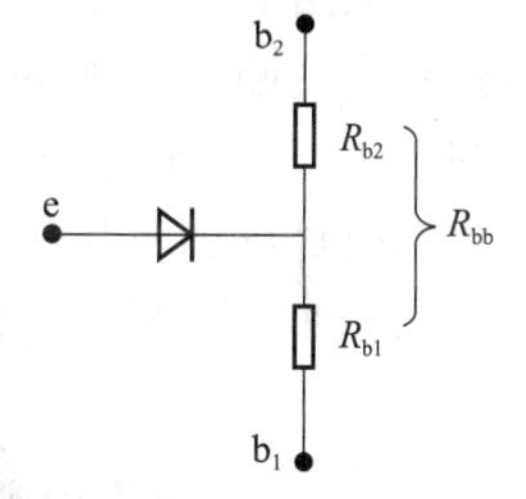

图3.12－19　等效电路

(3)e、b_1间的反向电压U_{eb1}。b_2开路，在额定反向电压U_{eb1}下，基极b_1与发射极e之间的反向耐压。

(4)反向电流I_{eo}。b_1开路，在额定反向电压U_{eb2}下e、b_2间的反向电流。如果实际测得管子的反向电流太大，则表明PN结的单向特性差，单结晶体管有漏电现象。

(5)发射极饱和压降U_{eo}。在最大发射极额定电流时e、b_1间的压降。

(6)峰点电流I_p。单结晶体管刚开始导通时，发射极电压为峰点电压时的发射极电流。

6. 单结晶体管的测量

1)引脚的判别

(1)目测法。对于金属管壳的管子，将引脚对着自己，以凸口为起始点，顺时针方向数，依次是e、b_1、b_2。对于环氧封装半球状的管子，平面对着自己，引脚向下，从左向右依次为e、b_1、b_2，国外的塑料封装管引脚排列一般也和国产环氧封装管的排列相同，如图3.12－20所示。

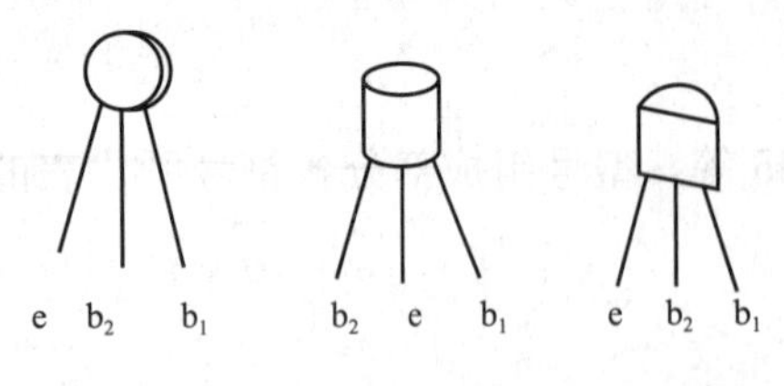

图 3.12－20 常见单结晶体管引脚排列

(2)用万用表判别。

①发射极 e。将万用表置于“$R\times100$”或“$R\times1$K”挡，任意测量两个引脚间的正、反向电阻，其中必有两个电极间的正、反向电阻是相等的(这两个引脚分别为第一基极 b_1 和第二基极 b_2)，则剩余一个引脚为发射极 e。

②b_1、b_2 极。把万用表置于“$R\times100$”或“$R\times1$K”挡，用黑表笔接发射极，红表笔分别接另外两极，两次测量中电阻大的那一次红表笔接的就是 b_1 极。

2)单结晶体管性能好坏的判断

双基极二极管性能的好坏可以通过测量其各极间的电阻值是否正常来判断。用万用表“$R\times1$K”挡将黑表笔接发射极 e，红表笔依次接两个基极，正常时均应有几千欧至十几千欧的电阻值，再将红表笔接发射极 e，黑表笔依次接两个基极，正常时阻值为无穷大。

双基极二极管两个基极(b_1 和 b_2)之间的正、反向电阻均在 2～10 kΩ 范围内，若测得某两极之间的电阻与上述正常值相差较大时，则说明该二极管已损坏。

(四)十进制计数器/脉冲分配器 CD4017

1. 常见外形及引脚功能

1)常见外形

本电路的核心器件是 CD4017，CD4017 提供了 16 引线多层陶瓷双列直插(D)、熔封陶瓷双列直插(J)、塑料双列直插(P)、陶瓷片状载体(C)4 种封装形式。CD4017 常见外形如图 3.12－21 所示。

2)引脚排列及其功能

CD4017 引脚排列及其功能如图 3.12－22 和表 3.12－3 所示。

图 3.12－21 CD4017 常见外形

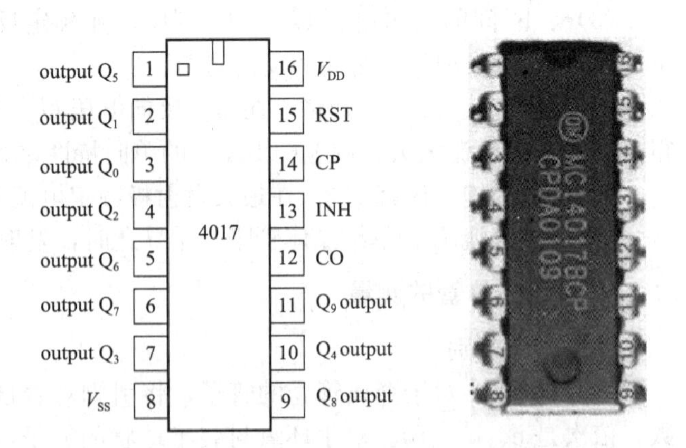

图 3.12－22 CD4017 引脚排列及其功能

表 3.12－3　CD4017 电路的引脚功能

引脚	符号	功能	引脚	符号	功能
1	Q_5	第 5 输出端	9	Q_8	第 8 输出端
2	Q_1	第 1 输出端	10	Q_4	第 4 输出端
3	Q_0	第 0 输出端，电路清零时，该端为高电平	11	Q_9	第 9 输出端
4	Q_2	第 2 输出端	12	CO	级联进位输出端，每输入 10 个时钟脉冲，就可得一个进位输出脉冲，因此进位输出信号可作为下一级计数器的时钟信号
5	Q_6	第 6 输出端	13	INH	时钟输入端，脉冲下降沿有效
6	Q_7	第 7 输出端	14	CP	时钟输入端，脉冲上升沿有效
7	Q_3	第 3 输出端	15	RST	清零输入端，在此端加高电平或正脉冲时，CD4017 计数器中各计数单元输出低电平“0”，在译码器中，只有对应“0”状态的输出端 Q_0 为高电平
8	V_{SS}	电源负端	16	V_{DD}	电源正端，3～18 V 直流电压

时钟输入端 CP(14 脚)、禁止端 INH(13 脚，又称 CE 端)皆为时钟输入端，若要用上升沿来计数，则信号由 CP 端(14 脚)输入；若要用下降沿来计数，则信号由 INH 端(13 脚)输入，CP 和 INH 还有互锁的关系，即利用 CP 计数时，CE 端要接低电平；反之利用 CE 计数时，CP 端要接高电平，形成互锁。

2. CD4017 的逻辑功能

CD4017 是由十进制计数器电路和时序译码电路两部分组成的，它实质上是一种串行移位寄存器。

CD4017 有 10 个译码输出端，即 Q_0～Q_9，在计数脉冲作用下，Q_0～Q_9 逐位输出高电平。此外，为了级联方便，还设有进位输出端 CO(第 12 脚)，每输入 10 个时钟脉冲，就可得到一个进位输出脉冲，所以 CO 可作为下一级计数器的时钟信号。

所以 CD4017 的基本功能是对 CP 端输入脉冲的个数进行十进制计数，并按照输入脉冲的个数顺序将脉冲分配在 Q_0～Q_9 这 10 个输出端，计满 10 个数后计数器归零，同时输出一个进位脉冲。CD4017 真值表见表 3.12－4。

表 3.12－4　CD4017 真值表

输入			输出	
CP	INH	RST	Q_0～Q_9	CO
×	×	H	Q_0	计数脉冲为 Q_0～Q_4 时，CO=H
↑	L	L	计数	
H	↓	L		
L	×	L	保持	计数脉冲为 Q_5～Q_9 时，CO=L
×	H	L		
↓	×	L		
×	↑	L		

CD4017 的时序图如图 3.12 - 23 所示。

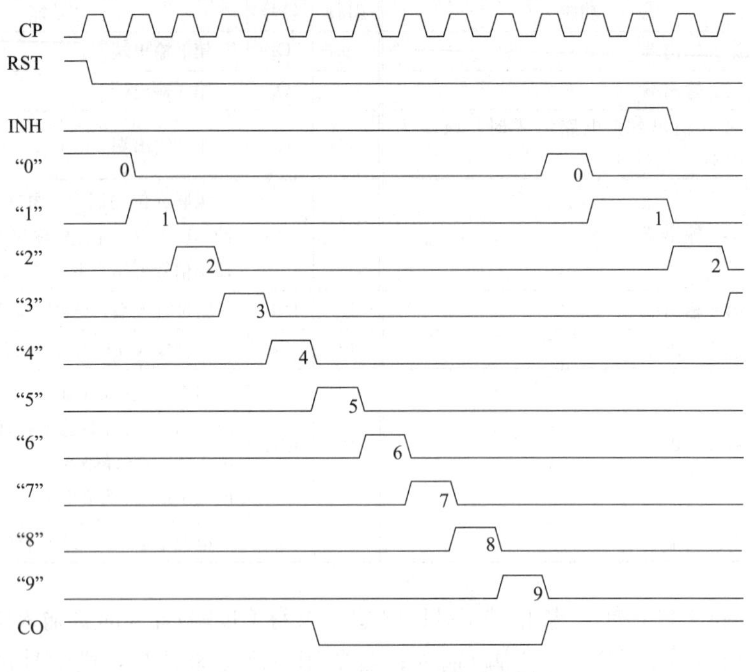

图 3.12 - 23　CD4017 的时序图

(五)元器件清点及检测

按表 3.12 - 5 所列清单清点元器件，根据前面的介绍对相关元器件进行检测，并将相关数据填入表 3.12 - 5 中。

表 3.12 - 5　元器件检测表

元件类型	器件	型号	数量	检测情况
电阻	R_1、R_3、R_4、R_6、R_7、R_8	10 kΩ	6	色环： 实测阻值：
	R_2	1 MΩ	1	色环： 实测阻值：
	R_5	100 kΩ	1	色环： 实测阻值：
	R_9	2 kΩ	1	色环： 实测阻值：
电解电容	C_1	1 μF	1	标识： 漏阻：
二极管	VD_1、VD_2、VD_3、VD_4、VD_5、VD_6、VD_7、VD_8	1N4148	8	正向阻值： 反向阻值：

续表

元件类型	器件	型号	数量	检测情况
发光二极管	LED_1	绿色	1	正向阻值： 反向阻值：
三极管	VT_1	9013	1	管型： β=________ 引脚排列：
按钮开关	S_0、S_1、S_2、S_3、S_4、 S_5、S_6、S_7、S_8、S_9		10	质量：
单向晶闸管	SCR	MCR100－6	1	各引脚排列：
集成电路	U_1	CD4017	1	
集成块脚座		16 脚	1	
直流电源		9 V	1	

四、电路装配图与印制版图

电路装配图与印制版图如图 3. 12－24 至图 3. 12－27 所示。

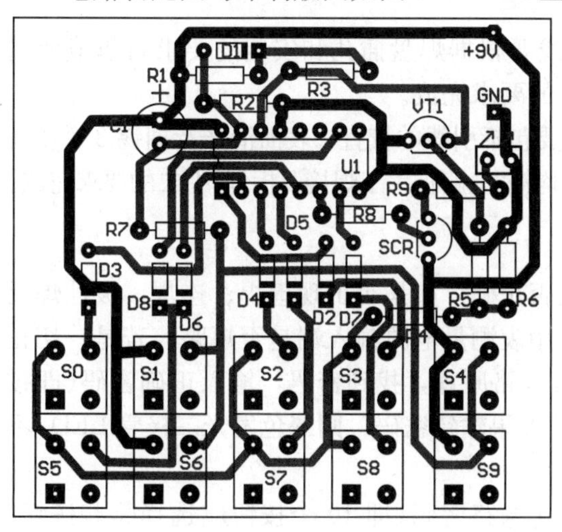

图 3. 12－24　电路装配图

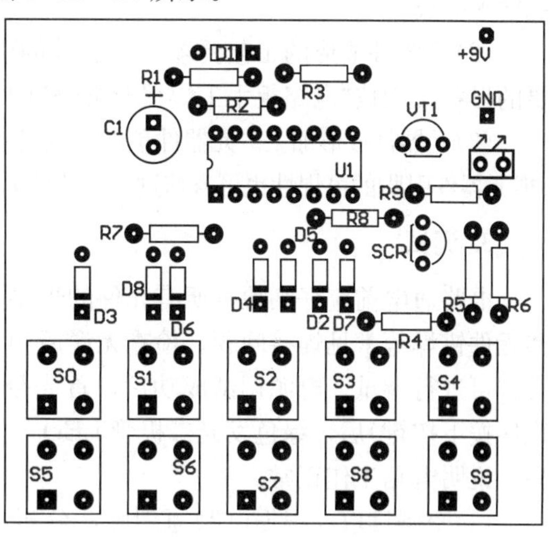

图 3. 12－25　元器件分布图

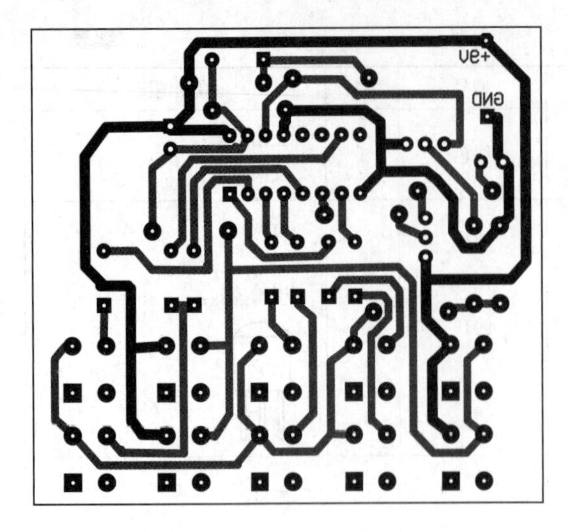

图 3.12－26　印制版图(热转印用)

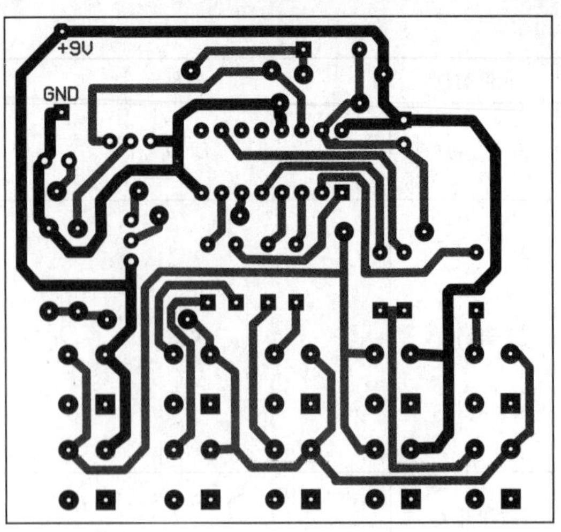

图 3.12－27　印制版图(描图蚀刻法用)

五、制版、装配与调试

1. 安装电路板的制作

根据印制板的制作内容中介绍的步骤及要求制作好电路板，具体步骤：选择敷铜板，清洁板面；按照装配图复印电路和描版；腐蚀电路板；修板；钻孔；涂助焊剂。

2. 装配

根据装配图及原理图，按“电路板手工焊接及拆焊”中元器件插装工艺要求正确安装、焊接元器件。

(1)元器件的插装、焊接。将各元器件按图纸的指定位置、孔距进行插装、焊接，电阻、电容、二极管、三极管、集成电路插座、电位器等均按“电路板手工焊接及拆焊”中二的要求完成。

(2)元器件成形的工艺要求。元器件的引线要根据焊盘插孔和安装的要求弯折成所需要的形状，均按“电路板手工焊接及拆焊”中二的要求完成。

(3)元器件成形加工。元器件预加工处理主要包括引线的校直、表面清洁及搪锡 3 个步骤(视元器件引脚的可焊性也可省略这 3 个步骤)，均按“电路板手工焊接及拆焊”中二的要求完成。

3. 调试

电路通电前应仔细检查所有元件的焊接是否正确，如是否出现虚焊、连焊、极性焊反和元件错焊等常见焊接问题。检查无误后用万用表测量电源输入端是否短路，若是一切正常方可进行调试。电源调试成功后，首先分析电路原理，找到密码，输入正确密码(即按顺序按下按键)后，绿色发光二极管 LED_1 亮，如果输错密码，则绿色发光二极管 LED_1 不亮，说明电路工作正常。

(1)密码读取。根据电路原理图，分析出此电路密码(即 10 个按钮应选择哪些按钮、按什么顺序按下可控硅才能导通)。请在下面空白处简述分析过程。

(2)密码设置。请将密码设置为2310+座号位(如座号位为16则密码为231016)，并按密码设计电路，画出相应的密码电路部分。

(3)参数测试。测量三极管VT_1的3个引脚的电位，并填入表3.12－6中。

表3.12－6　简易密码锁技训表

测量点	电压值		
	U_c	U_b	U_e
输对密码时			
输错密码时			
调试中出现的故障及排除方法			

实训十三　幸运轮盘制作

实训目标

知识目标：

(1)了解幸运轮盘的结构，并掌握各部分电路的功能。

(2)进一步掌握NE555、CD4017和CD4069这3块集成块的逻辑功能及其应用。

(3)了解由六反相器CD4069构成多谐振荡器的结构特点和工作原理。

能力目标：

(1)能制作印制电路板并完成整个电路元器件的安装及焊接。

(2)掌握多谐振荡电路振荡频率的调整方法。

(3)学会用示波器观察、检测多谐振荡电路的输出波形，并能排除电路简单的故障。

实训仪器：

敷铜板一块，电阻、电容等实训套件一套，焊锡丝，电烙铁，吸锡器，松香，镊子，斜口钳，万用表，示波器，电钻一把，复写纸，铅笔，美工刀一把或激光打印机一台，热转印纸，热转印机一台，三氯化铁腐蚀剂等。

实训内容

一、电路原理图

电路原理如图3.13－1所示。

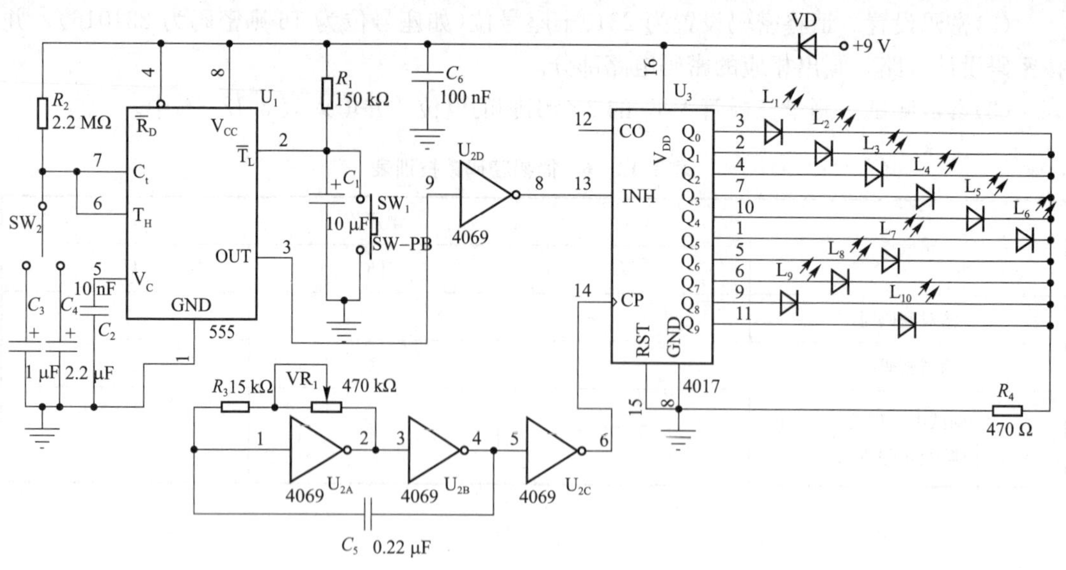

图 3.13-1 电路原理图

二、电路工作原理

本电路共采用了 NE555、CD4017 和 CD4069 这 3 块集成块，U_1(555 时基)及其外围 R_1、R_2、C_3、C_4 构成一单稳态电路，其输出脉冲控制 U_3(CD4017)时钟允许端 13 脚，用于控制 U_3 是否处于计数状态；六反相器 CD4069 中的 U_{2A}、U_{2B}、VR_1、R_3 构成多谐振荡器，产生的方波信号经 U_{2C} 加到 U_3 的时钟端 14 脚，作为时钟脉冲输入。

当按一下 SW_1 按钮开关，相当于给 U_1 的 2 脚(低电平触发端$\overline{T_L}$)一个负脉冲，$\overline{T_L}$端的电平小于$\frac{1}{3}V_{CC}$，由 555 集成定时器的功能可知，电路的输出将发生翻转，U_1 的输出端 3 脚的信号由低电平 0 变为高电平 1，电路进入暂态，这个高电平经 U_{2D} 的非门后变为低电平，控制 U_3 的时钟允许端 13 脚使之处于低电平，则 U_3 处于计数状态，同时 U_3 的 14 脚接收从 U_{2C} 传送来的方波信号，使 U_3 的 Q_0～Q_9 依次出现高电平，使彩灯轮流亮灭，产生追逐效果。彩灯追逐速度的快慢取决于由 $U_3$14 脚接收信号的频率，调节 VR_1 可改变彩灯亮灭的速度。

当由 555 时基组成的单稳态电路处于暂态时，555 内部的放电管截止，此时由于 SW_1 早已松开，9 V 的电源通过 R_1 对 C_1 充电，同时电源通过 R_2 对 C_3 或 C_4 进行充电，当电容 C_1 上的电压上升到$\frac{1}{3}V_{CC}$、电容 C_3 或 C_4 上的电压上升到$\frac{2}{3}V_{CC}$时，暂态结束，U_1 的 3 脚由高电平 1 变为低电平 0，这个低电平通过 U_{2D} 的非门变为一个高电平控制 U_3 的 13 脚，时钟被禁止输入，U_3 的输出状态保持不变，彩灯停止追逐，只有一个 LED 会保持亮着。

三、元器件选择、识别与检测

按表 3.13-1 所列清单清点元器件，根据前面的介绍对相关元器件进行检测，并将相关数据填入表 3.13-1 中。

表 3.13－1　元器件检测表

元件类型		器件	型号	数量	检测情况
电容	普通电容	C_2	10 nF	1	标识： 容量：
		C_5	0.22 μF	1	标识： 容量：
		C_6	100 nF	1	标识： 容量：
	电解电容	C_1	10 μF	1	标识： 容量：
		C_3	1 μF	1	标识： 容量：
		C_4	2.2 μF	1	标识： 容量：
二极管	普通二极管	VD	1N4001	1	正向阻值： 反向阻值：
	发光二极管	L_1、L_2、L_3、L_4、L_5、 L_6、L_7、L_8、L_9、L_{10}		10	正向阻值： 反向阻值：
电阻	电阻	R_1	150 kΩ	1	色环： 实测阻值：
		R_2	2.2 MΩ	1	色环： 实测阻值：
		R_3	15 kΩ	1	色环： 实测阻值：
		R_4	470 Ω	1	色环： 实测阻值：
	电位器	VR_1	470 kΩ	1	标识： 实测阻值：
开关		SW_1	按钮开关	1	结构示意图：
		SW_2	单刀双掷开关	1	结构示意图：
集成块及脚座		U_1	555、8 脚	1	
		U_2	4069、14 脚	1	
		U_3	4017、16 脚	1	
直流电源			9 V	1	

四、电路装配图与印制版图

电路装配图与印制版图如图 3.13－2 至图 3.13－5 所示。

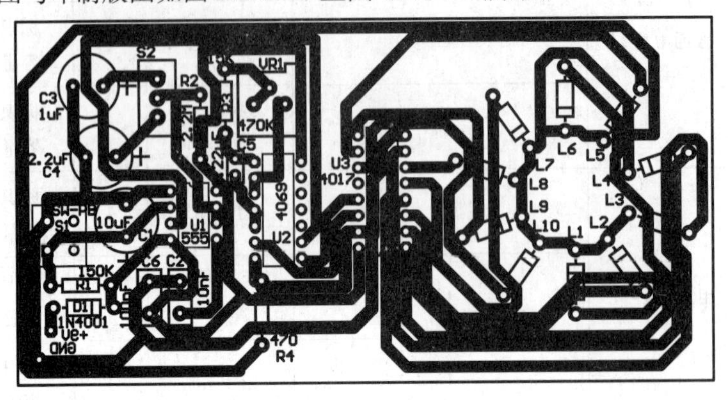

图 3.13－2　电路装配图

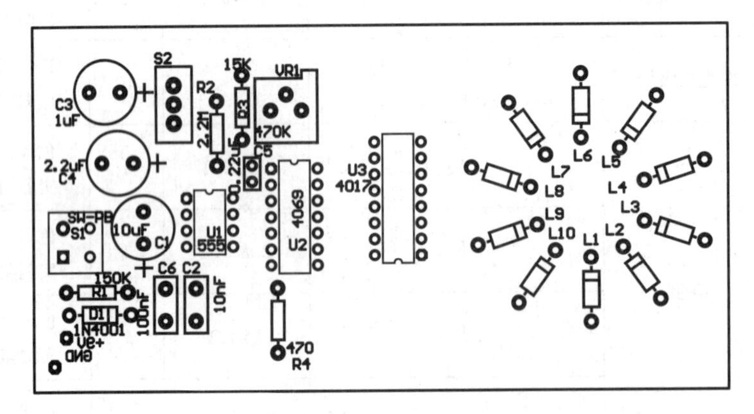

图 3.13－3　元器件分布图

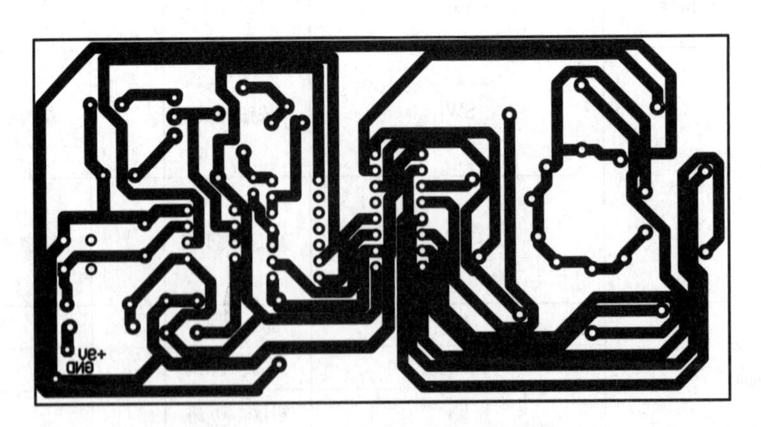

图 3.13－4　印制版图(热转印用)

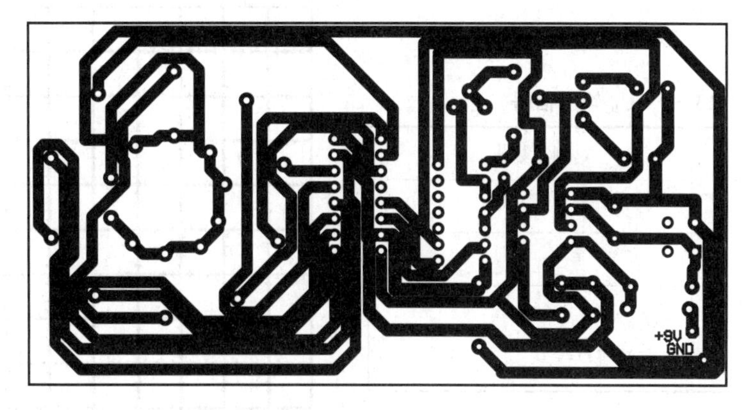

图 3.13－5　印制版图(描图蚀刻法用)

五、制版、装配与调试

1. 安装电路板的制作

根据印制板的制作内容中介绍的步骤及要求制作好电路板，具体步骤：选择敷铜板，清洁板面；按照装配图复印电路和描版；腐蚀电路板；修板；钻孔；涂助焊剂。

2. 装配

根据装配图及原理图，按“电路板手工焊接及拆焊”中元器件插装工艺要求正确安装、焊接元器件。

(1)元器件的插装、焊接。将各元器件按图纸的指定位置、孔距进行插装、焊接，电阻、电容、二极管、三极管、集成电路插座、电位器等均按“电路板手工焊接及拆焊”中二的要求完成。

(2)元器件成形的工艺要求。元器件的引线要根据焊盘插孔和安装要求弯折成所需要的形状，均按“电路板手工焊接及拆焊”中二的要求完成。

(3)元器件成形加工。元器件预加工处理主要包括引线的校直、表面清洁及搪锡 3 个步骤(视元器件引脚的可焊性也可省略这 3 个步骤)，均按“电路板手工焊接及拆焊”中二的要求完成。

3. 调试

(1)按装配图正确安装元器件，核对、检查，确认安装、焊接无误后，即可通电调试。接上 9 V 的电源，LEDs 会一个接一个地亮起来，一段时间后只有一个 LED 会保持亮着。要使 LEDs 跑动，可按下 SW_1 按钮开关一次，然后放手，LEDs 会跑动一段时间然后停在一个 LED 上。把开关 SW_2 从 1 μF 打到 2.2 μF，LEDs 会跑得更久才停下。调整 VR_1，使 LEDs 跑动速度发生变化。

(2)调整 VR_1，当 LEDs 跑得最快时测量 U_{2C}的输出信号，用示波器测量它的频率与幅度，记录于表 3.13－2 中，并在图 3.13－6 中画出波形。

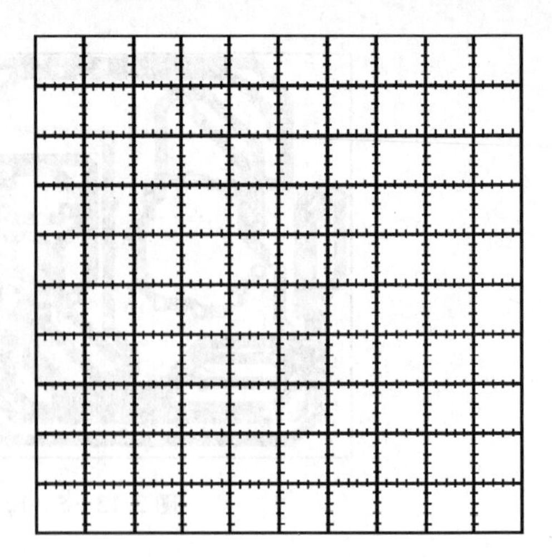
图 3.13-6 U_{2C}输出波形

表 3.13-2 U_{2C}输出信号

测量项目	测量数据
垂直方向格数	
量程范围	
幅 度	U_{PP}= 有效值U=

(3)测量当 LEDs 跑动时与停止时集成块 555 的输出电压，将数据填入表 3.13-3 中。

表 3.13-3 集成块 555 的输出电压

测量点									
电压值/V	跑动时								
	停止时								

实训十四 路灯自动节能控制系统制作

实训目标

知识目标：

(1)了解 CD4011 与非门的结构特点和工作原理。

(2)熟悉光敏电阻的工作原理及检测方法。

能力目标：

(1)会用万用表检测光敏电阻，并判断其质量的优劣。

(2)能制作印制电路板并完成整个电路元器件的安装及焊接。

(3)对所制作电路的指标和性能进行测试，并具有排除电路简单故障的能力。

实训仪器：

敷铜板一块，电阻、电容、光敏电阻、CD4011 等实训套件一套，焊锡丝，电烙铁，吸锡器，松香，镊子，斜口钳，万用表，示波器，电钻一把，复写纸，铅笔，美工刀一把或激光打印机一台，热转印纸，热转印机一台，三氯化铁腐蚀剂等。

实训内容

一、电路原理图

电路原理如图 3.14－1 所示。

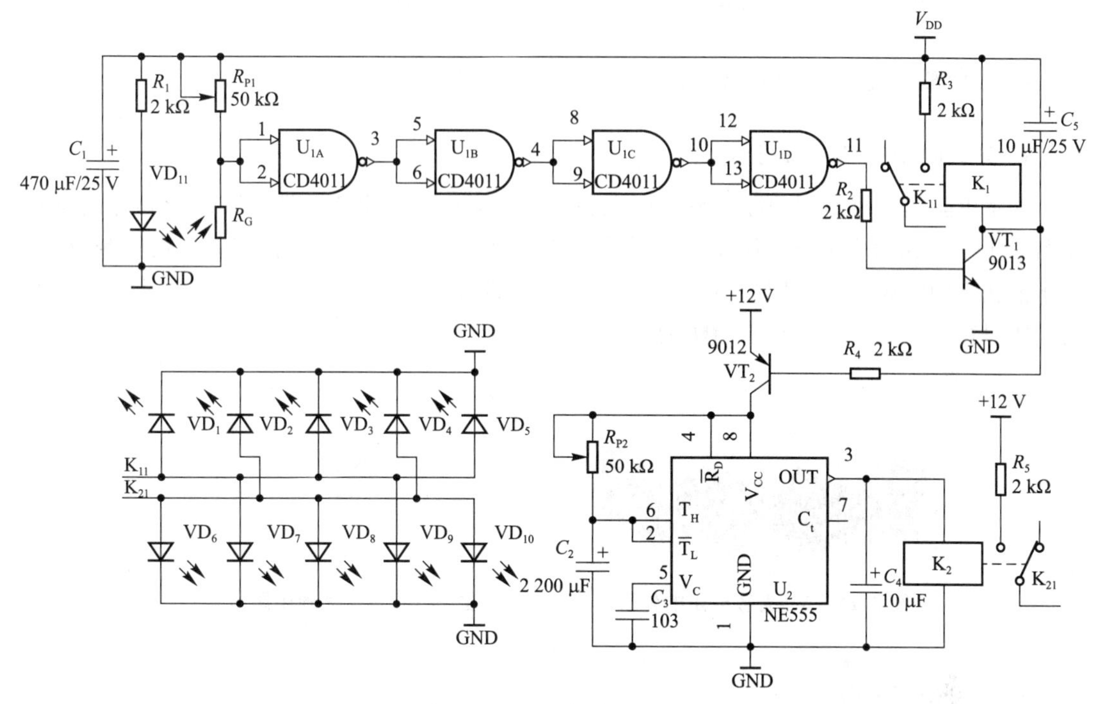

图 3.14－1　电路原理图

二、电路工作原理

本电路设计采用了数字电路中应用广泛的时基定时器 555 及与非门 CD4011，并结合光敏元件定时控制路灯的亮暗。

(1)因为每天天黑的时间不是完全一样的，所以不能以时间来确定每天晚上几点亮灯，路灯控制系统中要求路灯根据光线的亮暗来选择打开路灯的时间，而且路灯的亮暗也要是可调的，而不是一成不变的。

(2)到半夜的时候行人稀少，需要关闭一半的路灯，既达到节能的效果又有照明的功能，什么时候关闭，时间也需要能可调。

本电路简单实用，主要控制电路由光敏电阻、CD4011、555 定时器组成。白天光敏电阻 R_G 阻值小，CD4011 第 1 脚为低电平，11 脚也为低电平，继电器 K_1、K_2 不工作，路灯都不亮，随着傍晚来临，R_G 阻值变大，CD4011 第 1 脚变为高电平，11 脚也为高电平，三极管 VT_1 导通，K_1 得电，VT_2 导通，555 定时电路工作，输出高电平，使 K_2 吸合，此时路灯都亮，随着 C_4 充电，到后半夜，C_4 充电电压大于 2/3 V_{CC}时，555 第 3 脚变为低电平，K_2 断电，只有一半路灯得电照明。到第二天白天又回到初始状态，全暗。

三、元器件选择、识别与检测

电阻、电位器、电容、发光二极管、三极管等元器件的识别与检测在前面已经介绍过了，这里不再赘述。下面重点介绍光敏电阻及 CD4011 集成芯片。

(一)光敏电阻的识别与检测

1. 光敏电阻的结构及符号

光敏电阻是一种电阻值随外界光照强弱(明暗)变化而变化的元件，其外形和电路符号如图 3.14－2 和图 3.14－3 所示。它是在陶瓷基座上沉积一层硫化镉(CdS)膜后制成的。硫化镉在光照增强时，电阻率降低，阻值变小。通常把 CdS 膜做成“弓”字形，CdS 膜怕潮，所以在其表面涂有一层树脂防潮膜。

图 3.14－2 光敏电阻的外形

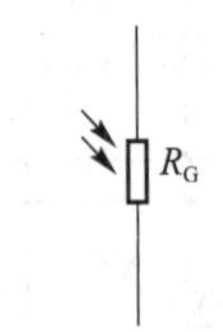

图 3.14－3 光敏电阻符号

2. 光敏电阻的分类

根据光敏电阻的光谱特性，可分为紫外光敏电阻、可见光敏电阻、红外光敏电阻。

3. 光敏电阻的主要参数

(1)亮电阻(R_L)。即光敏电阻在受到光照时所具有的阻值，一般是几千欧至几十千欧。

(2)暗电阻(R_D)。即光敏电阻在无光照时所具有的阻值，一般是 2 MΩ 至几百兆欧。

(3)峰值波长。即光谱最佳响应时所对应的波长。

4. 光敏电阻的工作原理

光敏电阻的工作原理简单，它是由一块两边带有金属电极的光电半导体组成的，电极和半导体之间呈欧姆接触，使用时在它的两电极上施加直流或交流工作电压，在无光照射时，光敏电阻呈高阻态，回路中仅有微弱的暗电流通过；在有光照射时，光敏材料吸收光能，使电阻率变小，光敏电阻呈低阻态，回路中仅有较强的亮电流。光照越强，阻值越小，亮电流越大；当光照停止时，光敏电阻又恢复到高阻态。

5. 光敏电阻的检测

(1)质量判别。由于光敏电阻的阻值是随照射光的强弱而发生变化的，并且它与普通电阻一样也没有正负极性，因此可以用万用表“$R\times10\text{K}$”挡测量光敏电阻的阻值，通过其变化情况来判断性能的好坏，具体方法如下。

①将指针式万用表置于“$R\times10\text{K}$”挡。

②用鳄鱼夹代替表笔分别夹住光敏电阻的两根引线。

③用一只手反复遮住光敏电阻的受光面，然后移开。

④观察万用表指针在光敏电阻的受光面被遮住前后的变化情况。若指针偏转明显，说明光敏电阻性能良好；若指针偏转不明显，则将光敏电阻的受光面靠近电灯，以增加光照强度，同时再观察万用表指针的变化情况，如果指针偏转明显，则光敏电阻灵敏度较低；如果指针无明显偏转，则说明光敏电阻已失效。

(2)参数测试。判断光照的强弱与阻值的关系：自己动手测光敏电阻的亮暗阻值。

①将光敏电阻放在日光下，用万用表“$R\times100$”或“$R\times1\text{K}$”挡测出阻值(亮阻)。

②将光敏电阻用黑色电工胶布包严，只露出两只引出脚，用万用表“$R\times100$”或“$R\times1\text{K}$”挡测出阻值(暗阻)。

③两次测得的阻值应有显著的变化。

(二)与非门 CD4011

1. 外形及引脚图

CD4011 是四二输入与非门 CMOS 芯片，常见的外形及引脚图如图 3.14－4 所示。

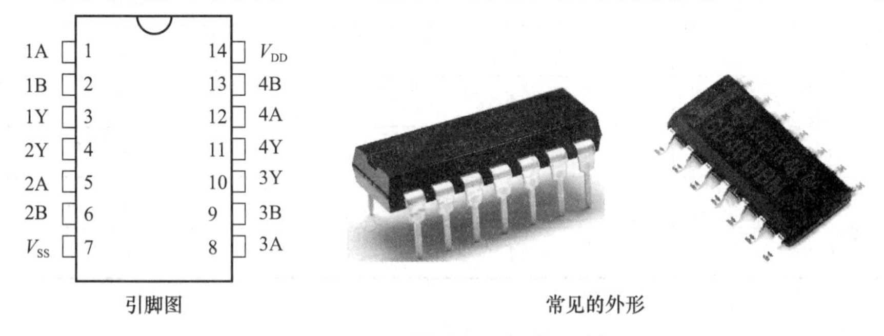

图 3.14－4　CD4011 外形及引脚排列

2. 内部电路与引脚功能

内部电路与引脚见图 3.14－5，引脚功能见表 3.14－1。

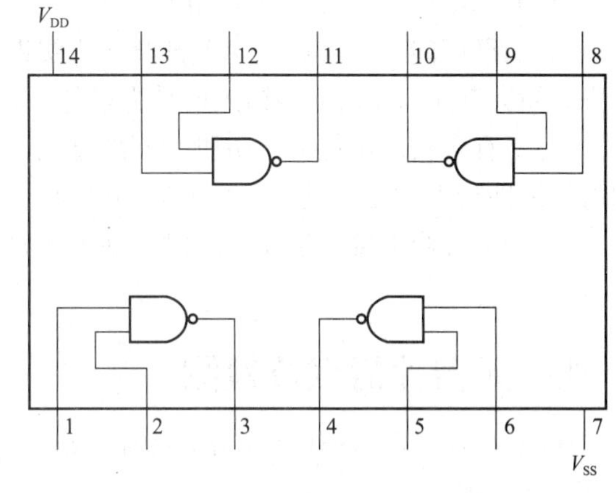

图 3.14－5　内部电路

表 3.14-1 CD4011 的引脚功能

引脚	符号	功能	引脚	符号	功能
1	1A	数据输入端	8	3A	数据输入端
2	1B	数据输入端	9	3B	数据输入端
3	1Y	数据输出端	10	3Y	数据输出端
4	2Y	数据输出端	11	4Y	数据输出端
5	2A	数据输入端	12	4A	数据输入端
6	2B	数据输入端	13	4B	数据输入端
7	V_{SS}	地	14	V_{DD}	电源正(电压范围：−0.5～18 V)

3. 逻辑功能与真值表

与非门是与门和非门的结合，先进行与运算，再进行非运算，即 $Y=\overline{A \cdot B}$。从真值表 3.14-2 可看出，与非门的逻辑功能是当输入端中有一个或一个以上是低电平时，输出为高电平；只有所有输入是高电平时，输出才是低电平，即有 0 出 1、全 1 出 0。

表 3.14-2 与非门的真值表

输入		输出
A	B	Y
0	0	1
0	1	1
1	0	1
1	1	0

4. MOS/CMOS 集成块在使用时的注意事项

(1)输入电压绝不可超过 V_{DD}值。

(2)如果可能，应避免应用上升及下降缓慢的输入信号，此举将使组件耗用功率增大；上升时间大于 15 μs 以上的输入信号为最佳。

(3)所有未被应用的输入引脚，不能悬空，必须将之连接于 V_{DD}(+)或 V_{SS}(GND)；否则将使组件特性改变，且可能增大耗用电流。

(4)当组件尚未接入工作电压时，绝不可将输入信号接至该 CMOS 信号输入引脚上。

四、元器件清点及检测

按表 3.14-3 所列清单清点元器件，根据前面的介绍对相关元器件进行检测，并将相关数据填入表 3.14-3 中。

表 3.14－3　元器件检测表

元件类型	器件	型号	数量	检测情况
电阻	R_1、R_2、R_3、R_4、R_5	2 kΩ	5	色环： 实测阻值：
电位器	R_{P1}、R_{P2}	50 kΩ	2	色环： 实测阻值：
光敏电阻	R_G	光暗电阻	1	亮阻值： 暗阻值：
发光二极管	LED	红色	11	正向阻值： 反向阻值：
电解电容	C_1	470 μF/25 V	1	漏阻：
	C_2	2 200 μF/25 V	1	漏阻：
	C_4、C_5	10 μF/25 V	2	漏阻：
普通电容	C_3	103	1	标识： 容量值：
三极管	VT_1	9013	1	管型： β=________ 引脚排列：
	VT_2	9012	1	管型： β=________ 引脚排列：
继电器	K_1、K_2	12 V 继电器	2	结构图：
集成块及脚座	U_1	CD4011	各 1	
	U_2	NE555	各 1	

五、电路装配图与印制版图

电路装配图与印制版图如图 3.14－6 至图 3.14－9 所示。

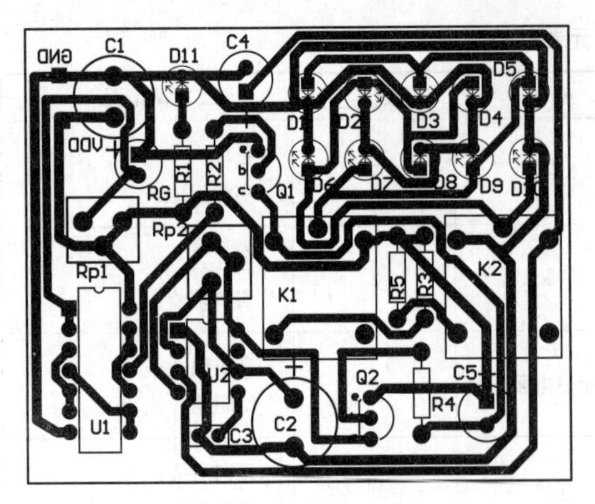

图 3.14－6 电路装配图

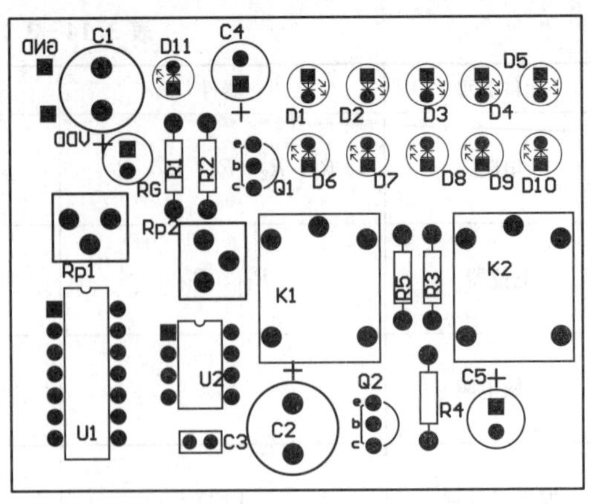

图 3.14－7 元器件分布图

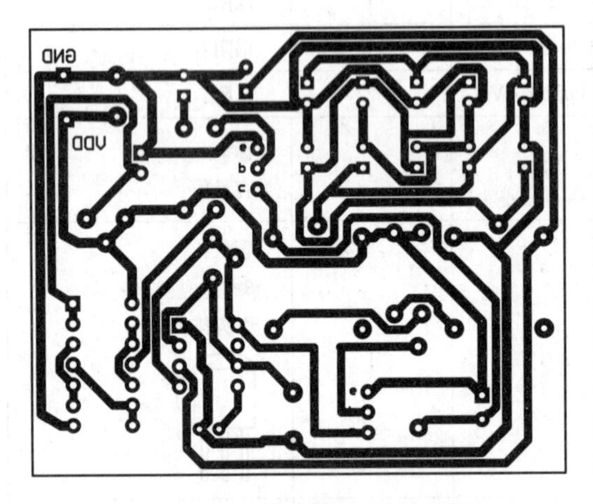

图 3.14－8 印制版图(热转印用)

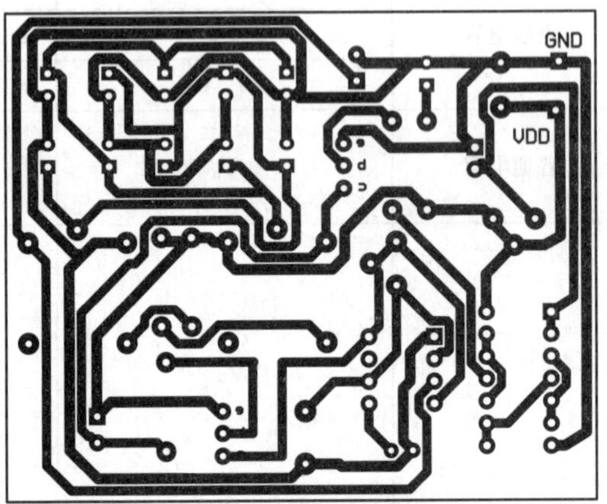

图 3.14－9 印制版图(描图蚀刻法用)

六、制版、装配与调试

1. 安装电路板的制作

根据印制板的制作内容中介绍的步骤及要求制作好电路板，具体步骤：选择敷铜板，清洁板面；按照装配图复印电路和描版；腐蚀电路板；修板；钻孔；涂助焊剂。

2. 装配

根据装配图及原理图，按“电路板手工焊接及拆焊”中元器件插装工艺要求正确安装、焊接元器件。

(1)元器件的插装、焊接。将各元器件按图纸的指定位置、孔距进行插装、焊接，电阻、电容、二极管、三极管、集成电路插座、电位器等均按“电路板手工焊接及拆焊”中二的要求完成。

(2)元器件成形的工艺要求。元器件的引线要根据焊盘插孔和安装要求弯折成所需要的形状，均按“电路板手工焊接及拆焊”中二的要求完成。

(3)元器件成形加工。元器件预加工处理主要包括引线的校直、表面清洁及搪锡 3 个步骤(视元器件引脚的可焊性也可省略这 3 个步骤)，均按“电路板手工焊接及拆焊”中二的要求完成。

3. 调试

电路通电前应仔细检查所有元件焊接是否正确，检查无误后用万用表测量电源输入端是否短路，若一切正常方可进行调试。

通电时用手遮住光敏电阻，调节电位器 R_{P1}、R_{P2} 使继电器吸合，此时应看到所有的发光管全部发亮。用万用表测出 CD4011 第 1 脚电压为________，11 脚电压为________，555 定时电路各脚电压为________，并填入表 3.14－4 中。

表 3.14－4　CD4011 各脚电压

1 脚	2 脚	3 脚	4 脚	5 脚	6 脚	7 脚	8 脚

继续遮住光敏电阻，随着 C_4 充电，到后半夜，C_4 充电电压大于 2/3 V_{CC}时，555 第 3 脚变为低电平，K_2 断电，只有一半路灯得电照明，用万用表测出此时 555 定时电路各脚电压，并填入表 3.14－5 中。

表 3.14－5　555 定时电路各脚电压

1 脚	2 脚	3 脚	4 脚	5 脚	6 脚	7 脚	8 脚

到第二天白天(手离开光敏电阻)电路又回到初始状态，全暗。重新测出 CD4011 第 1 脚电压为________，11 脚电压为________。

实训十五　声光控延时楼道灯控制电路制作

实训目标

知识目标：

(1)了解 CD4011 与非门的结构特点和工作原理。

(2)熟悉光敏电阻的工作原理及检测方法。

能力目标：

(1)会用万用表检测光敏电阻并判断其质量的优劣。

(2)能制作印制电路板并完成整个电路元器件的安装及焊接。

(3)对所制作电路的指标和性能进行测试，并具有排除电路简单故障的能力。

实训仪器：

电路板一块，电阻、电容、CD4011与非门等声光控延时楼道灯控制电路实训套件一套，焊锡丝，电烙铁，吸锡器，松香，镊子，斜口钳等。

实训内容

一、电路原理图

电路原理图如图 3.15－1 所示。

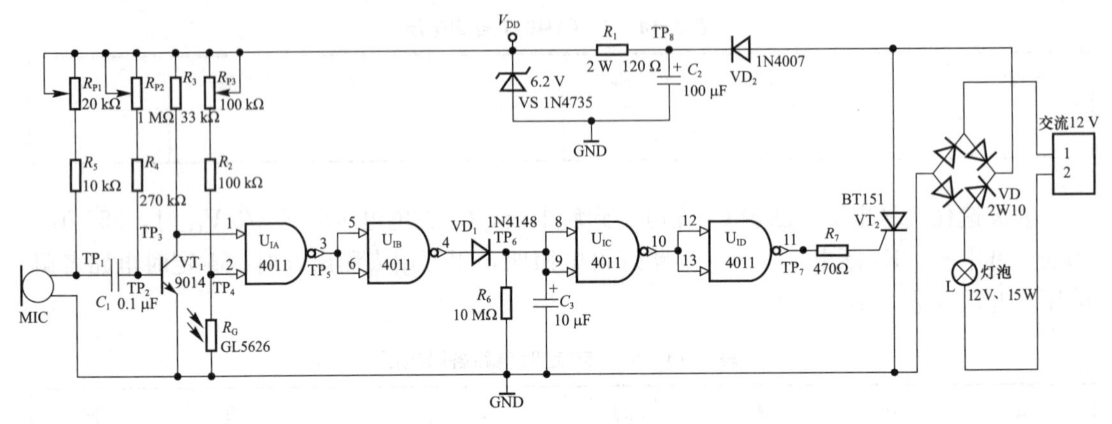

图 3.15－1 电路原理图

二、电路工作原理

声光控延时楼道灯控制电路工作原理框图如图 3.15－2 所示，它是由音频放大电路、电平比较电路、延时开启电路、触发控制电路、恒压源电源电路和晶闸管主回路等组成。

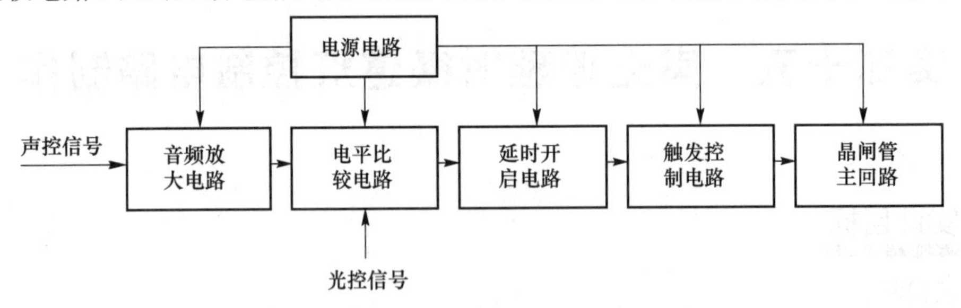

图 3.15－2 声光控延时楼道灯电路原理框图

(1)在声光控延时楼道灯控制电路原理图中，CD4011 为 4 个二输入与非门电路，其功能为有 0 出 1，全 1 出 0。交流电源 12 V 经桥式全波整流和 VD_2、电容 C_2 滤波获得直流电压 1.2×12≈14.4 V，经限流电阻 R_1，使 VS 稳压管有 $U_Z=+6.2$ V 稳定电压供给电路(灯亮时 U_Z 有所降低)，而灯泡 L 串于整流电路中。白天时光敏电阻 R_G 阻值较小，与非门 U_{1A} 的 2 脚(TP_4)输入为低电平 0 态，U_{1A} 门被封锁，即不管 U_{1A} 的 1 脚(TP_3)为何种状态，U_{1A}总是出 1，U_{1B}出 0，U_{1C}输入端(TP_6)为 0，U_{1C}输出为 1，U_{1D}输出为 0，TP_7 为低电平，单向晶闸管 VT_2 不导通。

(2)在晚上天暗时，R_G 阻值增大，U_{1A}的 2 脚为高电平 1 态，U_{1A}门打开，U_{1A}的 1 脚信号可传送。若无脚步声或掌声，驻极体话筒 MIC 无动态信号。偏置电阻(R_{P2}、R_4 和 R_3)使 VT_1 的 NPN 三极管导通，U_{1A}的 1 脚为低电平 0 态，则 U_{1A}出 1，其余状态与上述相同，晶闸管 VT_2 控制极 G 无触发信号，故不导通，灯泡 L 不亮。

(3)晚上当有脚步声或掌声时，驻极体话筒 MIC 有动态波动信号输入到放大电路 VT_1 的基极，由于电容 C_1 的隔直通交作用，加在基极的信号相对零电平有正、负波动信号，使集电极输出端 U_{1A}的 1 脚有高电平动态信号为 1 态，因此使 U_{1A}全 1 出 0 为负脉冲，而 U_{1B}出 1 为正脉冲，二极管 VD_1 导通对 C_3 充电达 5 V，U_{1C}输入端也为 1，U_{1C}出 0，U_{1D}出 1 为高电平，经 R_7 限流在单向晶闸管 VT_2 控制极 G 有触发信号使 VT_2 导通，桥式全波整流电路中串联的灯泡 L 经晶闸管 VT_2 导通，灯泡 L 点亮。由于晶闸管导通后的 U_{AK}正向压降会降至约 1.8 V，由此 VD_2 用来防止 U_Z 电压下降，避免影响控制电路电源。

(4)在脚步声消失后，电容 C_3 上的电压经过 R_6 放电过程，U_{1C}输入端电压仍为 1 态，故灯泡 L 仍亮，直到 U_{1C}输入端电压小于与非门阈值电压 $U_{TH}=\frac{1}{2}V_{CC}$时刻，U_{1C}出 1，U_{1D}出 0，当 U_{AK}过零电压时，晶闸管 VT_2 截止，整个过程持续 30～60 s 后，灯泡 L 熄灭。

三、元器件选择、识别与检测

按表 3.15－1 所列清单清点元器件，根据前面的介绍对相关元器件进行检测，并将相关数据填入表 3.15－1 中。

表 3.15－1　元器件检测表

元件类型	器件	规格	数量	检测情况
电阻	R_1	120 Ω/2 W	1	色环： 实测阻值：
	R_2	100 kΩ	1	色环： 实测阻值：
	R_3	33 kΩ	1	色环： 实测阻值：
	R_4	270 kΩ	1	色环： 实测阻值：
	R_5	10 kΩ	1	色环： 实测阻值：
	R_6	10 MΩ	1	色环： 实测阻值：
	R_7	470 Ω	1	色环： 实测阻值：

续表

元件类型		器件	规格	数量	检测情况
电位器		R_{P1}	20 kΩ	1	标识： 实测阻值：
		R_{P2}	1 MΩ	1	标识： 实测阻值：
		R_{P3}	100 kΩ	1	标识： 实测阻值：
光敏电阻		R_G	GL5626	1	暗电阻： 光电阻：
电容	瓷片电容	C_1	0.1 μF	1	标识： 漏阻：
	电解电容	C_2	100 μF/25 V	1	标识： 漏阻：
		C_3	10 μF/25 V	1	标识： 漏阻：
二极管	二极管	VD_1	1N4148	1	正向阻值： 反向阻值：
		VD_2	1N4007	1	正向阻值： 反向阻值：
	稳压二极管	VS	1N4735(6.2 V)	1	正向阻值： 反向阻值： 稳压值约：
桥式整流堆		VD	2W10	1	质量判别：
驻极体话筒		MIC	SIP2 9×7	1	灵敏度：
三极管		VT_1	9014	1	管型： β=________ 引脚排列：
晶闸管		VT_2	BT151	1	引脚排列：

续表

元件类型	器件	规格	数量	检测情况
灯泡	L	12 V/15 W	1	直流电阻：
灯泡座	配 L	E10	1	
集成电路	U_1	CD4011	1	引脚功能： CD4011 +5V 1 2 3 4 5 6 7 8 9 10 11 12 13 14 ⊥
IC 插座	配 U_1	14P	1	
单排针	TP1～TP7	11 mm	7	
	V_{CC}、GND	11 mm	2	
电压插座	交流 12 V	2P	1	
杜邦电源线		双色	2	
鳄鱼夹		红＋黑	2	
螺丝		3×6	4	
铜柱		3×10	4	

四、声光控延时楼道灯控制电路的安装

声光控延时楼道灯控制电路元器件的安装如图 3.15－3 至图 3.15－6 所示。

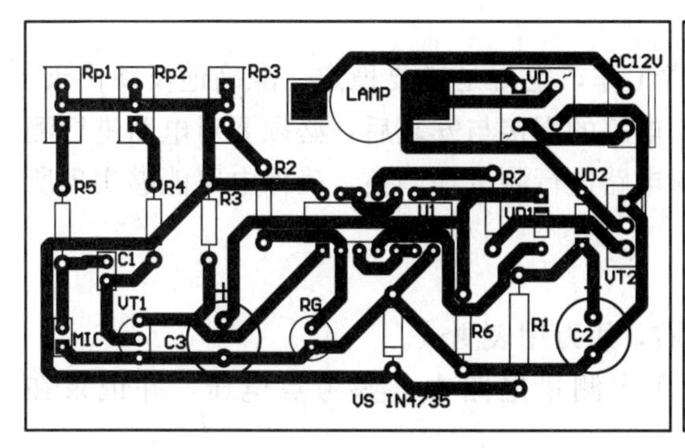

图 3.15－3　电路装配图

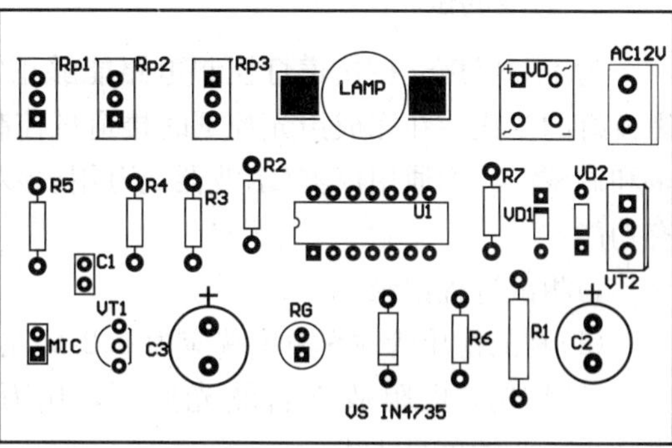

图 3.15－4　元器件分布图

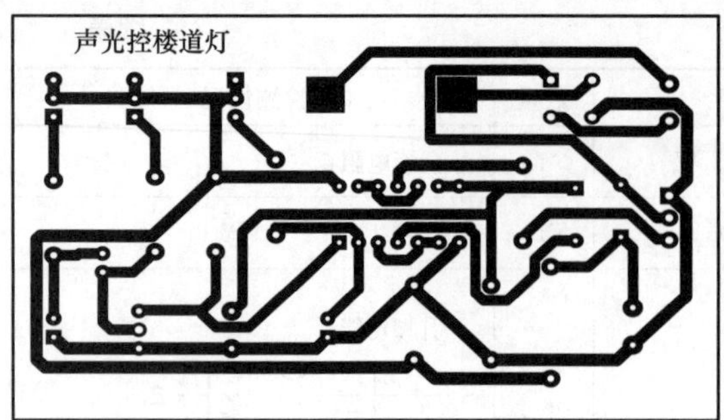

图 3.15－5 印制版图(热转印用)

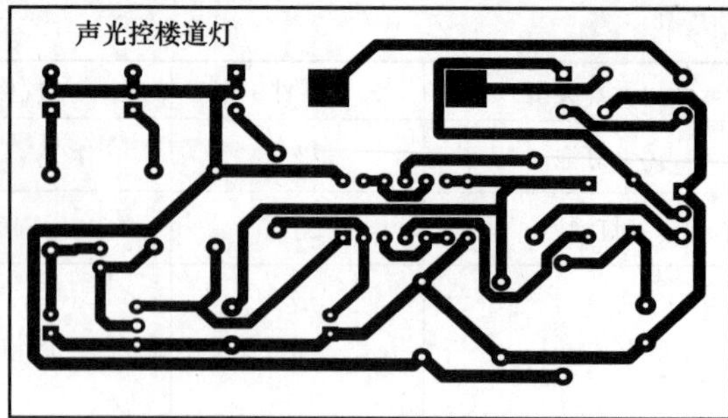

图 3.15－6 印制版图(描图蚀刻法用)

五、安装、焊接与调试

1. 元器件插装、焊接

将各元器件按图纸的指定位置孔距进行插装、焊接。

(1)电阻插装焊接。卧式电阻应紧贴电路板插装焊接，立式电阻应在离电路板 1～2 mm 处插装焊接。

(2)电容器插装焊接。陶瓷电容应在离电路板 4～6 mm 处插装焊接，电解电容应在离电路板 1～2 mm 处插装焊接。

(3)二极管插装焊接。卧式二极管应在离电路板 3～5 mm 处插装焊接，立式二极管应在离电路板 1～2 mm(塑封)和 2～3 mm(玻璃封装)处插装焊接。

(4)三极管插装焊接。三极管应在离电路板 4～6 mm 处插装焊接。

(5)集成电路插座插装焊接。集成电路插座应紧贴电路板插装焊接。

(6)电位器插装焊接。电位器应按照电路板丝印要求方向紧贴电路板安装焊接。

不同元器件的引线是不同的，在将其插装到印制电路板进行焊接前，必须预先对元器件引线进行成形处理。由于手工、自动两种不同焊接技术对元器件插装的要求不同，元器件引出线成形的形状也有所不同。

2. 功能调试

为了确保声光控楼道灯控制电路能够正常工作，也就是说要稳定、准确地反映白天、黑夜灯的变化，在完成声光控延时楼道灯控制电路的焊接与安装后，必须要对电路进行测量和调试。利用通用仪器(示波器或万用表)对电路进行测量和调整，确保电路能够实现所有功能。

1)测试过程记录

(1)测试稳压管 VS 输出端应为 6.2 V 左右，用万用表测试。

(2)将光敏电阻放在自然光照下，用万用表测量电路中各参考点电压，并记录在表 3.15－2 的序号 1 中。

(3)将光敏电阻用黑胶带布遮光，并在拍手声过程中用示波器观察参考点电压波形状态，并观察灯亮态，记录于表 3.15－2 的序号 2 中，并估算灯泡发光持续时间。

表 3.15－2　各参考点电压记录表

序号	测试情况 工作条件	各参考点电压测试值/V					
		TP_3	TP_4	TP_5	TP_6	TP_7	灯泡 L 的状态
1	光敏电阻受光						
2	将光敏电阻遮住、有拍手声						亮态持续时间=________ s

2)注意事项

(1)对光敏电阻暗阻环境要求达到夜晚光度遮挡严实下测试。

(2)对 C_2 和 C_3 电解电容极性不能接反，在外壳有“－”号一边为负极，应接地。

(3)当灯亮时，电容 C_3 上的电压(TP_6)波形直线为缓慢下降，说明 C_3 在放电，当达到低电压时，延时结束，灯泡熄灭。

附　录

附录一　亚龙 YL－238 型函数信号发生器的简单使用方法介绍

YL－238 型函数信号发生器如图 F1－1 所示。本函数信号发生器能产生 0.6 Hz～1 MHz的正弦波、方波、三角波、脉冲波、锯齿波，具有直流电平调节、占空比调节，其频率、幅值可用数字直接显示。

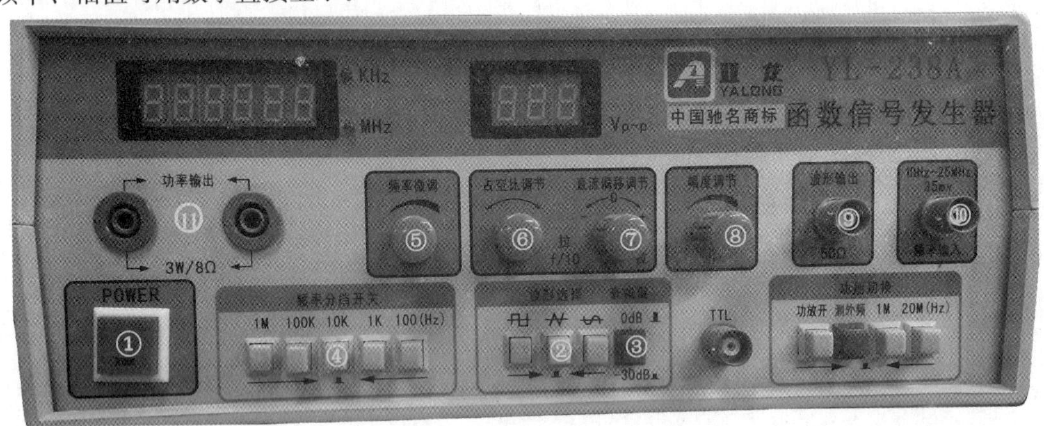

图 F1－1　YL－238 型函数信号发生器

一、面板说明

(1)电源开关。“POWER 键”按入则为开。

(2)波形选择。正弦波、方波、三角波和锯齿波可任意选择。

(3)衰减器。开关按入时衰减 30 dB。

(4)频率选择分 5 挡。

100 挡：10～100 Hz。

1K 挡：100～1 000 Hz。

10K 挡：1 000 Hz～10 kHz。

100K 挡：10～100 kHz。

1M 挡：100 kHz～1 MHz。

(5)频率微调。可调频率覆盖范围为 10 倍。

(6)占空比调节。当开关拉出时，占空比在 10%～90%内，连续可调，频率为原来的 1/10。

(7)直流偏移调节。当开关拉出时，直流电平为－10～＋10 V 连续可调；当开关按入时，直流电平为零。

(8)幅度调节。0～20 V_{P-P}可调。

(9)波形输出。波形输出端口。

(10)频率输入口。测量外输入信号频率。

(11)功放输出端口。3 W/8 Ω(10 Hz～20 kHz)。

二、使用方法

将仪器接入交流 220 V、50 Hz 电源，按下电源开关，指示灯亮，本机即进入工作状态。

1. 5 种函数的波形输出

(1)在“波形选择”中选择所需的波形。

(2)在“频率选择”中选择所需的频率。

(3)适当调节“频率微调”和“幅度调节”旋钮，即可得到所需的频率和幅度(在两个窗口中均有显示)。

(4)需要输出脉冲波时，拉出“占空比调节”旋钮，调节占空比可获得稳定、清晰的波形。此时频率为原来的 1/10。需要输出锯齿波时，选择三角波状态，需按入“占空比调节”旋钮，可得到锯齿波。

(5)需要小信号输出时，需按入“衰减器”。

(6)需要直流电平时，拉出“直流偏移调节”旋钮，调节直流电平偏移至需要设置的电平值，其他状态时按入“直流偏移调节”旋钮，直流电平将为零。

2. 测量外界信号频率

按下“测外频”键，再按下“1 MHz”或“25 MHz”键，即可测量外界输入信号频率。(注：此功能适用高灵敏度 35 mV 输入；若幅值高于 1 V 时需加衰减，在探头上串接 50～100 kΩ 电阻)

3. 功放输出

按下“功放开”键，接上扬声器，再按频率选择中的“1K”或“10K”键，调节“频率微调”旋钮，即可在扬声器中听到音频的声音，调节“幅度调节”旋钮，即可达到所需的功率(响度)。

三、注意事项

(1)仪器接入电源之前，应检查电源电压值和频率是否符合仪器要求。

(2)仪器需预热 10 min 后方可使用。

(3)不得将大于 10 V(DC 或 AC)的电压加至输出端。

(4)波形输出端口严禁短路。

附录二　数字示波器的使用

实训目标

知识目标：

(1)了解示波器的基本结构和工作原理，掌握示波器的调节和使用方法。

(2)掌握用示波器观察电信号波形的方法。

(3)掌握用示波器测量电信号的电压和频率的方法。

(4)了解示波器图像跟踪测量技术。

技能目标：

能利用示波器观察电信号的波形，学会测量各种电信号的幅度、频率、相位差等。

实训设备：

(1)多媒体课件及设备。

(2)数字示波器、函数信号发生器、交直流电源、面包板、色环电阻、二极管、导线若干等。

一、DS1102E数字示波器简介

DS1102E为双通道加一个外部触发输入通道的数字示波器。示波器前面板设计清晰直观，为加速调整、便于测量，可以直接使用“AUTO”键，将立即获得适合的波形显示和挡位设置。此外，高达1 GSa/s的实时采样、25 GSa/s的等效采样率及强大的触发和分析能力，可帮助用户更快、更细致地观察、捕获和分析波形。

主要特色如下。

(1)提供双模拟通道输入，最大1 GSa/s实时采样率，25 GSa/s等效采样率，每通道带宽100 MHz。

(2)具有丰富的触发功能：边沿、脉宽、视频、斜率、交替、码型和持续时间触发(仅DS1000D系列)。

(3)自动测量22种波形参数，具有自动光标跟踪测量功能。

(4)独特的波形录制和回放功能。

(5)精细的延迟扫描功能。

(6)支持U盘及本地存储器的文件存储。

(7)模拟通道波形亮度可调。

(8)波形显示可以自动设置(AUTO)。

(9)弹出式菜单显示，方便操作。

二、DS1102E的面板和用户界面

1. 前面板

面板上包括旋钮和功能按键。旋钮的功能与其他示波器类似。显示屏右侧的一列5个灰色按键为菜单操作键(自上而下定义为1～5号)。通过它们可以设置当前菜单的不同选项;其他按键为功能键,通过它们可以进入不同的功能菜单或直接获得特定的功能应用。

DS1102E前面板如图F2-1所示。

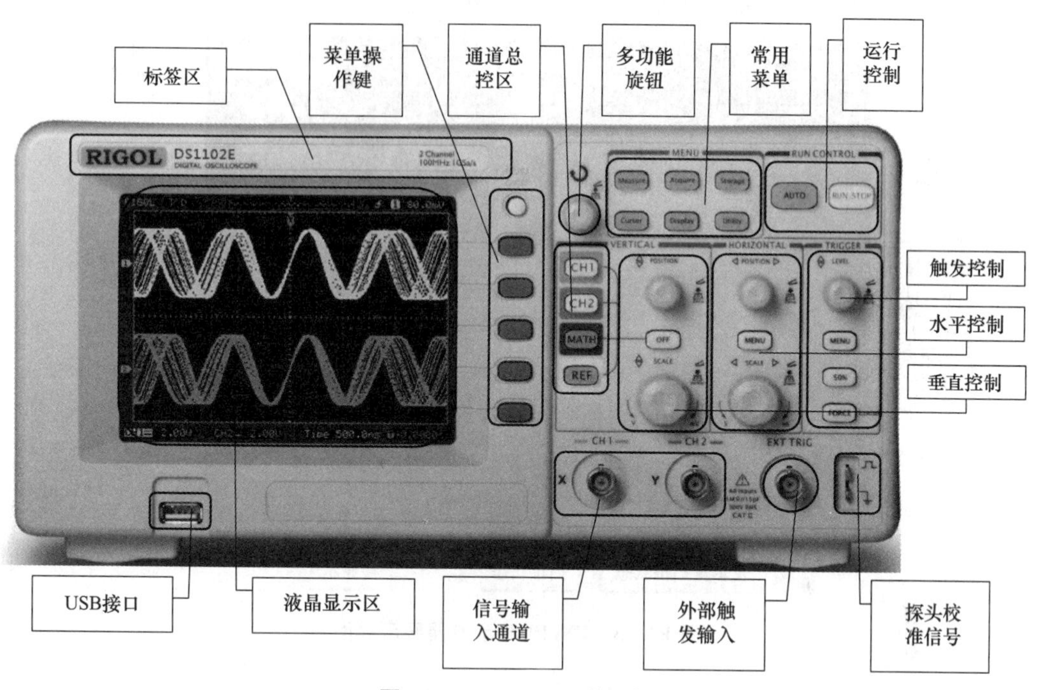

图F2-1 DS1102E前面板

2. 后面板

DS1102E后面板如图F2-2所示,主要包括以下几部分。

图F2-2 DS1102E后面板

(1)Pass/Fail 输出端口：通过/失败测试的检测结果可通过光电隔离的 Pass/Fail 端口输出。

(2)RS232 接口：为示波器与外部设备的连接提供串行接口。

(3)USB Device 接口：当示波器作为“从设备”与外部 USB 设备连接时，需要通过该接口传输数据。例如，连接 PictBridge 打印机与示波器时，使用此接口。

3. 显示界面

DS1102E 示波器显示界面如图 F2－3 所示。

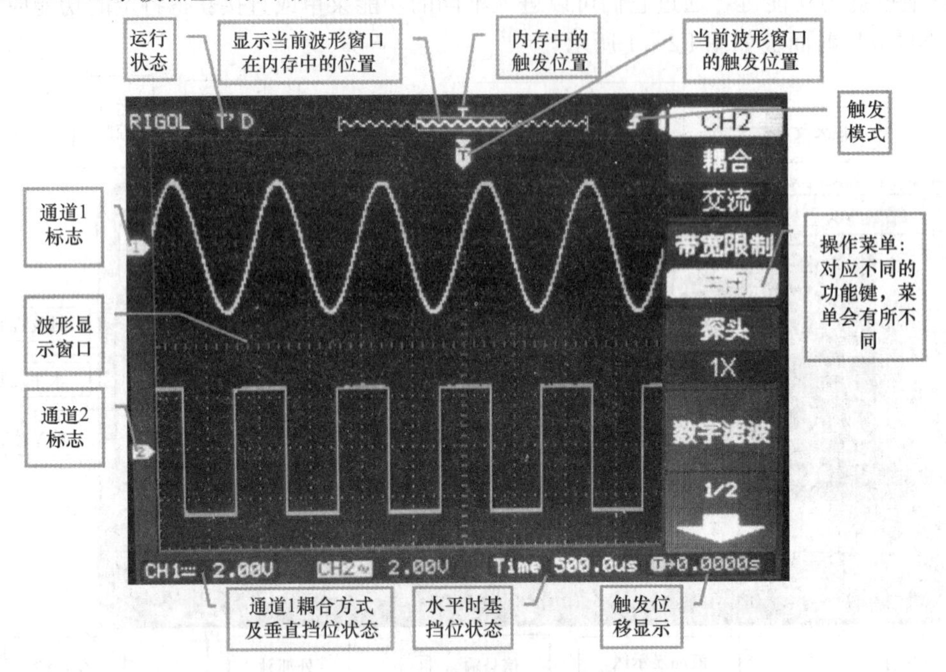

图 F2－3　DS1102E 示波器显示界面

三、功能检查

做一次快速功能检查，以核实本仪器运行是否正常。请按以下步骤进行。

1. 接通仪器电源

接通电源。电线的供电电压为 100 V 交流电至 240 V 交流电，频率为 45～440 Hz。

接通电源后，仪器将执行所有自检项目，自检通过后出现开机画面。按“Storage”按键，选择“存储类型”，旋转多功能旋钮选中“出厂设置”菜单并按下多功能旋钮，此时按“调出”菜单即可。各功能键如图 F2－4 所示。

2. 探头补偿

在首次将探头与任一输入通道连接时进行此项调节，使探头与输入通道匹配。未经补偿或补偿偏差的探头会导致测量误差或错误。若调整探头补偿，则按以下步骤进行。

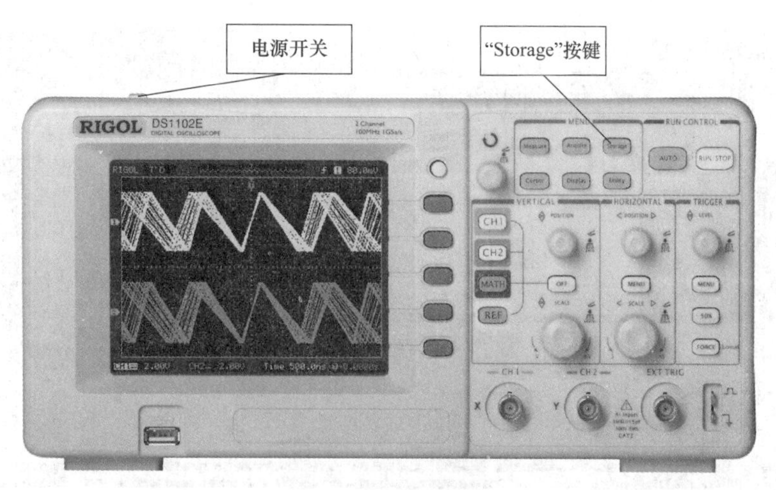

图 F2－4　通电检查

(1)将探头连接器上的插槽对准“CH1”同轴电缆插接件(BNC)上的插口并插入，然后向右旋转以拧紧探头，将数字探头上的开关设定为“10×”，如图 F2－5 所示。

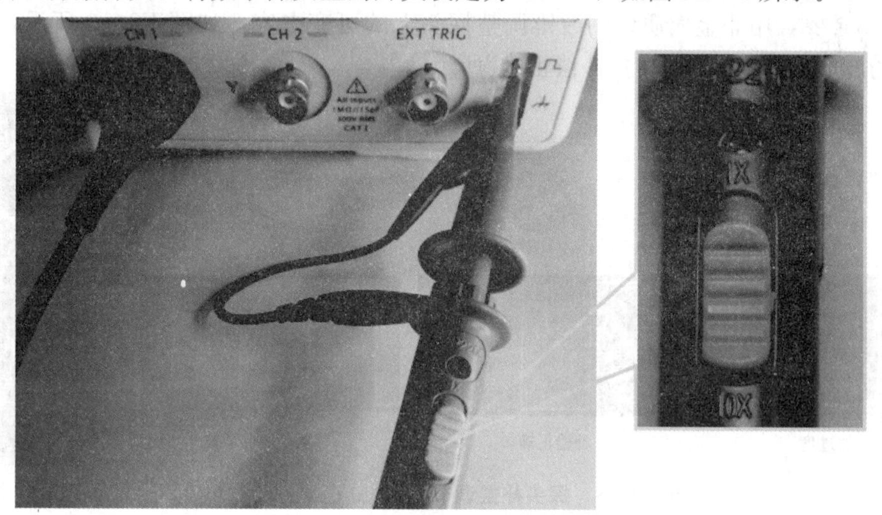

图 F2－5　设定探头上的系数

将示波器中探头菜单衰减系数设定为“10×”。设置探头衰减系数的方法如下：按“CH1”功能键显示通道 1 的操作菜单，按压与探头项目平行的 3 号菜单操作键，选择与使用的探头同比例的衰减系数。如图 F2－6 所示，此时设定的衰减系数为“10×”。

将探头端部与探头补偿器的信号输出连接器相连，基准导线夹与探头补偿器的地线连接器相连，打开“CH1”，然后按下“AUTO”键，如图 F2－7 所示。

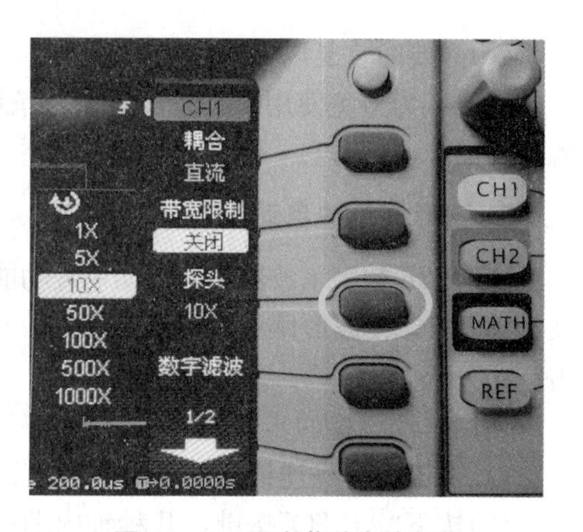

图 F2－6　设定菜单中的系数

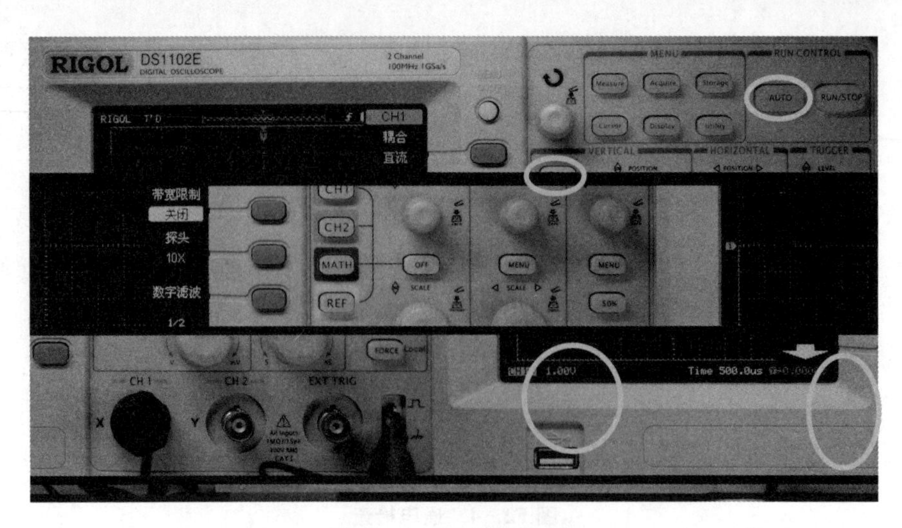

图 F2－7　探头补偿连接

(2)检查所显示波形的形状，如图 F2－8 所示。

(3)如必要，用非金属质地的改锥调整探头上的可变电容，如图 F2－9 所示，直到屏幕显示的波形如图 F2－8 中的“补偿正确”所示。

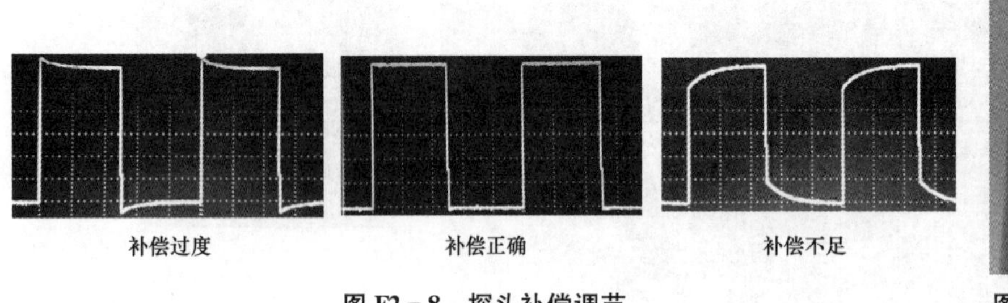

补偿过度　　补偿正确　　补偿不足

图 F2－8　探头补偿调节

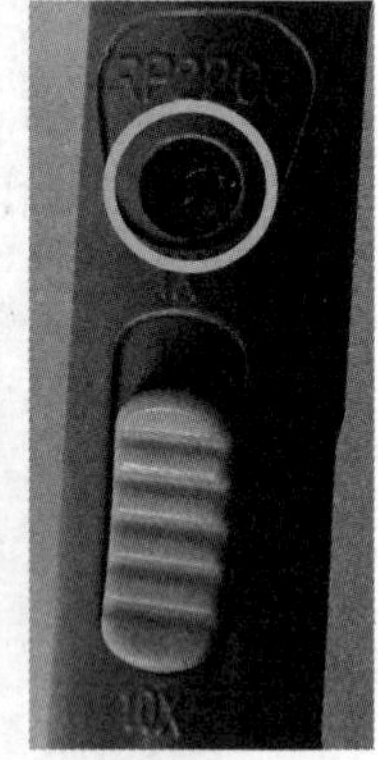

图 F2－9　探头上的可变电容调整端

(4)必要时重复以上步骤。

警告：为避免使用探头时被电击，请确认探头的绝缘导线完好。连接高压源时不要接触探头的金属部分。

3. 波形显示的自动设置

DS1102E 数字示波器具有自动设置功能。根据输入的信号，可自动调整电压倍率、时基及触发方式，使波形显示达到最佳状态。应用自动设置要求被测信号的频率不小于 50 Hz，占空比大于 1%。

使用自动设置的步骤如下：

(1)将被测信号连接到信号输入通道。

(2)按下“AUTO”按键，几秒钟内即可显示被测波形，如图 F2－10 所示。

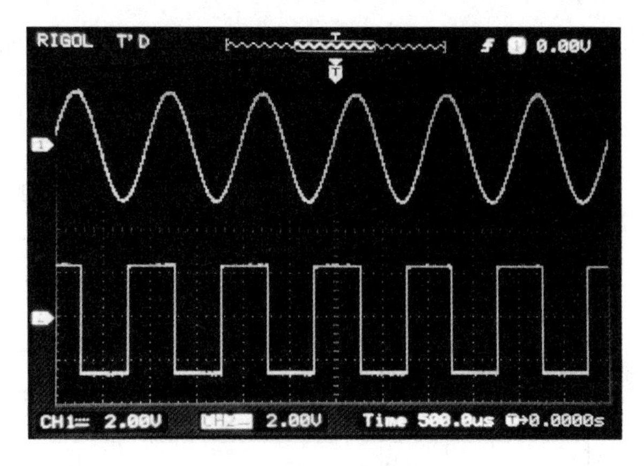

图 F2－10　被测波形

示波器将自动设置垂直、水平和触发控制。如需要可手动调整这些控制使波形显示达到最佳。

四、功能介绍及设置

(一)垂直系统

如图 F2－11 所示，在垂直控制区(Vertical)有一系列的按键、旋钮，下面来认识一下各自的功能。

(1)垂直旋钮“POSITION”。改变波形在屏幕上的垂直位置。

当转动垂直旋钮“POSITION”时，指示通道地(GROUND)的标识跟随波形而上下移动。

旋动垂直旋钮“POSITION”，不但可以改变通道的垂直显示位置，还可以通过按下该旋钮作为设置通道垂直显示位置恢复到零点的快捷键。

注意：如果通道耦合方式为 DC，可以通过观察波形与信号地之间的差距来快速测量信号的直流分量。如果耦合方式为 AC，信号里面的直流分量被滤除，这种方式可以用更高的灵敏度显示信号的交流分量。

(2)垂直旋钮“SCALE”。转动“Volt/div(伏/格)”垂直挡位，改变竖直方向每格代表的电压值，同时状态栏对应通道的挡位显示发生了相应的变化。按下垂直“SCALE”旋钮可设置输入通道的粗调/微调状态，调节该旋钮即可粗调/微调垂直挡位。

(3)垂直系统常用功能的设置。按“CH1”“CH2”“MATH”“REF”键，屏幕显示对应通道的操作菜单、标志、波形和挡位状态信息。按“OFF”键关闭当前选择的通道。

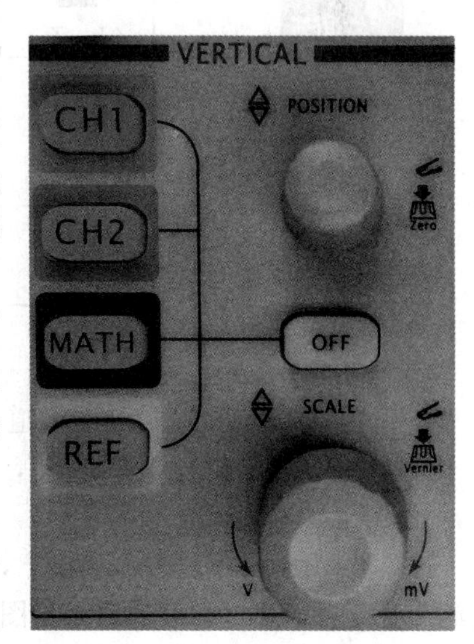

图 F2－11　垂直控制系统

①通道设置。按“CH1”或“CH2”功能键，系统将显示 CH1 或 CH2 通道的操作菜单(见图 F2－12 和图 F2－13)，说明见表 F2－1 和表 F2－2。

图 F2－12　通道设置菜单一

表 F2－1　通道设置菜单一

功能菜单	设定	说明
耦合	直流 交流 接地	通过输入信号的交流和直流成分 阻挡输入信号的直流成分 断开输入信号
带宽限制	打开 关闭	限制带宽至 20 MHz，以减少显示噪声满带宽
探头	1× 5× 10× 50× 100× 500× 1 000×	根据探头衰减因数选取相应数值，确保垂直标尺读数准确
数字滤波	—	设置数字滤波
(下一页) ⬇	1/2	进入下一页菜单

图 F2－13　通道设置菜单二

表 F2－2　通道设置菜单二

功能菜单	设定	说明
⬆ (上一页)	2/2	返回上一页菜单
挡位调节	粗调 微调	粗调按 1－2－5 进制设定垂直灵敏度 微调是指在粗调设置范围之内以更小的增量改变垂直挡位
反相	打开 关闭	打开波形反向功能 波形正常显示

a. 设置通道耦合。以 CH1 通道为例，被测信号是一含有直流偏置的方波信号。

按“CH1”键→“耦合”→“交流”，设置为交流耦合方式，被测信号含有的直流分量被阻隔，波形显示如图 F2－14 所示。

按“CH1”键→“耦合”→“直流”，设置为直流耦合方式，被测信号含有的直流分量和交流分量都可以通过，波形显示如图 F2－15 所示。

按“CH1”键→“耦合”→“接地”，设置为接地方式，信号含有的直流分量和交流分量都被阻隔，波形显示如图 F2－16 所示。

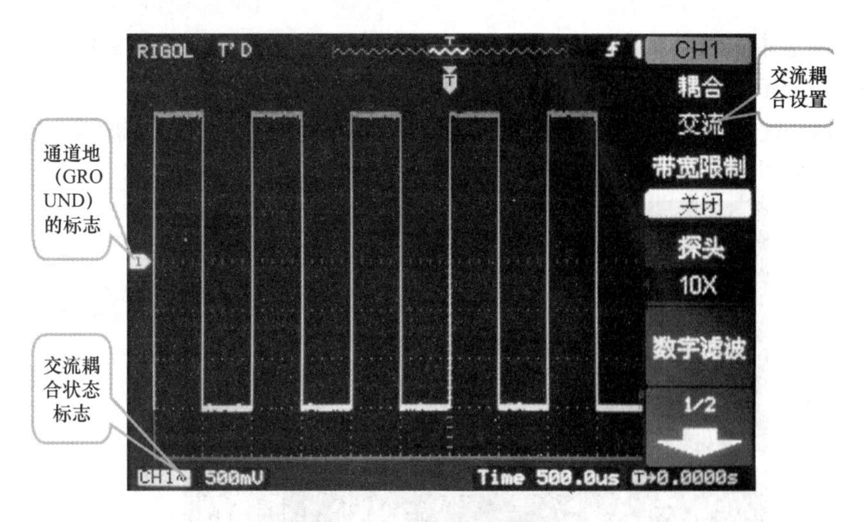

图 F2 - 14　交流(AC)耦合

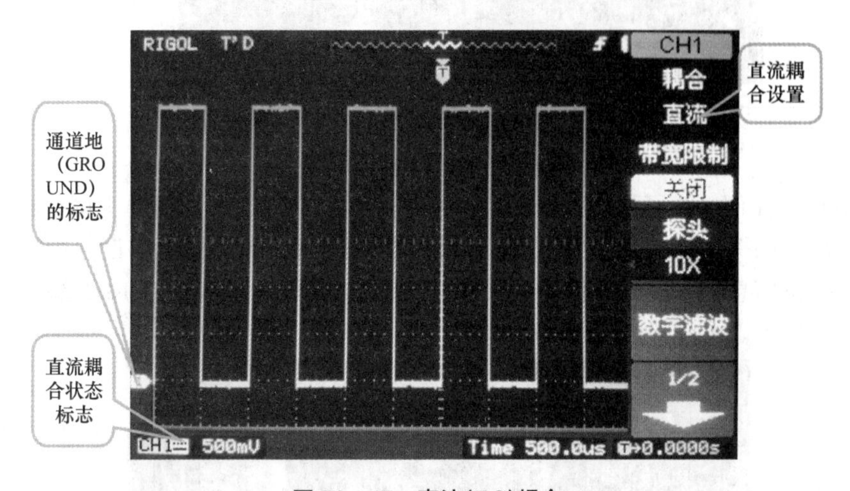

图 F2 - 15　直流(DC)耦合

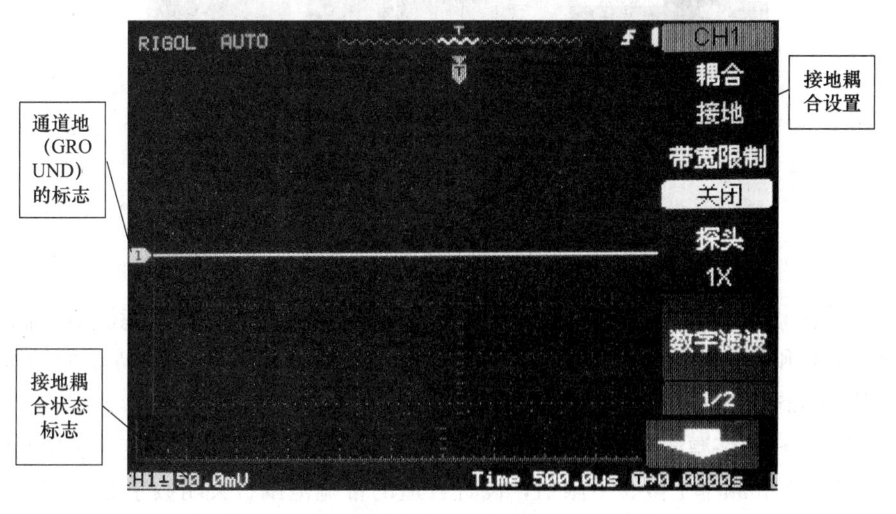

图 F2 - 16　接地耦合

b. 设置通道带宽限制。按“CH1”键→“带宽限制”→“关闭”，设置带宽限制为关闭状态，被测信号含有的高频分量可以通过。

若按“CH1”键→“带宽限制”→“打开”，设置带宽限制为打开状态，被测信号含有的大于 20 MHz 的高频分量被阻隔，波形显示如图 F2－17 所示。

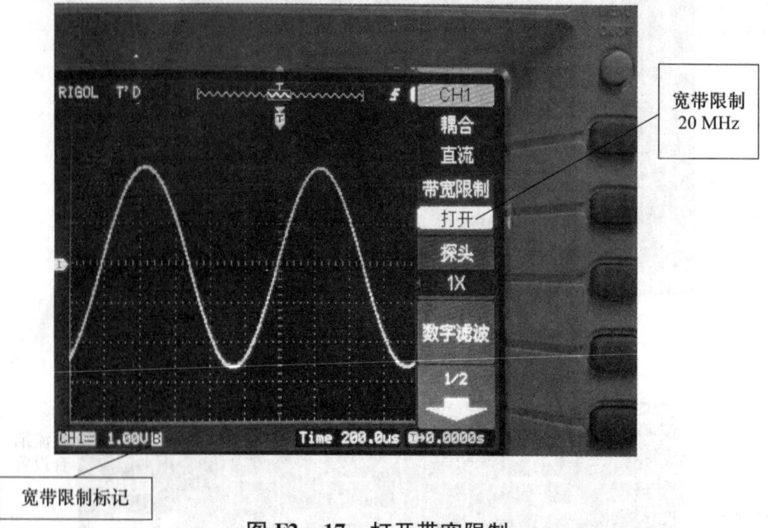

图 F2－17　打开带宽限制

c. 调节探头比例。为了配合探头的衰减系数，需要在通道操作菜单中调整相应的探头衰减比例系数。如探头衰减系数为 10∶1，示波器输入通道的比例也应设置成“10×”，以避免显示的挡位信息和测量的数据发生错误。图 F2－18 所示为应用 10∶1 探头时的设置及垂直挡位的显示。

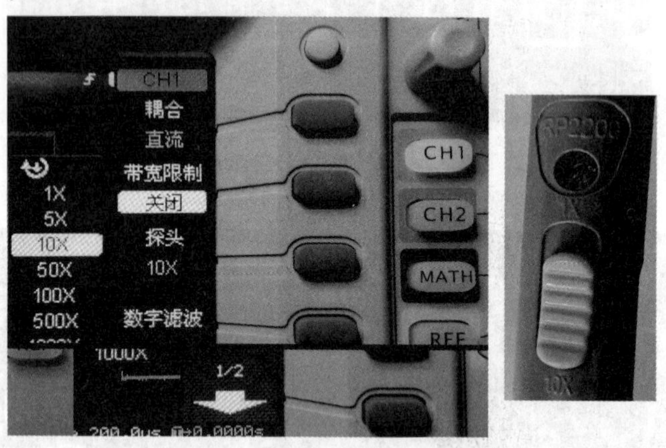

图 F2－18　设置探头衰减系数

d. 数字滤波设置。DS1102E 系列提供 4 种实用的数字滤波器(低通滤波器、高通滤波器、带通滤波器和带阻滤波器)。通过设定带宽范围，能够滤除信号中特定的波段频率，从而达到很好的滤波效果。

按“CH1”键→“数字滤波”，系统将显示 FILTER 数字滤波功能菜单，旋动多功能旋钮选择数字滤波类型和频率上限、下限值，设置合适的带宽范围。关闭数字滤波如图 F2－19 所示，打开数字滤波如图 F2－20 所示。滤波器设置菜单见表 F2－3 和图 F2－21。

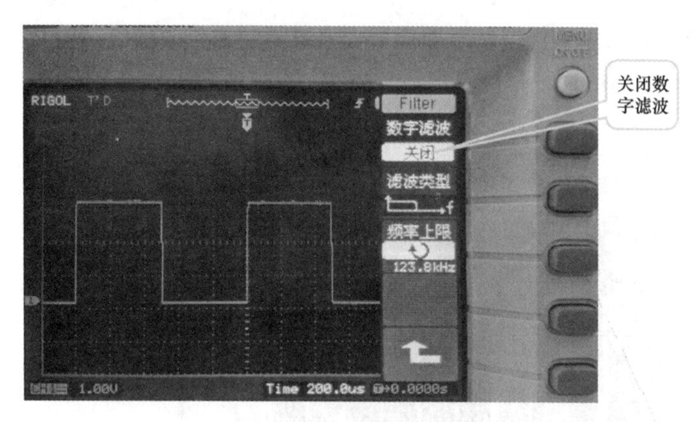

图 F2－19　关闭数字滤波

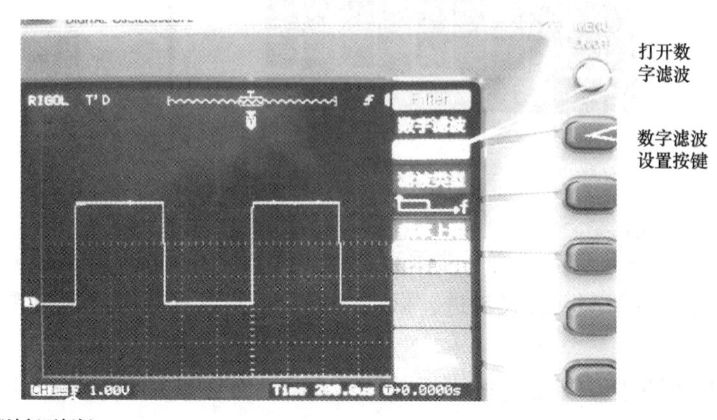

滤波打开标记

图 F2－20　打开数字滤波

图 F2－21　滤波器设置菜单

表 F2－3　滤波器设置菜单

功能菜单	设定	说明
数字滤波	关闭	关闭数字滤波器
	打开	打开数字滤波器
滤波类型		设置滤波器为低通滤波
		设置滤波器为高通滤波
		设置滤波器为带通滤波
		设置滤波器为带阻滤波
频率上限	＜上限频率＞	多功能旋钮(　)设置频率上限
频率下限	＜下限频率＞	多功能旋钮(　)设置频率下限
	—	返回上一级菜单

e. 挡位调节设置。垂直挡位调节即指示竖直方向每格代表的电压值，分为粗调和微调两种模式，如图 F2－22 所示。垂直灵敏度的范围是 2 mV/div～10 V/div(探头比例设置为“1×”)。

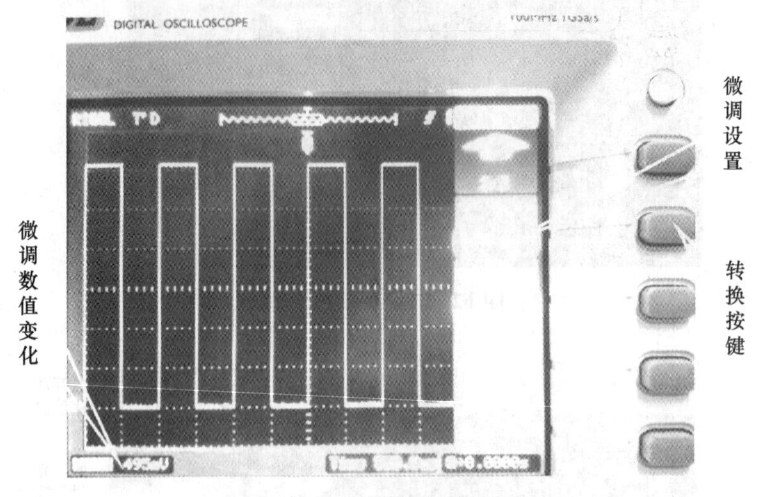

图 F2－22　挡位调节示意图

粗调是以 1－2－5 步进序列调整垂直挡位，即以 2 mV/div、5 mV/div、10 mV/div、20 mV/div、…、10 V/div 方式步进。微调是指在粗调设置范围之内以更小的增量进一步调整垂直挡位。

切换粗调/微调还可以通过按下垂直“SCALE”旋钮快速设置输入通道的粗调/微调状态。

f. 波形反相的设置。可将信号相对地电位翻转 180°后再显示，如图 F2－23 所示。

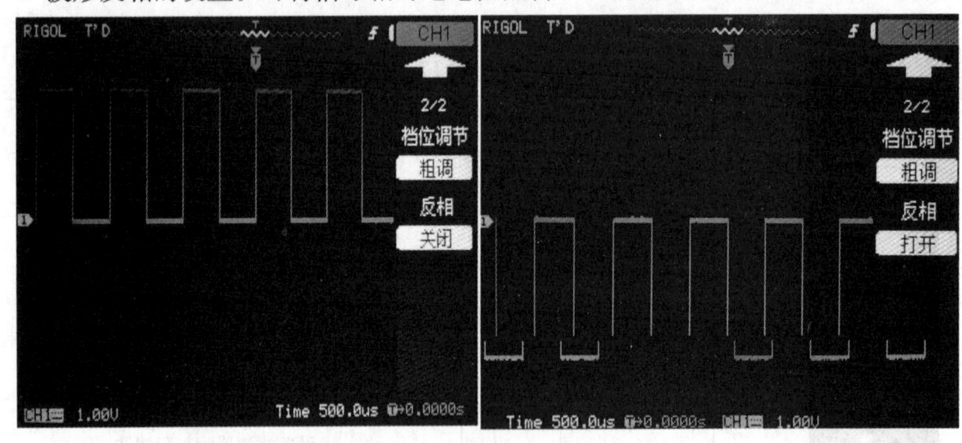

图 F2－23　波形反相的设置

②数学运算。数学运算(MATH)功能可显示 CH1、CH2 通道波形相加、相减、相乘以及 FFT 运算的结果。数学运算的结果可通过栅格或游标进行测量。

按“MATH”功能键，系统将进入数学运算界面，如图 F2－24 所示。数学运算菜单如图 F2－25 所示，菜单说明见表 F2－4。

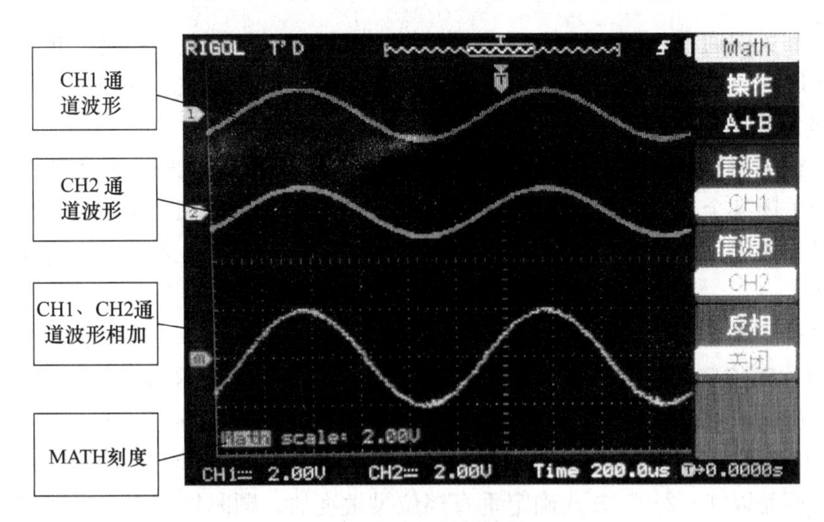

图 F2－24　数学运算界面

图 F2－25　数学运算菜单

表 F2－4　数学运算菜单说明

功能菜单	设定	说明
操作	$A+B$ $A-B$ $A\times B$ FFT	信源 A 波形与信源 B 波形相加 信源 A 波形减去信源 B 波形 信源 A 波形与信源 B 波形相乘 FFT 数学运算
信源 A	CH1 CH2	设定信源 A 为 CH1 通道波形 设定信源 A 为 CH2 通道波形
信源 B	CH1 CH2	设定信源 B 为 CH1 通道波形 设定信源 B 为 CH2 通道波形
反相	打开 关闭	打开波形反相功能 关闭波形反相功能

③REF 功能。在实际测试过程中，用数字示波器测量并观察有关组件的波形，可以把波形和参考波形样板进行比较，从而判断故障原因。此法在具有详尽电路工作点参考波形条件下尤为适用。

操作说明如下。

a. 按下“REF”菜单按钮，显示参考波形菜单。

b. 按 1 号菜单操作键选择参考波形的 CH1、CH2、MATH 或 FFT 通道。

c. 旋转垂直◎POSITION 和垂直◎SCALE 旋钮调整参考波形的垂直位置和挡位至适合的位置。

d. 按 2 号菜单操作键选择波形参考的存储位置。

e. 按 3 号菜单操作键保存当前屏幕波形到内部或外部存储区作为波形参考。

注意：参考波形不适用于 $X-Y$ 方式存储。

④选择和关闭通道。DS1000E 系列的 CH1、CH2 为信号输入通道。此外，对于数学运算(MATH)和 REF 的显示和操作也是按通道等同处理。即在处理 MATH 和 REF 时，也可以理解为是在处理相对独立的通道。

欲打开或选择某一通道时，只需按下相应的通道按键，按键灯亮说明该通道已被激活。若希望关闭某个通道，再次按下相应的通道按键或按下"OFF"键即可，按键灯灭即说明该通道已被关闭。各通道的显示状态会在屏幕的左下角标记出来，可快速判断出各通道的当前状态。

垂直位移和垂直挡位旋钮的应用小结如下。

a. 垂直◎POSITION 旋钮可调整所有通道(包括数学运算、REF 和 LA)波形的垂直位置。按下该旋钮，可使选中通道的位移立即回归零(但不包括数字通道)。

b. 垂直◎SCALE 旋钮调整所有通道(包括数学运算和 REF，不包括 LA)波形的垂直分辨率。粗调是以 1-2-5 方式确定垂直挡位灵敏度的。顺时针增大、逆时针减小垂直灵敏度。微调是在当前挡位范围内进一步调节波形显示幅度。顺时针增大、逆时针减小显示幅度。粗调、微调可通过按垂直◎SCALE 旋钮切换。

c. 需要调整的通道(包括数学运算、LA 和 REF)只有处于选中的状态(见上节所述)，垂直◎POSITION 和垂直◎SCALE 旋钮才能调节该通道。REF(参考波形)的垂直挡位调整对应其存储位置的波形设置。

d. 调整通道波形的垂直位置时，屏幕左下角将会显示垂直位置信息。例如，"POS: 32.4 mV"显示的文字颜色与通道波形的颜色相同，以 V 为单位。

(二)水平系统

在水平控制区(HORIZONTAL)有一个按键、两个旋钮。

(1)转动水平◎SCALE 旋钮改变水平扫描速度"s/div(秒/格)"，它指示水平方向每格代表的时间值。水平扫描速度为 2 ns～50 s，以 1-2-5 的形式步进。

"Delayed (延迟扫描)"快捷键：按下◎SCALE 按钮切换到延迟扫描状态。

(2)使用水平◎POSITION 旋钮调整信号在波形窗口的水平位置。

当转动水平◎POSITION 旋钮调节触发位移时，可使屏幕上显示的波形沿水平方向左右移动。按下该键使触发位移(或延迟扫描位移)恢复到水平零点处。

(3)按"MENU"键，显示"TIME"菜单。

在此菜单下，可以开启/关闭延迟扫描或切换 $Y-T$、$X-Y$ 和 ROLL 模式，还可以将水平触发位移复位。

触发位移：指实际触发点相对于存储器中点的位置。转动水平◎POSITION 旋钮，可水平移动触发点。

(4)水平系统设置。水平系统设置可改变仪器的水平刻度、主时基或延迟扫描(Delayed)时基；调整触发在内存中的水平位置及通道波形(包括数学运算)的水平位置；也可显示仪器的采样率。

按水平系统的"MENU"功能键，将显示水平系统的操作菜单(见图 F2-26)，说明见表 F2-5。

图 F2－26　水平系统的操作菜单

表 F2－5　水平系统的操作菜单说明

功能菜单	设定	说明
延迟扫描	打开 关闭	进入 Delayed 波形延迟扫描 关闭延迟扫描
时基	$Y-T$ $X-Y$ ROLL	$Y-T$ 方式显示垂直电压与水平时间的相对关系 $X-Y$ 方式在水平轴上显示通道 1 幅值，在垂直轴上显示通道 2 幅值 ROLL 方式下示波器从屏幕右侧到左侧滚动更新波形采样点
采样率	—	显示系统采样率
触发位移复位	—	调整触发位置至中心零点

在水平系统设置过程中，各参数的当前状态在屏幕中会被标记出来，方便用户观察和判断，如图 F2－27 所示。

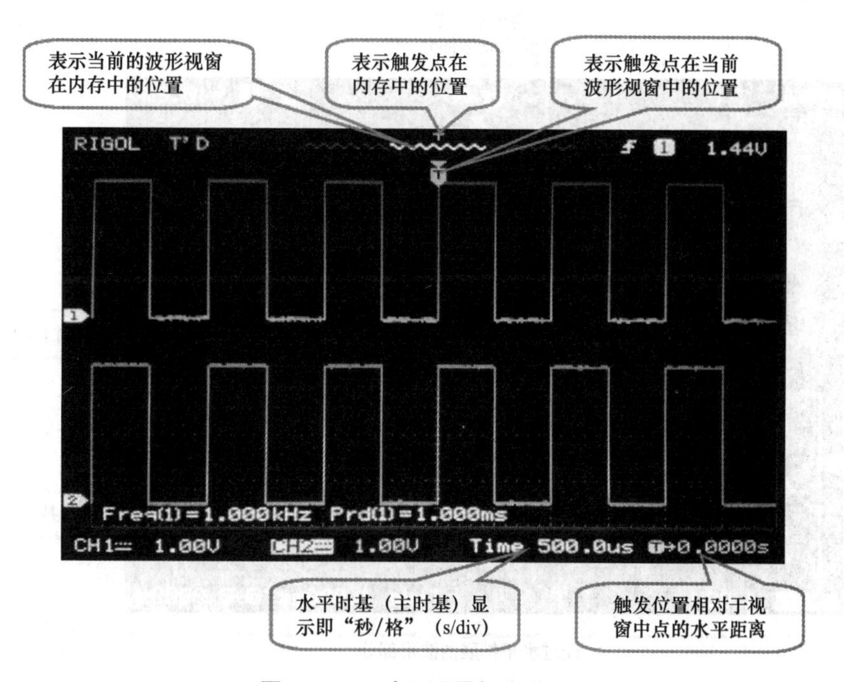

图 F2－27　水平设置标志说明

注：$Y-T$ 方式：此方式下 Y 轴表示电压量，X 轴表示时间量。

$X-Y$ 方式：此方式下 X 轴表示通道 1 电压量，Y 轴表示通道 2 电压量。

滚动方式：当仪器进入滚动模式时，波形自右向左滚动刷新显示。在滚动模式中，波形水平位移和触发控制不起作用。一旦设置滚动模式，时基控制设定必须在 500 ms/div 或更慢时基下工作。

慢扫描模式：当水平时基控制设定在 50 ms/div 或更慢时，仪器进入慢扫描采样方式。在此方式下，示波器先采集触发点左侧的数据，然后等待触发，在触发发生后继续完成触发点右侧波形。应用慢扫描模式观察低频信号时，建议将通道耦合设置为直流耦合。

秒/格(s/div)：水平刻度(时基)单位。如波形采样被停止(使用“RUN/STOP”键)，时基控制可扩张或压缩波形。

①延迟扫描。延迟扫描用来放大一段波形，以便查看图像细节。延迟扫描时基设定不能慢于主时基的设定。按水平系统的“MENU”键→“延迟扫描”，得到的波形如图 F2 - 28 所示。

进行延迟扫描操作时，屏幕将分为上、下两个显示区域，其中上半部分显示的是原波形。未被半透明蓝色覆盖的区域是期望被水平扩展的波形部分。此区域可以通过转动水平◎POSITION 旋钮左右移动，或转动水平◎SCALE 旋钮扩大和减小选择区域。

下半部分是选定的原波形区域经过水平扩展后的波形。值得注意的是，延迟时基相对于主时基提高了分辨率(见图 F2 - 28)。由于整个下半部分显示的波形对应于上半部分选定的区域，因此转动水平◎SCALE 旋钮减小选择区域可以提高延迟时基，即可提高波形的水平扩展倍数。

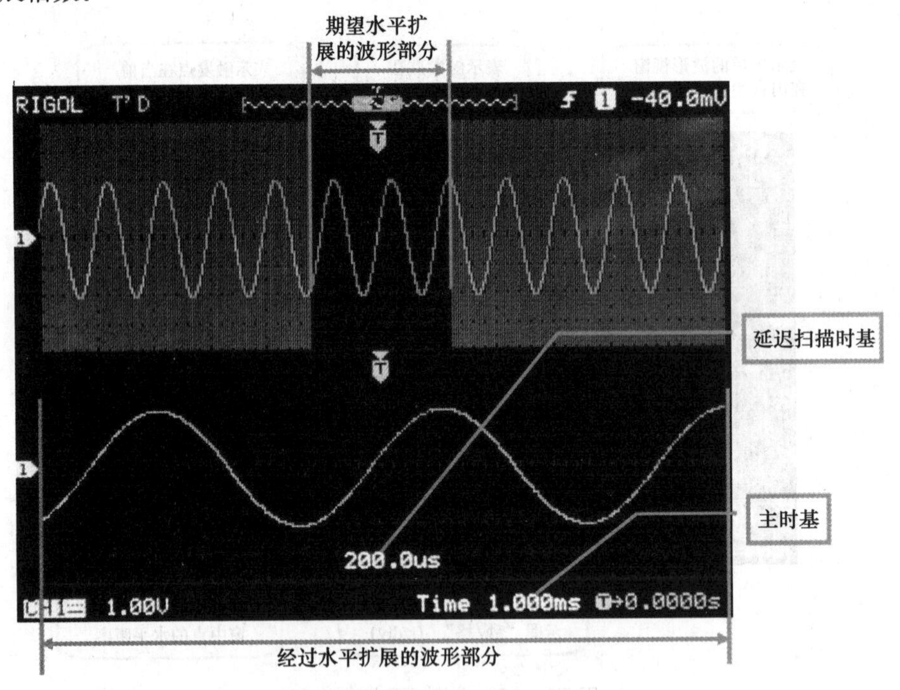

图 F2 - 28　延迟扫描示意图

操作技巧：进入延迟扫描不但可以通过水平区域的“MENU”菜单操作，也可以直接按下此区域的水平◎SCALE 旋钮作为延迟扫描快捷键，切换到延迟扫描状态。

②$X-Y$ 方式。此方式只适用于通道 1 和通道 2 同时被选择的情况下。选择 $X-Y$ 显示方式以后，水平轴上显示通道 1 电压，垂直轴上显示通道 2 电压。

按水平系统的“MENU”→“时基”→“$X-Y$”，出现如图 F2 - 29 所示界面。

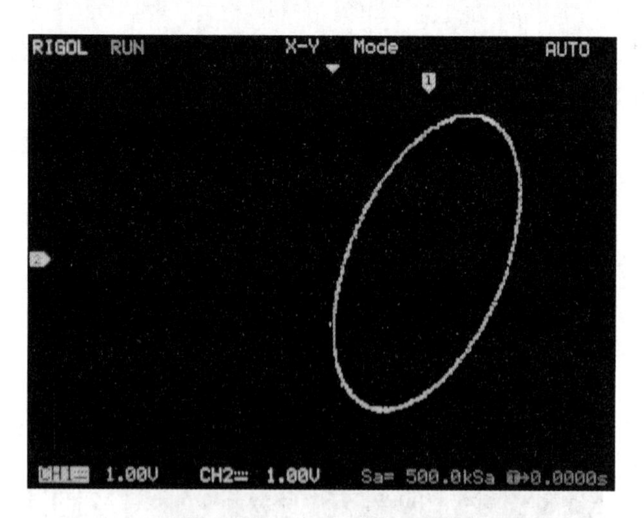

图 F2－29　*X*－*Y* 显示方式

注意：示波器在正常 $Y-T$ 方式下可应用任意采样速率捕获波形。在 $X-Y$ 方式下同样可以调整采样率和通道的垂直挡位。$X-Y$ 方式默认的采样率是 100 MSa/s。一般情况下，将采样率适当降低，可以得到较好显示效果的李沙育图形。

以下功能在 $X-Y$ 显示方式中不起作用：自动测量模式、光标测量模式、参考或数学运算波形、延迟扫描(Delayed)、矢量显示类型、水平POSITION旋钮、触发控制。

水平控制旋钮的应用：使用水平控制旋钮可改变水平刻度(时基)、触发在内存中的水平位置(触发位移)。屏幕水平方向上的中点是波形的时间参考点。改变水平刻度会导致波形相对屏幕中心扩张或收缩。水平位置改变波形相对于触发点的位置。

①水平POSITION旋钮：调整通道波形(包括数学运算)的水平位置。按下此旋钮使触发位置立即回到屏幕中心。

②水平SCALE旋钮：调整主时基或延迟扫描(Delayed)时基，即秒/格(s/div)。当延迟扫描被打开时，将通过改变水平SCALE旋钮改变延迟扫描时基而改变窗口宽度。

(三)触发系统

在触发控制区(TRIGGER)有一个旋钮(LEVEL)、3 个按键(MENU、50%、FORCE)，如图 F2－30 所示。

LEVEL旋钮：触发电平设置旋钮。转动此旋钮，可以发现屏幕上出现一条橘红色的触发线以及触发标志，随旋钮转动而上下移动。停止转动旋钮，此触发线和触发标志会在约 5 s 后消失。在移动触发线的同时，可以观察到在屏幕上触发电平的数值发生了变化。按下此旋钮使触发电平立即回零。

“50%”按键：将触发电平设定在触发信号幅值的垂直中点。

“FORCE”按键：强制产生一触发信号，主要应用于触发方式中的“普通”和“单次”模式。

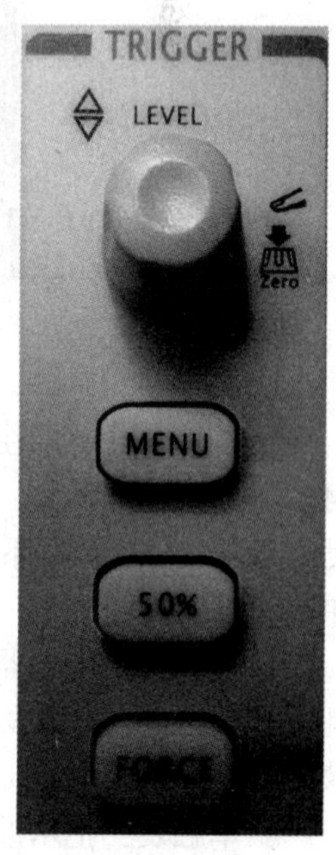

图 F2－30　触发控制区

“MENU”按键：触发设置菜单按键。按触发系统的“MENU”功能键，将进入触发系统设置界面，如图 F2－31 所示。

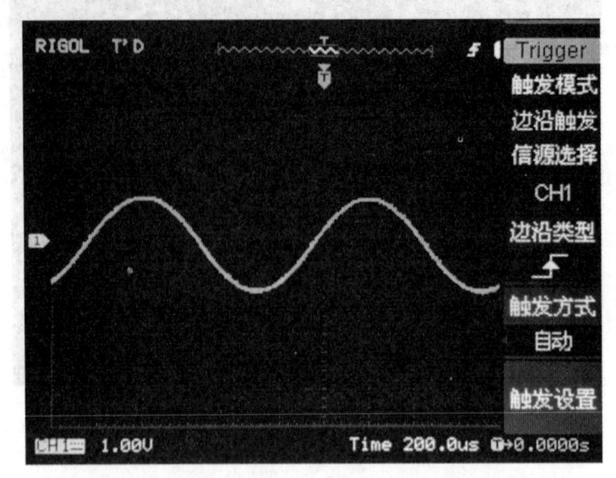

图 F2－31　触发系统设置

触发控制：DS1000E 系列数字示波器具有丰富的触发功能，包括边沿、脉宽、斜率、视频、交替等，如图 F2－32 所示。

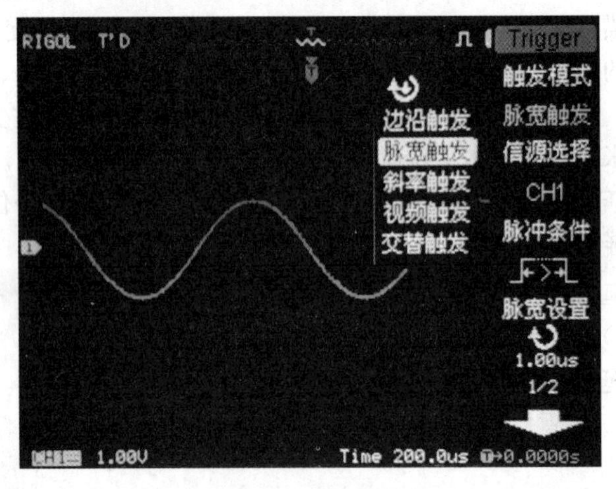

图 F2－32　触发控制

边沿触发：通过在波形上查找指定斜率和电压电平来识别触发，并在输入信号边沿的触发阈值上进行触发。选取“边沿触发”时可在输入信号的上升沿、下降沿或上升和下降沿处进行触发。按触发系统的“MENU”功能键→“触发模式”→“边沿触发”，进入边沿触发菜单进行设置。

脉宽触发：将仪器设置为对指定宽度的正脉冲或负脉冲触发。可以通过设定脉宽条件捕捉异常脉冲。按触发系统的“MENU”功能键→“触发模式”→“脉宽触发”，进入脉宽触发菜单进行设置。

斜率触发：把示波器设置为对指定时间的正斜率或负斜率触发。按触发系统的“MENU”功能键→“触发模式”→“斜率触发”，进入斜率触发菜单进行设置。

视频触发：用于捕获电视(TV)设备的复杂波形。触发电路检测波形的水平和垂直间隔，根据选择的视频触发设置产生触发。选择视频触发以后，即可在 NTSC、PAL/SECAM 标准视频信号的场或行上触发。触发耦合预设为直流。按触发系统的“MENU”功能键→“触发模式”→“视频触发”，进入视频触发菜单进行设置。

交替触发：触发信号来自两个垂直通道，此方式可用于同时观察两路不相关信号。可在该菜单中为两个垂直通道选择不同的触发类型，可选类型有边沿触发、脉宽触发、斜率触发和视频触发，两通道的触发电平等信息显示于屏幕右上角。按触发系统的“MENU”功能键→“触发模式”→“交替触发”，进入交替触发菜单进行设置。

(四)MENU 控制区功能键设置

1. 设置采样系统

如图 F2－33 所示，在“MENU”控制区中，“Acquire”为采样系统的功能按键。

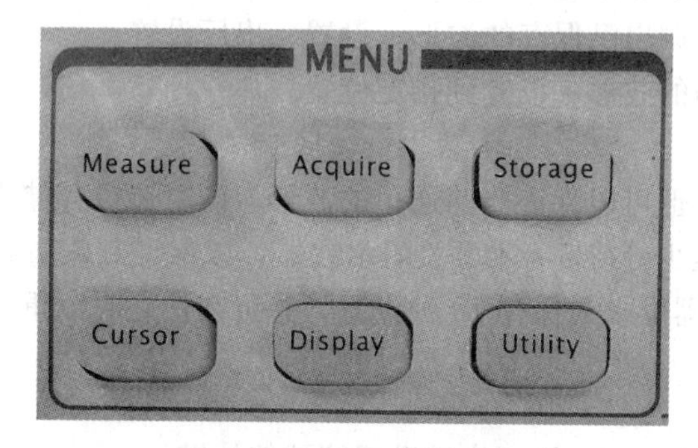

图 F2－33　MENU 控制区

通过菜单控制按钮可调整波形采样方式。

选取不同的获取方式和采样方式，可得到不同的波形显示效果。

- 期望减少所显示信号中的随机噪声，可选用平均采样方式。
- 期望观察信号的包络，避免混淆，可选用峰值检测方式。
- 观察单次信号可选用实时采样方式。
- 观察高频周期性信号可选用等效采样方式。

停止采样：运行在采样功能时，显示波形为活动状态。停止采样则显示冻结波形。无论处于上述哪一种状态，显示波形都可用垂直控制和水平控制度量或定位。

2. 设置显示系统

在“MENU”控制区中，“Display”为显示系统的功能按键。

(1)显示类型。显示类型包含“矢量”和“点”显示。矢量显示模式下，示波器将采用线性或 $\sin x/x$ 数字内插方式连接采样点。其中，$\sin x/x$ 内插方式适用于实时采样方式，并且在 50 ns 或更快时基下有效。

(2)刷新率。刷新率是数字示波器的一项重要指标，它是指示波器每秒钟刷新屏幕波形的次数。刷新率的快慢将影响示波器快速观察信号动态变化的能力。

注意：调节波形亮度在未指定任何功能时，旋动多功能旋钮(↺)均是调节模拟通道波形亮度值。

3. 存储和调出

在“MENU”控制区中，“Storage”为存储系统的功能按键。

使用“Storage”按键，弹出存储设置菜单。可以通过该菜单对示波器内部存储区和USB存储设备上的波形和设置文件进行保存和调出操作，也可以对USB存储设备上的波形文件、设置文件、位图文件以及CSV文件进行新建和删除操作(注：可以删除仪器内部的存储文件或将其覆盖)。操作的文件名称支持中英文输入。

要点说明如下：

(1) 出厂设置。示波器出厂前已为各种正常操作进行了预先设定，任何时候用户都可根据需要调出厂家设置。

(2)存储位置。指定存储器地址，以存储/调出当前波形或设置。

(3)调出。示波器可调出已保存的波形、设置、出厂设置。

(4)保存。保存当前的波形、设置到指定位置。

注意：

(1)选择波形存储不但可以保存当前通道的波形，同时还可存储当前的状态设置。

(2)更改设置后，至少等待5 s才可关闭示波器，以保证新设置得到正确的储存信息。用户可在示波器的存储器里永久保存10种设置，并可在任意时刻重新写入设置。

4. 设置辅助系统

在“MENU”控制区中，“Utility”为辅助系统功能按键。

可设置：接口、打开/关闭按键声音、打开/关闭频率计功能、选择界面语言、设置通过测试操作、设置波形录制操作、设置打印操作等。

5. 自动测量

在“MENU”控制区中，“Measure”为自动测量功能按键。

按“Measure”自动测量功能键，系统将显示自动测量操作菜单。该系列示波器提供22种自动测量的波形参数，包括10种电压参数和12种时间参数，即峰-峰值、最大值、最小值、顶端值、底端值、幅值、平均值、均方根值、过冲、预冲、频率、周期、上升时间、下降时间、正占空比、负占空比、延迟1→2↑、延迟1→2↓、相位1→2↑、相位1→2↓、正脉宽和负脉宽。

注意：自动测量的结果显示在屏幕下方，最多可同时显示3个。当显示已满时，新的测量结果会导致原结果左移，从而将原屏幕最左端的结果挤出屏幕之外。

操作说明如下：

(1)选择被测信号通道。根据信号输入通道不同，选择“CH1”或“CH2”。按钮操作顺序为：“Measure”→“信源选择”→“CH1”或“CH2”。

(2)获得全部测量数值。如图F2-34的菜单所示，按5号菜单操作键，设置“全部测量”项状态为“打开”。18种测量参数(不包括“延迟1→2↑”和“延迟1→2↓”参数)值显示于屏幕下方。

(3)选择参数测量。按 2 号或 3 号菜单操作键选择测量类型，查找感兴趣的参数所在的分页。按钮操作顺序为："Measure"→"电压测量""时间测量"→"最大值""最小值"……。

(4)获得测量数值。应用 2、3、4、5 号菜单操作键选择参数类型，并在屏幕下方直接读取显示的数据。若显示的数据为"* * * * *"，表明在当前的设置下此参数不可测。

(5)清除测量数值。如图 F2－34 的菜单所示，按 4 号菜单操作键选择"清除测量"项。此时，所有屏幕下端的自动测量参数(不包括"全部测量"参数)从屏幕消失。

图 F2－34 打开/关闭测量参数

6. 光标测量

在"MENU"控制区中，"Cursor"为光标测量功能按键。

光标模式允许用户通过移动光标进行测量，使用前首先将信号源设定成所要测量的波形。光标测量分为以下 3 种模式。

(1)手动模式。出现水平调整或垂直调整的光标线，通过旋动多功能旋钮(↺)手动调整光标的位置，示波器同时显示光标点对应的测量值。

(2)追踪模式。水平与垂直光标交叉构成十字光标，十字光标自动定位在波形上，通过旋动多功能旋钮(↺)可以调整十字光标在波形上的水平位置。示波器同时显示光标点的坐标。

(3)自动测量模式。通过此设定，在自动测量模式下系统会显示对应的电压或时间光标，以揭示测量的物理意义。系统根据信号的变化自动调整光标位置，并计算相应的参数值。此种方式在未选择任何自动测量参数时无效。

(五)使用执行按键

执行按键包括"AUTO"(自动设置)和"RUN/STOP"(运行/停止)。AUTO(自动设置)：自动设定仪器各项控制值以产生适宜观察的波形显示，按"AUTO"(自动设置)键可快速设置和测量信号。"RUN/STOP"(运行/停止)：运行和停止波形采样。

五、练习

(1)练习各项功能设置。

(2)测量简单信号。观测电路中的一个未知信号，迅速显示和测量信号的频率和峰-峰值。

参考文献

[1] 石小法．电子技能与实训[M]．第3版．北京：高等教育出版社，2012.
[2] 王国祥，程茂林．实用电子技术技能与制作[M]．北京：高等教育出版社，2008.
[3] 孔凡才，周良权．电子技术综合应用创新实训教程[M]．北京：高等教育出版社，2009.
[4] 李关华，聂辉海．电子产品装配与调试备赛指导[M]．北京：高等教育出版社，2010.
[5] 门宏．看图识电子元器件[M]．北京：电子工业出版社，2011.
[6] 林红华，聂辉海，陈红云．电子产品模块电路及应用[M]．北京：机械工业出版社，2011.
[7] 陈雅萍．电子技能与实训——项目式教学(基础版)[M]．北京：高等教育出版社，2007.
[8] 朱国兴．电子技能与实训[M]．第2版．北京：高等教育出版社，2010.